区域科技竞争力
理论与实证研究

杨建仁　刘卫东 ◎ 著

中国社会科学出版社

图书在版编目（CIP）数据

区域科技竞争力理论与实证研究/杨建仁，刘卫东著.—北京：中国社会科学出版社，2017.12（2018.12 重印）

ISBN 978-7-5203-1855-6

Ⅰ.①区… Ⅱ.①杨… ②刘… Ⅲ.①区域—科技竞争力—研究—中国 Ⅳ.①G322

中国版本图书馆 CIP 数据核字（2018）第 000234 号

出 版 人	赵剑英	
责任编辑	戴玉龙	
责任校对	王纪慧	
责任印制	王 超	

出 版	中国社会科学出版社	
社 址	北京鼓楼西大街甲 158 号	
邮 编	100720	
网 址	http://www.csspw.cn	
发 行 部	010-84083685	
门 市 部	010-84029450	
经 销	新华书店及其他书店	
印 刷	北京明恒达印务有限公司	
装 订	廊坊市广阳区广增装订厂	
版 次	2017 年 12 月第 1 版	
印 次	2018 年 12 月第 2 次印刷	
开 本	710×1000 1/16	
印 张	22	
插 页	2	
字 数	361 千字	
定 价	89.00 元	

凡购买中国社会科学出版社图书，如有质量问题请与本社营销中心联系调换
电话：010-84083683
版权所有 侵权必究

前　言

当今世界，以信息技术为中心的当代科技革命正在全球蓬勃兴起，它标志着人类正在从工业社会向信息社会进行历史性跨越。在这种革命性的变化中，科技进步发挥了关键性的作用；现代社会的竞争，包括企业的竞争、经济的竞争、综合国力的竞争，正逐渐转向科技的竞争和人才的竞争，科技竞争力将成为决定一个国家或地区在未来世界格局中命运和前途的最重要因素。2010年6月7日，时任中共中央总书记、国家主席、中央军委主席胡锦涛同志在中国科学院第十五次院士大会、中国工程院第十次院士大会上指出："当今世界，科学技术作为第一生产力的作用日益突出，科学技术作为人类文明进步的基石和原动力的作用日益凸显，科学技术比历史上任何时期都更加深刻地决定着经济发展、社会进步、人民幸福。"2016年5月30日，中共中央总书记、国家主席、中央军委主席习近平在全国科技创新大会、两院院士大会、中国科协第九次全国代表大会上指出："科技是国之利器，国家赖之以强，企业赖之以赢，人民生活赖之以好。中国要强，中国人民生活要好，必须有强大科技。"中国前后两任领导人的讲话充分表明了科技发展对于中国经济与社会发展乃至国家前途与命运的重要意义。

中部六省是指位于中国中部且边界相连的江西、湖南、湖北、安徽、河南、山西6个省份，亦称中部地区。中部六省地处内陆腹地，是中国重要的粮食生产基地、能源原材料基地、制造业基地和交通运输枢纽。然而，在中国各区域经济板块的发展进程中，东部沿海和东北地区借助改革开放的政策优势和临海的区位优势，已经获得先行发展。西部地区也得益于1999年以来国家实施的西部大开发战略，经济发展动力显著增强，呈现经济快速增长的势头。而中部地区的经济发展则相对滞后，落入"中部塌陷"的被动境地。为深入推进国家区域发展总体战略，加快形成东中西互动、优势互补、相互促进、共同发展的区域发展新格局，国家提出了"中部崛起"的重大战略决策。2009年9月23日的国务院常务会议讨论并通过了《促进中部地区崛起规划》，会议提出，争取到2015年，中部地区实现经济发展水平显著提高、发展活力进一步增强、可持续发展能力明显提升、和谐社会建设取得新进展的目标。为实现"中部崛起"战略规划，依托以科技创新和科技进步为主要内容的科技竞争力的提升是实现中部地区崛起的现实选择。因此，需要系统研究科技竞争力的形成机制，以全面、准确把握科技竞争力的影响因素及其影响方式和程度，科学评价科技竞争力并预测其发展趋势，进而提出提升科技竞争力的有效途径。本书分别从区域科技竞争力的概念及其形成机理、现状水平评价、未来发展仿真评价和提升对策四方面对区域科技竞争力展开理论研究并将其应用于中部六省会城市。

一是构建了区域科技竞争力概念的"钻石模型"和基于此模型的区域科技竞争力形成理论。通过分析竞争行为的构成要素，认为区域科技竞争力是区域科技实力、产出力、竞争效率、促进力及亲和力五种构成的统一体，在此基础上构建了区域科技竞争力概念的"钻石模型"。然后，从科技创新与扩散动力机制、科技创新功能形成机理、区域科技形成机理和区域科技运行机理四个层面进行分析，提出了一种区域科技竞争力的形成理论，并借此对中部六省会城市区域科技与社会发展两者的关联性进行了实证研究。研究共分三步：首先，为区域科技与社会发展程度分别建立评价指标体系并进行因子分析，先后得到2000—2009年中部六省会城市的科技发展程度与社会发展程度的综合评价值；其次，根据两者综合评价值的Kolmogorov–Smirnov检验结果和正态概率分布图，确定它们均服从正态分布假设，再通过相关分析和格兰杰因果关系检验，发现两者线性相关并互为因果，证实了两者之间的关联；最后，分别以两者之一为因变量，另一为自变量，进行一元线性回归分析，得到两者关联的样本回归方程，从而揭示两者相关联的具体形式。

二是构建了区域科技竞争力综合评价体系并对中部六省会城市进行了实证研究。首先，从实力、产出力、竞争效率、促进力及亲和力五个方面，构建了区域科技竞争力评价指标体系。其次，运用灰色关联分析计算灰色关联度，并运用层次分析法确定评价指标权重，从而得到加权灰色关联度作为区域科技竞争力的综合评价值。该评价值用来反映区域科技竞争力水平，并可以作为区域科技竞争力排序的直接依据，用于进一步分析。最后，以中部六省会城市为样本进行评价实证，得到2000—2009年中部六省会城市科技竞争力的综合评价结果，基于科技竞争力综合评价值及实力、产出力、竞争效率、促进力及亲和力五个构成指标的评价结果对评价期间中部六省会城市科技竞争力水平进行比较分析。

三是分别建立了中部六省会城市科技竞争力发展的系统动力学仿真模型，并对2010—2020年中部六省会城市科技竞争力未来发展进行了仿真评价。根据区域科技竞争力未来发展系统动力学仿真评价任务，基于区域科技竞争力概念构成建立流位流率系，基于构成之间相互关系建立流位流率对二部分图，基于区域科技竞争力评价指标体系、2000—2009年的历史数据与"十二五"科技发展规划分别构建五棵流率基本入树，并联合五棵流率基本入树形成网络流图，从而分别构建2000—2020年中部六省会城市科技竞争力发展的系统动力学仿真模型。通过模型的有效性分析，一定程度上证明了模型对实际数据的拟合能力。最后根据科技竞争力指标及其五个构成指标即实力、产出力、竞争效率、促进力与亲和力以及人力、财力、机构力等十三个区域科技竞争力评价二级指标2010—2020年的系统动力学模型仿真结果，对中部六省会城市科技竞争力未来发展进行了比较分析和评价。

四是提出了促进区域科技竞争力提升的两组管理对策并进行了对策的反馈基模效用分析。首先，提出了促进中部六省会城市科技竞争力提升的两组管理对策。围绕优化和完善区域科技体系，从发展壮大区域科技主体、构建和完善科技投入资金投融资体系与提高资金使用效率、优化区域科技体制与机制以及改善区域科技发展基础四方面提出第一组管理对策；围绕科技与社会的关联，从促进科技与经济的共同繁荣以及科技与社会的协调发展、培育和发展区域科技增长极并促进区域科技圈和创新带形成两方面提出第二组管理对策。其次，对上述两组对策的实施效用进行反馈基模分析。通过提出区域科技竞争力发展过程中的七个基模反映相关问题，并说明相应对策的实施效用。

本书主要创新归纳为如下四点：

一是通过构建"钻石模型"，阐述了一种新的区域科技竞争力概念。

二是基于区域科技竞争力概念"钻石模型"，提出了一种区域科技竞争力形成机理并设计了中部六省会城市科技与社会发展关联的研究过程及区域科技竞争力的评价体系。

三是将系统动力学方法创新地应用于区域科技竞争力未来发展仿真评价，拓宽了科技竞争力评价的时间维度。

四是首先建立反馈基模，其次分析已提出的管理对策对各反馈基模的制约消除作用或增强作用，证明已提出管理对策的有效性，实现了系统思考反馈基模分析的新方式。

通过本书的研究，形成了较为系统的区域科技竞争力理论，并通过以中部六省会城市，即南昌、长沙、武汉、合肥、郑州和太原为实证样本，使研究结论具有针对性。本书的理论和实证研究成果，既为中部六省会城市科技竞争力的提高和"中部崛起"提供了理论依据，也为国家区域科技竞争力的提高、创新型城市和创新型国家的建设提供了参考借鉴。

本书为攻读南昌大学博士研究生学位论文、景德镇陶瓷大学管理与经济学院应用经济学学科建设、江西省哲学社会科学重点研究基地"中国陶瓷产业发展研究中心"与江西省科技厅软科学基地"江西陶瓷产业经济与发展软科学研究基地"建设研究成果。在本书的研究与出版中，还得到了江西省社科规划项目（10YJ24）、江西省哲学社会科学重点研究基地（2014年）规划重点项目（14SKJD25）、江西省科技厅软科学项目（2011ZBBA10018）、江西省高校人文社会科学研究项目（JJ1537）、江西省南昌市科技局软科学重点项目（Z02688）和景德镇市社科规划项目（10YJ47）的资助。在编写过程中，作者参阅了大量文献资料，参考借鉴了许多专家、学者的研究成果，得到了南昌市科技局、武汉市科技局、长沙市科技局、合肥市科技局、郑州市科技局与太原市科技局以及众多科研同行的帮助；在本书的出版过程中，景德镇陶瓷大学管理与经济学院、中国社会科学出版社的领导与编辑同志对本书的出版给予了大力的支持。在此，一并表示衷心感谢！

本书的编写分工为：杨建仁负责第2~7章编写，刘卫东负责第1、8章编写，并制定本书研究框架与统筹本书编写工作。限于笔者水平，书中缺点、错误在所难免，敬请各位专家与读者批评指正，共同促进本研究的进一步深入。

杨建仁
2017年11月

目　录

第一章　导论 ………………………………………………………… 1
　第一节　研究背景、目的和意义 …………………………………… 1
　　一　研究背景 ………………………………………………… 1
　　二　研究目的和意义 ………………………………………… 5
　第二节　科技竞争力研究现状 ……………………………………… 6
　　一　国外有代表性的研究工作 ……………………………… 6
　　二　国内有代表性的研究工作 ……………………………… 11
　　三　综合评述 ………………………………………………… 19
　第三节　本书研究路线和方法 ……………………………………… 20
　　一　研究路线 ………………………………………………… 20
　　二　研究方法 ………………………………………………… 21
　第四节　本书研究框架 ……………………………………………… 22
　第五节　本书主要创新之处 ………………………………………… 24

第二章　科技创新与区域科技理论研究 …………………………… 26
　第一节　科技创新、扩散及其社会功能 …………………………… 26
　　一　科技创新的概念 ………………………………………… 26
　　二　科技创新扩散 …………………………………………… 29
　　三　科技创新的社会功能 …………………………………… 37
　第二节　科技创新的区域性与区域科技 …………………………… 41
　　一　本书对区域的界定 ……………………………………… 41
　　二　科技创新的区域性 ……………………………………… 42
　　三　区域科技 ………………………………………………… 45
　第三节　本章小结 …………………………………………………… 51

第三章 区域科技竞争力概念及其形成机理分析 ………………… 53

第一节 区域科技竞争力概念"钻石模型"及其特征 …………… 53
一 区域科技竞争力概念"钻石模型"的提出过程 …………… 53
二 区域科技竞争力的特征分析 ………………………………… 58

第二节 区域科技竞争力的形成机理分析 ……………………… 59
一 科技创新与扩散动力机制：
区域科技竞争力的起因 ………………………………… 59
二 科技创新功能形成机理：
区域科技竞争力的存在理由 …………………………… 62
三 区域科技形成机理：区域科技竞争力的载体 …………… 63
四 区域科技运行机理：区域科技竞争力的形成 …………… 64

第三节 本章小结 ………………………………………………… 66

第四章 区域科技与社会发展关联的实证分析 …………………… 68

第一节 科技与社会发展关联的理论依据 ……………………… 68
一 科技与社会发展关联的提出 ………………………………… 68
二 科技与社会发展关联研究的发展 …………………………… 69
三 科技与社会发展关联研究的总结 …………………………… 77

第二节 中部六省会城市科技与社会发展关联的实证 ………… 77
一 研究样本和数据说明 ………………………………………… 77
二 中部六省会城市区域科技与社会发展程度评价 ………… 78
三 中部六省会城市区域科技与
社会发展的关联性分析 ………………………………… 101
四 中部六省会城市区域科技与
社会发展的关联形式分析 ……………………………… 108

第三节 本章小结 ………………………………………………… 112

第五章 区域科技竞争力现状综合评价 …………………………… 114

第一节 区域科技竞争力评价意义 ……………………………… 114
第二节 区域科技竞争力评价指标体系构建 …………………… 115
一 区域科技竞争力评价指标体系构建思路 ………………… 115

二　区域科技竞争力评价指标体系 …………………………… 117
第三节　区域科技竞争力的综合评价模型构建 ………………… 118
　　一　灰色关联分析和层次分析法的基本原理 ………………… 119
　　二　基于灰色关联分析和层次分析法的
　　　　综合评价模型 ………………………………………………… 120
第四节　中部六省会城市区域科技竞争力综合评价 …………… 127
　　一　评价过程 …………………………………………………… 127
　　二　评价结果分析 ……………………………………………… 136
第五节　本章小结 ………………………………………………… 146

第六章　区域科技竞争力未来发展系统动力学仿真评价 …… 148
第一节　区域科技竞争力未来发展系统动力学仿真评价任务及
　　　　建立仿真模型的主要步骤 …………………………… 148
　　一　区域科技竞争力未来发展系统动力学
　　　　仿真评价任务 ……………………………………………… 148
　　二　建立区域科技竞争力未来发展系统动力学
　　　　仿真模型的主要步骤 ……………………………………… 149
第二节　中部六省会城市科技竞争力未来发展系统动力学
　　　　仿真模型 ………………………………………………… 154
　　一　南昌市模型 ………………………………………………… 154
　　二　长沙、武汉、合肥、郑州和太原五市模型 …………… 180
第三节　仿真结果分析与评价 …………………………………… 222
　　一　仿真结果的有效性分析 ………………………………… 222
　　二　仿真评价 ………………………………………………… 228
第四节　本章小结 ………………………………………………… 243

第七章　中部六省会城市科技竞争力提升一般对策研究 …… 245
第一节　提升科技竞争力的第一组管理对策 …………………… 245
　　一　发展壮大区域科技主体 ………………………………… 245
　　二　构建和完善科技投入体系，提高资金使用效率 ……… 249
　　三　优化区域科技体制与机制 ……………………………… 253
　　四　改善区域科技发展基础 ………………………………… 255

第二节　提升科技竞争力的第二组管理对策 ………………… 257
　　　　一　促进科技与经济的共同繁荣以及科技与社会
　　　　　　的协调发展 ……………………………………………… 257
　　　　二　培育和发展区域科技增长极，促进区域科
　　　　　　技圈和创新带的形成 …………………………………… 259
　　第三节　第一组和第二组对策的反馈基模效用分析 ………… 262
　　第四节　本章小结 ……………………………………………… 272

第八章　南昌市科技竞争力提升关键策略研究 ……………………… 273
　　第一节　基于关键因素分析提出关键策略的总体思路 ……… 273
　　　　一　关键因素的内涵与特征 ……………………………… 273
　　　　二　策略与关键策略 ……………………………………… 274
　　　　三　基于关键因素提出南昌市科技竞争力提升
　　　　　　关键策略的思路 ………………………………………… 275
　　第二节　南昌市科技竞争力提升的关键因素分析 …………… 277
　　　　一　南昌市科技竞争力评价指标影响效应的分析 ……… 277
　　　　二　南昌市科技竞争力提升的关键因素 ………………… 280
　　第三节　南昌市科技竞争力提升的关键策略建议 …………… 281
　　第四节　本章小结 ……………………………………………… 290

参考文献 …………………………………………………………………… 291

附录 A　指标解释 ………………………………………………… 300
附录 B　2000~2008 年中部六省会城市科技
　　　　发展程度评价原始数据 ………………………………… 313
附录 C　2000~2009 年中部六省会城市社会
　　　　发展程度评价原始数据 ………………………………… 323
附录 D　长沙、武汉、合肥、郑州、太原科技与
　　　　社会发展关联回归结果 ………………………………… 331
附录 E　中部六省会城市科技竞争力系统动力学
　　　　模型部分指标仿真结果 ………………………………… 336

第一章 导论

本章介绍本书的选题背景，阐述研究目的和研究意义，以及研究的技术路线和研究方法，并提出本书的创新之处。

第一节 研究背景、目的和意义

一 研究背景

1. 科技创新对促进经济社会发展的重要性日益显现，科技竞争力已成为影响一个国家或区域竞争力高低的关键性因素

科学技术是第一生产力，这已被世界经济的发展历史所证明。科技在世界经济的发展过程中起着巨大的推动和促进作用，尤其是20世纪40年代以来，科学技术更是凸显了它在世界经济发展中的作用和地位。科技的发展进入了一个新的历史阶段，其主要标志是加速发展的科学技术日渐成为人类社会生产力发展的主导性和关键性因素，科技创新和经济发展形成日益密切的相互促进关系，从而使得科技成果的转化周期大大缩短，科技的产业化进程加快。随着科学技术对经济社会发展促进作用的增强，科技创新越来越成为一个国家或区域经济发展的核心驱动力，成为促进经济社会持续快速发展的关键因素。为了在竞争中赢得主动，依靠科技创新、促进科技进步、提高科技竞争力正成为当前世界各国经济发展的重要战略手段，科技竞争则日益成为国际竞争的焦点，在全球和区域的经济竞争中产生了决定性的作用。在经济全球化迅猛发展的今天，经济的竞争、科技的竞争日益激烈，科技竞争力成为一个国家或区域经济实力乃至综合实力的关键组成部分，科技竞争力的提高，对一个国家或区域的发展来说越来越重要。

2. 在建设创新型国家的大背景下，建设创新型城市成为当前我国城市发展的一种主流趋势

建立国家创新体系，走创新型国家之路，成为世界各国发展战略的共同选择。目前，世界上公认的已进入创新型国家行列的有美国、日本、芬兰、韩国等20个左右国家。

中国也已在一系列文件和报告中，明确将发展科技、建设创新型国家作为面向未来的战略选择：

（1）2004年12月，中国的《国家中长期科学和技术发展规划战略研究报告》提出，通过综合分析国际发展经验和中国国情，决定了中国不可能选择资源依赖型和对外依附型的发展模式，而必须走创新型国家的发展道路，这是中国面向2020年的战略选择。

（2）2006年1月9日，中国国家主席胡锦涛在全国科学技术大会上明确提出中国未来15年科技发展的目标，即到2020年，使中国的自主创新能力显著增强，建成创新型国家，使科技发展成为经济社会发展的有力支撑。

（3）2006年3月发布的中国《国民经济和社会发展第十一个五年规划纲要》提出，把科技进步和创新作为经济社会发展的重要推动力，努力建设创新型国家和人力资本强国。

（4）2007年10月，党的十七大报告指出，提高自主创新能力，建设创新型国家。这是国家发展战略的核心，是提高综合国力的关键。

（5）2009年11月，中国国务院总理温家宝在首都科技界大会上发表讲话《让科技引领中国可持续发展》，提出要依靠科学技术实现中国可持续发展。

（6）2011年，中国《国民经济和社会发展"十二五"规划纲要》提出，坚持把科技进步和创新作为加快转变经济发展方式的重要支撑，深入实施科教兴国战略和人才强国战略，加快建设创新型国家。

在创新型国家建设大背景下，中国国内众多城市纷纷以创新型城市为建设目标。据中国科技部数据，中国已有北京、上海、广州、深圳、天津、杭州、南京、武汉、成都、大连、青岛、合肥、苏州、宁波等200多个城市提出建设创新型城市。截至目前，中国国家创新型城市试点的审批工作主要由国家发改委和国家科技部在积极推动。2008年6月，国家发改委批准深圳为中国第一个国家创新型城市试点；2010年1

月 6 日，国家发改委发布发改高技〔2010〕30 号文件，同意增加辽宁省大连市等第 2 批共 16 个城市为创新型城市试点，从而使国家发改委批准的国家创新型城市试点达到 17 个。同时，国家科技部也在推动着国家创新型城市的建设，2010 年 1 月 8 日，国家科技部复函同意北京市海淀区等共 20 个城市（区）为科技部首批国家创新型城市（区）试点；2010 年 4 月，国家科技部再次批准河北省石家庄市等第 2 批 18 个创新型城市试点，从而使科技部批准的国家创新型城市试点达到 38 个。如表 1-1 所示。

表 1-1 国家发改委和国家科技部批准的创新型城市试点一览表

序号	省域	国家发改委批准	国家科技部批准
1	北京	—	海淀区[1]
2	天津	—	海新区[1]
3	上海	—	杨浦区[1]
4	重庆	—	沙坪坝区[1]
5	河北	—	唐山市[1]、石家庄市[2]
6	山西	—	太原市[2]
7	辽宁	*大连市[2]、沈阳市[2]	*大连市[2]、*沈阳市[2]
8	吉林	—	长春市[2]
9	黑龙江	—	哈尔滨市[1]
10	江苏	*南京市[2]、苏州市[2]、无锡市[2]	*南京市[1]、常州市[2]
11	浙江	杭州市[2]	宁波市[1]、嘉兴市[1]
12	安徽	*合肥市[2]	*合肥市[1]
13	福建	*厦门市[2]	*厦门市[1]、福州市[2]
14	江西	—	南昌市[2]、景德镇市[2]
15	山东	青岛市[2]、*济南市[2]、烟台市[2]	*济南市[1]
16	河南	郑州市[2]	洛阳市[1]
17	湖北	—	武汉市[1]
18	湖南	*长沙市[2]	*长沙市[1]
19	广东	深圳市[1]、*广州市[2]	*广州市[1]
20	海南	—	海口市[2]
21	四川	*成都市[2]	*成都市[1]
22	贵州	—	贵阳市[2]

续表

序号	省域	国家发改委批准	国家科技部批准
23	云南	—	昆明市[2]
24	陕西	*西安市[2]	*西安市[1]、宝鸡市[2]
25	甘肃	—	兰州市[1]
26	青海	—	西宁市[2]
27	中国台湾	—	—
28	广西	—	南宁市[2]
29	内蒙古	—	包头市[1]
30	西藏	—	—
31	宁夏	—	银川市[2]
32	新疆	—	昌吉市[2]、石河子市[2]
33	中国香港	—	—
34	中国澳门	—	—

注："1""2"分别表示第一批批准和第二批批准，"*"前标表示国家发改委或国家科技部共同批准。

建设创新型城市作为一种全新的城市发展战略，在当前中国城市的发展进程中已经成为一种不可阻挡的趋势。

3."中部塌陷"与"中部崛起"

中部地区指位于中国中部且边界相连的6个省份，即江西、湖南、湖北、安徽、河南、山西，亦称为中部六省。中部地区是中国重要粮食生产基地、能源原材料基地、装备制造业基地和综合交通运输枢纽，在中国的区域经济空间格局中，中部地处内陆腹地，起着承东启西、联南络北、吸引四面、辐射八方的重要战略作用。

然而，在中国各区域经济板块的发展进程中，东部沿海和东北地区已经借助改革开发的政策优势和临海的区位优势，获得先行发展，涌现出珠三角、长三角、环渤海等经济区，国家"振兴东北地区等老工业基地"战略的实施使东北老工业基地也获得了难得的发展机遇。另外，西部地区得益于1999年以来国家实施的西部大开发战略，国家加强了西部基础设施和环境保护等经济发展条件建设的投入，使经济发展动力增强，经济得以快速增长，这种良好势头将会保持相当长的时期。而中部地区则成了"被遗忘的区域",经济发展相对滞后,落入"中部塌陷"的被动境地。

为深入推进国家区域发展总体战略,大力促进中部地区经济发展,加快形成东中西互动、优势互补、相互促进、共同发展的区域发展新格局,国家提出了"中部崛起"的重大战略决策。2004年3月,时任中国国务院总理温家宝在政府工作报告中,首次明确提出促进中部地区崛起。2004年12月,中央经济工作会议再次提到促进中部地区崛起。2005年3月,温家宝总理在政府工作报告中提出要抓紧研究制定促进中部地区崛起的规划和措施。2006年2月15日,温家宝总理主持召开国务院常务会议,研究促进中部地区崛起问题。2009年9月23日,国务院总理温家宝主持召开国务院常务会议,讨论并原则通过《促进中部地区崛起规划》,争取到2015年,中部地区实现经济发展水平显著提高、发展活力进一步增强、可持续发展能力明显提升、和谐社会建设取得新进展的目标。

科学技术是第一生产力,并且是先进生产力的集中体现和主要标志,以科技进步,特别是科技创新推动经济社会的快速、健康和可持续发展已成为人们的共识。依托科技创新和科技进步是实现中部地区崛起的现实选择。中部地区要崛起,必须强化科技首位观念,真正把科技创新和科技进步作为优先发展的战略重点。而作为中部省会城市的南昌、长沙、武汉、合肥、郑州、太原,均在各自省域具有科技资源配置的绝对优势,是推动省域科技进步和经济社会发展的火车头和发动机,对于引领全省科技进步、推动省域经济社会的发展至关重要。通过省会城市的科技进步和科技创新提升其科技竞争力,可以进一步带动全省的科技进步和科技竞争力的提升,为省域经济社会的发展提供强有力的技术和智力支撑。

二 研究目的和意义

在上述背景下,本书进行区域科技竞争力研究,试图从区域科技竞争力的概念、形成、现状评价、未来发展仿真评价及提升对策等方面展开研究,形成区域科技竞争力的理论体系,并以中部六省会城市,即南昌、长沙、武汉、合肥、郑州和太原为实证样本,使研究结论具有针对性,从而既为国家区域科技竞争力的提高、创新型城市和创新型国家的建设提供理论依据和参考,也为中部六省会城市科技竞争力的提高和"中部崛起"提供借鉴。

本书研究意义主要体现为以下四点：

（1）形成较为系统的区域科技竞争力理论研究体系，丰富和发展科技竞争力的研究。

本书从区域科技竞争力的概念、形成、现状评价、未来发展仿真评价及提升对策等方面展开研究，研究成果将形成一个较为系统的区域科技竞争力研究体系，丰富和发展科技竞争力的研究。

（2）对区域科技竞争力展开研究，是当前创新型国家和创新型城市建设的内在需要。

创新型国家和创新型城市的建设就是将科技创新促进社会发展置于国家和城市的核心地位，强调科技对社会发展的驱动作用。毫无疑问，区域科技竞争力的强大是创新型国家和创新型城市建设的重要目标和核心内容，而如何提高区域科技竞争力又依赖于对区域科技竞争力及其运行规律、提升路径的正确认识，对区域科技竞争力的研究有助于明确这种正确认识。

（3）有助于认识中部六省会城市科技竞争力的发展状态和趋势，为"中部崛起"提供借鉴。

本书对区域科技发展与社会关联、区域科技竞争力现状评价及其未来发展仿真评价的研究，都是以中部六省会城市为实证的样本，因此研究结论具有针对性，能够为中部六省会城市科技竞争力提高措施的制定提供借鉴并为"中部崛起"提供发展思路。

（4）有利于实现区域经济社会可持续发展。

科技竞争力的发展不仅局限于科技发展本身，还关系到教育、经济、社会、资源、环境等多方面因素，通过区域科技竞争力发展的研究，可以正确认识科技发展与教育、经济和社会发展、资源节约和环境保护的关系，从而促进科技发展与教育、经济和社会发展、资源节约和环境保护的紧密结合，实现区域经济社会的可持续发展。

第二节　科技竞争力研究现状

一　国外有代表性的研究工作

在科技竞争力一词未出现之前，早在1964年，经济合作与发展组织（Organization for Economic Cooperation and Development，OECD）首次尝试建立一套标准的科技统计和度量指标体系，编撰了《弗拉斯卡蒂手册》（*Frascati Manual*）①，该手册包括国家资助经费和特定科学活动产出指标，其实质是科技投入—产出的指标体系。其中：投入指标包括按雇佣类型划分的科学家和工程师的数量和在他们身上的花费，及各学科领域的基础研究、应用研究和开发活动上的主要开支；产出指标主要有论文、引文和专利数据[1]。

从1972年开始，美国国家科学管理委员会（National Science Board）每逢双年度均会出版《科学指标》（*Science Indicators*）②。《科学指标》提供了美国各部门科学技术活动的各类数字指标，定量地对美国科学技术现状及其贡献做出评价，帮助人们广泛了解科学技术本身及其对社会的影响，并有选择地评价一些科研成果，展望科学的未来，反映公众对科学技术的态度和希望，为美国科学政策的制定、评价提供依据。《科学指标》一般包括国际科技活动、研究与发展经费、科学与工程技术人员、工业的科学与技术、高等院校的科学与技术、大学前的科学和数学教育、公众对科学技术的态度、科学的进展和附录统计表九个方面的内容。从1986年第8期起，《科学指标》改名为《科学和工程指标》，以体现人们对科学和工程研究及教育在创造新知识和新产品、新工艺方面互相促进的重要作用的日益关注，并在以前版本的基础上做了较大的调整和修改，新增加了"科学家和工程师的高等教育""美国技术的国际市场"两章。在"大学研究"一章里增加了对各类机构基础研究的论述，在各章中都加进了国际对比的内容，把科学技术的进展情况分散在有关章节里，不再作为专门的一章来讨论，把"国际科技活动"改为"美国科学技术综述"，除了将美国与各主要工业发达国家进行比较外，还用图表和简短文字对各章作了概略性论述。《科学和工程指标》内容丰富，其主要特点包括：一是将美国的科技活动置于国际大系统中进行分析，以较大篇幅对美国与主要工业发达国家的科技活动进行全面、系统的对比，分析美国科技活动状况及在国际中的地位；二是把整个科技活动视为一个科技系统，采用系

---

① 国家信息化测评中心，http：//www.niec.org.cn/gjxxh/tjsjzb01.htm。
② 1986年以后，该标题被改为《科学和工程指标》（Science and Engineering Indicators）。

统分析的方法，对其投入—活动—产出的全过程加以分析；三是指标体系具有空间上的整体联系性和时间上的动态有序性，以经济和社会发展为背景，注意进行纵向和横向的联系、对比与分析；四是越来越注重教育状况、人才开发和使用效益的分析，反映了美国对智力投资和智力开发的日益关注[2]。

从1980年起，对国际竞争力开发与应用推广来说最为重要和产生影响最为深远的两个国际性组织机构——世界经济论坛（World Economic Forum，WEF）与瑞士洛桑国际管理发展学院（International Institute For Management Development，IMD），在国际竞争力的研究框架下提出国家科技国际竞争力的概念，设计测度科技国际竞争力的指标体系，并将其运用于各自每年的《全球竞争力报告》（The Global Competitiveness Report）和《世界竞争力年鉴》（World Competitiveness Yearbook）中。《全球竞争力报告》和《世界竞争力年鉴》从初次发表至今，其评价指标体系都经历了一定的调整。

WEF于1980年开始对国际竞争力进行研究，并于1986年发表了研究报告。1989年与IMD进行合作研究，但由于研究理念不同，二者在1996年分道扬镳。WEF主要着眼于国际竞争力的评价，其科技竞争力评价要素是分散于国际竞争力评价体系中的。从2006年开始，WEF便使用美国经济学家Xavier Sala-i-Martin开发的竞争力评价指标体系，2009年的《全球竞争力报告》基于竞争力的概念，根据基本条件、效率提升和创新与成熟性因素三个子指标，区分机构、基础设施、宏观经济稳定性等总共十二个截面，选取具体指标设置了国际竞争力评价指标体系，并把经济发展区分为因素驱动、效率驱动和创新驱动三个阶段，然后根据基本条件—因素驱动经济关键、效率提升—效率驱动经济关键、创新与成熟性因素—创新驱动经济关键对应关系，把这十二个截面分别归入因素驱动经济关键、效率驱动经济关键和创新驱动经济关键。根据评价对象所处经济阶段，赋予基本条件、效率提升和创新与成熟性因素三个主要子指标权重，从而加权计算国家竞争力指数[3]，如表1-2和表1-3所示。

表1-2 WEF国际竞争力评价指标体系

子指标	截面	关键
基本条件	机构	因素驱动经济关键
	基础设施	
	宏观经济稳定性	
	健康和初级教育	
效率提升	高等教育和培训	效率驱动经济关键
	商品市场效率	
	劳动市场效率	
	金融市场成熟度	
	技术准备	
	市场规模	
创新与成熟性因素	商业成熟度	创新驱动经济关键
	创新	

表1-3 WEF国际竞争力三个主要子指标权重

子指标	因素驱动阶段（%）	效率驱动阶段（%）	创新驱动阶段（%）
基本条件	60	40	20
效率提升	35	50	50
创新与成熟性因素	5	10	30

IMD在国际竞争力评价的框架下对科技竞争力的评价很具有代表性。IMD于1980年创立的国际竞争力评价体系共包含八大要素[①]，分别形成核心竞争力、基础竞争力和环境竞争力三种能力。其中国际科技竞争力评价指标体系是核心竞争力的组成部分，包括研发财力资源、研发人力资源、技术管理状况、科学环境状况、知识产权保护状况五个方面的二十六个具体指标（见表1-4），并采用加权平均法计算各国科技竞争力得分，对科技竞争力进行综合评价。IMD自1989年起每年发表《世界竞争力年鉴》[②]，对有关国家和地区的国际竞争力进行分析、评

---

① 八大要素包括国内经济实力、经济的国际化程度、政府对经济的作用与影响、金融实力、基础设施状况、企业管理能力、科技竞争力和人力资源。

② http://www.imd.ch/research/publications/wcy/upload/Web_ brochure_ order_ form. pdf.

价,并排出名次,中国内地从 1994 年起被正式列为评价对象[4]。

表 1-4　　IMD 国际科技竞争力评价指标体系

指标	研发财力资源	研发人力资源	技术管理状况	科学环境状况	知识产权保护状况
子指标	研发总支出额	全国研发人员总数	企业技术合作	1950 年以来诺贝尔奖获奖人数	批准授予的国民专利数
	人均研发支出额	全国人均研发人员数	院校与企业间合作研究	1950 年以来人均诺贝尔奖获奖人数	国民专利件数的专利增长速度
	研发支出占 GDP 比重	企业研发人数	财力资源	基础研究	国民在国外获得的专利数
	企业研发支出额	人均企业研发人数	技术的开发与应用	义务教育阶段科学教育状况	平均每 10 万国民的专利件数
	人均企业研发支出额	合格工程师	R&D 资源的重新配置	青年人对科技感兴趣程度	专利权和版权保护
	—	信息技术熟练工人可获得性	—	—	—

资料来源:张志生:《福建省科技竞争力研究》,博士学位论文,福州大学,2003 年。

IMD《世界竞争力年鉴》发展至今,其科技竞争力评价于 2001 年发生了一次较大的变动。从 2001 年起,《世界竞争力年鉴》把国际竞争力的评价指标体系从八个要素调整为四个要素,即经济绩效、政府效率、企业效率和基础设施,在基础设施下的科学技术基础设施,相当于之前的科技竞争力;在科学技术基础设施下设置评价指标二十一个[5],如表 1-5 所示。

表 1-5　　2001 年《世界竞争力年鉴》中科学技术基础设施的指标设置一览表

序号	指标	序号	指标
4.3.1	R&D 支出	4.3.12	技术发展基金
4.3.2	人均 R&D 支出	4.3.13	科学教育状况
4.3.3	R&D 支出占 GDP 比例	4.3.14	青年与科技
4.3.4	企业 R&D 支出	4.3.15	诺贝尔奖

续表

序号	指标	序号	指标
4.3.5	企业人均 R&D 支出	4.3.16	人均诺贝尔奖
4.3.6	全国 R&D 总人数	4.3.17	授予国民专利件数
4.3.7	全国每千人中 R&D 人员数	4.3.18	授予国民专利件数增长率
4.3.8	企业 R&D 总人数	4.3.19	国民在国外获取专利件数
4.3.9	企业每千人中 R&D 人员数	4.3.20	专利和版权保护
4.3.10	基础研究	4.3.21	有效的专利数
4.3.11	技术开发与应用	—	—

与 WEF 的指标体系相比，IMD《世界竞争力年鉴》的科技竞争力评价指标体系更独立，也更全面，既有反映科学发展水平方面的指标，也有反映技术应用状况方面的指标；指标的数量，尤其是定量指标的数量也相对较多，既有总量类的指标，也有结构类的指标。但其最大的不足之处就是变化过于频繁，几乎是每年都推出一个新版本，不利于从时序角度进行年度之间的比较。

联合国开发计划署（United Nations Development Programme，UNDP）从 1990 年起，每年发表《人类发展报告》，该报告使用"技术成就指数"（Technical Achievements Index，TAI）来测算各国的科技竞争能力。TAI 体现的是一个国家或地区在技术创新、新技术传播、传统技术传播、人类技能四个方面所达到的水平，每个方面各设置了两个指标，共八个指标，作为衡量各国创造、应用和享受技术成就的程度[6]。

美国学者迈克尔·波特（Michael E. Porter）在《国家竞争优势》（1990）一书中提出了国家竞争力的概念，并从国家经济实力、政府管理、国际化、金融体系、基础设施、企业管理、科技实力、国民素质八个方面对国家竞争力进行评价。其中，波特从科技研究能力、科技转化能力和科技市场占有能力三个方面选取了基础研究能力、应用研究能力、开发研究能力、转化的实效性、转化产品的附加值、专利的申报与开发、技术贸易量总量、高新技术产品贸易额增长量八个科技实力具体指标进行评价[7]。

二　国内有代表性的研究工作

中国国内对科技竞争力的研究成果，主要是国家科技部及各研究机构和学者对科技统计和评价设计的理论研究及其在中国及国内区域的应用。

目前,中国有关国家及区域科技竞争力评价研究最权威的是国家科技部自1996年"九五"计划实行起每年进行的全国及各地区科技进步水平统计监测及综合评价,其科技进步统计监测指标体系从科技进步环境、科技活动投入、科技活动产出、高新技术产业化和科技促进经济社会发展五个方面选取指标进行构建。2007年的科技进步统计监测指标体系由上述五个一级指标,十二个二级指标和三十三个三级指标构成,通过用三级指标除以相应监测标准得到监测指数,并综合使用德尔菲(Delphi)法、相邻指标比较法、层次分析法确定指标权重后,通过自下而上层层加权平均得到科技进步综合监测指数[8]。该科技进步统计监测指标体系及监测标准见表1-6。

表1-6　　2007年国家科技部编制的全国及各地区科技进步统计监测指标体系和监测标准

一级指标	二级指标	三级指标	标准
科技进步环境	科技人力资源	万人专业技术人员数(人/万人)	500
		万人大专以上学历人数(人/万人)	1000
	科研物质条件	每名R&D活动人员新增仪器设备费(万元/人)	8
		科研与综合技术服务业新增固定资产占全社会新增固定资产比重(%)	3
	科技意识	万名就业人员专利申请量(项/万人)	100
		科研与综合技术服务业平均工资与全社会平均工资比例(%)	200
		万人吸纳技术成果金额(万元/万人)	200
科技活动投入	科技活动人力投入	万人R&D科学家和工程师数(人/万人)	109
		企业R&D科学家和工程师占全社会R&D科学家和工程师比重(%)	70
	科技活动财力投入	R&D经费支出与GDP比例(%)	2.5
		地方财政科技拨款占地方财政支出比重(%)	5
		企业R&D经费支出占产品销售收入比重(%)	6
		企业技术引进和消化吸收经费支出占产品销售收入比重(%)	1
科技活动产出	科技活动产出水平	万名R&D活动人员科技论文数(篇/万人)	5000
		获国家级科技成果奖系数(项当量/万人)	5
		万名就业人员发明专利拥有量(项/万人)	8

续表

一级指标	二级指标	三级指标	标准
科技活动产出	技术成果市场化	万人技术成果成交额（万元/万人）	200
		万名R&D活动人员向国外转让专利使用费和特许费（万美元/万人）	500
高新技术产业化	高新技术产业化水平	高技术产业增加值占工业增加值比重（%）	30
		知识密集型服务业增加值占生产总值比重（%）	30
		高技术产品出口额占商品出口额比重（%）	40
		新产品销售收入占产品销售收入比重（%）	40
	高新技术产业化效益	高技术产业劳动生产率（万元/人）	15
		高技术产业增加值率（%）	50
		知识密集型服务业劳动生产率（万元/人）	60
科技促进经济社会发展	经济发展方式转变	劳动生产率（万元/人）	8
		资本生产率（万元/万元）	1
		综合能耗产出率（元/千克标准煤）	42
	环境改善	环境质量指数（%）	100
		环境污染治理指数（%）	100
	社会生活信息化	百户居民计算机拥有量（台/百户）	50
		万人国际互联网络用户数（户/万人）	2500
		百人固定电话和移动电话用户数（户/百人）	67

资料来源：国家科技部网站，http://www.sts.org.cn/tjbg/tjjc/index.htm。

中国科技发展战略研究小组①从1999年开始出版年度报告《中国科技发展研究报告》，每年均围绕一个主题展开分析和研究。2006年的《中国科技发展研究报告》从科技投入、科技产出、科技与经济和社会协调发展程度、科技潜力四个方面构建了一个由四个一级指标、十个二级指标和四十一个三级指标组成的评价指标体系，并给出了指标权重，用来评价中国省域的科技实力[9]，如表1-7所示。

中国科学院可持续发展研究组从1999年起每年围绕一个主题发布《中国可持续发展战略报告》。在2006年的报告中，研究组从科技资源指数、科技产出指数、科技贡献指数三个方面设计了由三个一级指标、六个二级指标和二十一个三级指标组成的评价指标体系，用以评价区域科技竞争力[10]，见图1-1。

---

① 前身为《中国科技发展研究报告》研究组。

表 1-7 2006 年《中国科技发展研究报告》中地区科技实力评价指标体系

一级指标	权重	二级指标	权重	三级指标	权重
科技投入	0.35	人力投入	0.40	科学家和工程师总数	0.35
				每万人口中科学家和工程师人数	0.20
				国有企事业单位专业技术人员总数	0.20
				从业人员大专以上文化程度构成	0.25
		财力投入	0.40	材料经费支出总额	0.30
				人均科技经费总额	0.15
				科技活动经费占 GDP 比重	0.25
				地方财政科技拨款总额	0.20
				地方财政科技拨款占地方财政支出比重	0.10
		基础设施	0.20	基本建设投资新增固定资产	0.60
				更新改造投资新增固定资产	0.40
科技产出	0.30	专利产出	0.40	专利申请受理量	0.25
				每十万人平均专利申请量	0.20
				专利批准量	0.35
				每十万人平均专利批准量	0.20
		科技论文	0.40	国内科技论文总数	0.25
				每十万人平均发表的国内科技论文数	0.15
				国际科技论文总数	0.35
				每十万人平均被收录的国际科技论文数	0.25
		科技英才	0.20	中国科学院院士数	0.50
				中国工程院院士数	0.50
科技与经济和社会协调发展程度	0.25	经济增长	0.70	工业增加值	0.10
				工业增加值率	0.10
				工业全员劳动生产率	0.20
				技术市场成交额	0.10
				出口商品总额	0.10
				高技术产品出口额	0.12
				高技术产品出口额占出口总额的比重	0.08
				产品质量指数	0.10
				新产品产值率	0.10
		环境保护	0.30	工业废水处理比例	0.30
				工业废水处理回用比例	0.10
				工业废水处理排放达标率	0.10
				工业废水排放达标比例	0.20
				工业固体废物综合利用率	0.30

续表

一级指标	权重	二级指标	权重	三级指标	权重
科技潜力	0.10	教育潜力	0.70	高等学校学生数	0.25
				中等学校学生数	0.15
				教育经费	0.35
				教育经费占国内生产总值比重	0.25
		科技素质	0.30	公共图书馆和博物馆数量	0.50
				当地网民占全国网民的比重	0.50

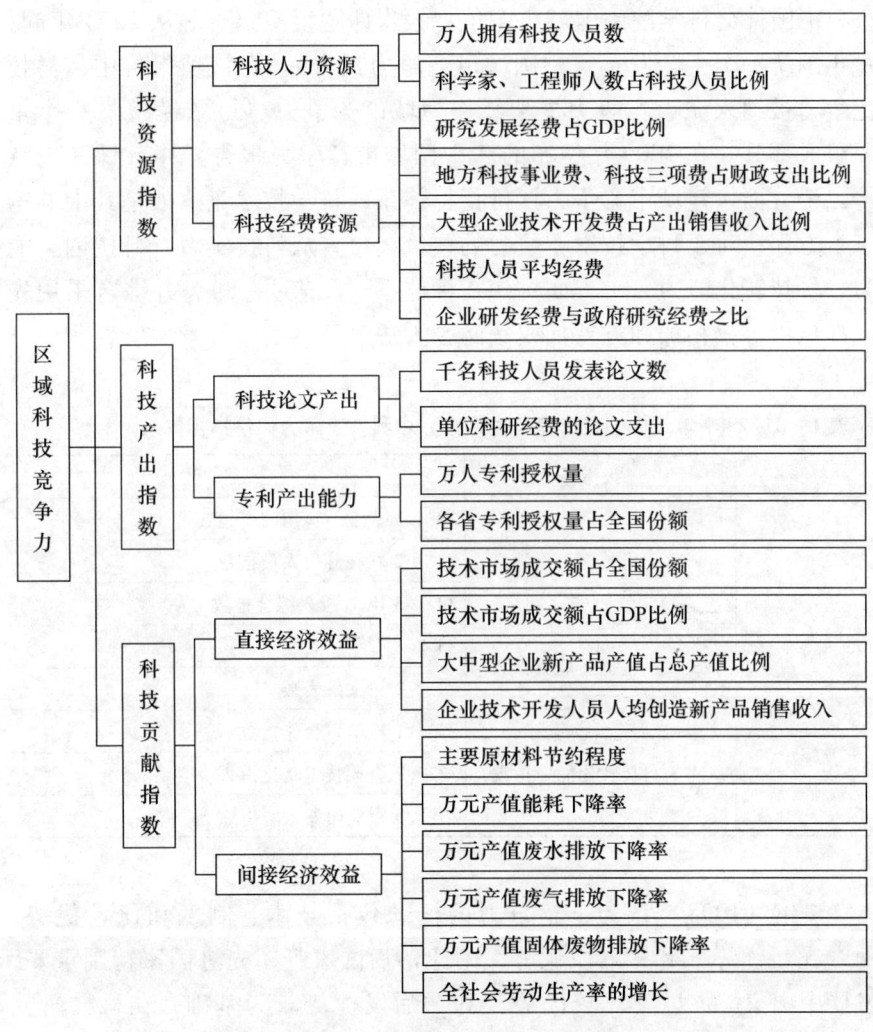

图1-1 2006年《中国可持续发展战略报告》区域科技评价指标体系

1999年,由经济体制改革研究院、中国人民大学、深圳综合开发研究院共同研究发表的《中国国际竞争力发展报告(1999)——科技竞争力主题研究》采用1998年IMD《世界竞争力年鉴》评价一国科技国际竞争力的评价指标体系,对我国科技国际竞争力进行了评价,并研究了科技国际竞争力与农业、工业和三大产业发展的关系,并且从企业管理、国民素质、基础设施、金融体系、国际化、国家经济实力等方面分析科技国际竞争力的发展,提出促进科技国际竞争力发展的策略建议[11]。

中国社会科学院中国城市竞争力报告课题组倪鹏飞等从2003年起,每年围绕一个主题发布《中国城市竞争力报告》。在该项报告中,科技竞争力被纳入城市竞争力框架,作为城市竞争力"弓弦模型"一个重要组成部分。在2009年发布的《中国城市竞争力报告》中,课题组从十二个方面构建城市竞争力评价指标体系,科学技术竞争力是其中的第三个方面;对于科学技术竞争力的评价,报告从科技实力、科技创新能力、科技转化能力三个方面构建指标体系(见表1-8),并综合采用先标准化再等权相加和方差加权法两种方法[12]。

表1-8 2009年《中国城市竞争力报告》中科技竞争力评价指标体系

一级指标	二级指标	三级指标
Z3 科学技术竞争力	Z3.1 科技实力指数	Z3.1.1 大学、科研院所指数
		Z3.1.2 科技开发人员指数
		Z3.1.3 R&D投入综合指数
	Z3.2 科技创新能力指数	Z3.2.1 专利产品数
		Z3.2.2 论文发表数
	Z3.3 科技转化能力指数	Z3.3.1 产学研合作指数
		Z3.3.2 企业技术转化指数
		Z3.3.3 企业研发效率指数

樊纲(1998)认为,竞争力的概念包括技术、制度和比较优势,而"比较优势"和"后发优势"对于落后国家赶超先进国家特别重要,发展中国家应该以"比较优势"和"后发优势"为基础,在科技研究与开发能力方面培养国际竞争力[13]。

赵彦云（1999）从发展战略学的角度，探讨科技竞争力基本理论及其发展战略。他认为，从科技竞争力整体及成长关系看，科技竞争力是科技实力、科技体制、科技机制、科技环境、科技基础等部分的竞争力综合，他从这五个层面分别探讨了它们对科技竞争力的重要作用，然后提出为迎接高科技竞争的挑战要做好的各项准备工作[14]。

尹相勇等（1999）从经济、社会发展、科技投入产出和科技管理四方面建立了区域科技进步的统计监测与综合评价指标体系，并综合采用主客观相结合的常规综合评价、模糊综合评价、主成分评价进行组合评价，构建了区域科技进步统计监测体系[15]。

姜万军（2000）从国家竞争力角度，根据 IMD 每年公布的《世界竞争力报告》，针对我国科技国际竞争力综合位次连续几年的波动，探讨我国科技竞争力的现状与趋势，揭示了造成我国科技国际竞争力排位下降的主要原因，并通过对我国科技竞争力与若干发展中大国的比较，说明了我国科技竞争力各项指标的竞争优势与劣势，找出我国科技发展中现存的问题与差距，基于这些问题与差距提出了提高我国科技竞争力的对策[16]。

艾国强等（2000）基于对十六个样本国家科技竞争力的综合评价和国际比较，论述了中国科技竞争力在世界所处的地位；并就若干指标与印度、巴西进行比较，着重从科学技术对产业竞争力的推动作用、科技发展环境两方面，分析中国科技竞争力现存的问题和差距[17]。

游光荣等（2001）认为，科技竞争力包括科技投入水平、科技产出水平、科技与经济和社会协调发展程度、科技潜力以及制度因素，其中，由于制度因素难以定量估计，所以在具体评价过程中不予考虑。文中对中国各地区 1997 年和 1998 年的科技竞争力进行了评价，并与地区经济实力评价相结合，评析了中国东、中、西部三大地带的科技竞争力；同时对各地区科技竞争力与经济实力进行了对比，提出科技与经济协调发展的政策建议[18]。

施建军等（2002）从国际时代特征出发，探讨中国科技统计的发展方向，主要包括以下几个方面：一要把科技活动定量研究放在国际大系统中进行比较和分析；二要正确定量科技与社会、经济的关系；三要注意指标体系在空间上的整体联系性和时间上的动态性；四要超前介入人才竞争力研究；五要关注公众科技素养的统计与应用；六要在未来科技指标研究中注重人力资源及流动状况的开发和统计测量;七要关注知识流动和无形知识的循环;八要关注知识经济的测度及其影响预测;九要加强小企业创新信息研究[19]。

姚建文(2003)从科技活动投入、R&D 活动投入、R&D 活动产出三个方面出发,采用德尔菲法确立了指标体系与指标权重,并利用全国 R&D 资源清查数据对中国三十一个地区的科技竞争力进行了综合评价[20]。

胡宝民等(2003)认为,科技系统是一个具有多输入多输出且量纲不尽相同的复杂投入产出系统。其选取人力、财力和资产角度设置科技系统输入指标,选取直接输出和间接输出角度设置科技系统输出指标,构建区域科技竞争力评价指标体系,运用数据包络分析法(DEA)对全国三十个省市的科技竞争力进行了评价,并分析了河北的科技竞争力情况[21]。

郭新艳等(2004)从科技基础、科技投入、科技产出和科技环境四个方面建立科技竞争力评价指标体系,将主成分分析法与 TOPSIS 法相结合,构建加权主成分 TOPSIS 价值函数模型,建立了地区科技竞争力评价系统,并对 2001 年中国三十个省份的科技竞争力进行评价和排序,在评价结果的基础上进一步探讨了中国科技竞争力分布的特点,提出了相关的政策建议[22]。

赵国杰等(2004)从科技基础、科技投入、科技产出和科技促进社会经济发展四个方面选取了二十四个具体指标,构建科技实力评价指标体系,并运用网络层次分析法(the Analytic Network Process,ANP)确定评价指标权重,对北京、上海、天津、江苏、福建、浙江、辽宁、山东、河北、河南、湖北、广东十二个省市进行了科技实力评价[23]。

谈毅等(2004)分析了中国科技评价体系的发展和特点,并将中国科技评价体系与国外面向公共决策技术评价的体系进行了比较,从体制、功能和参与模式三个方面为中国构建面向公共决策的技术评价机制提出了建议[24]。

姜春林等(2005)从总量指标角度建立了科技竞争力评价体系,包括六个科技投入指标和两个科技产出指标,采用主成分分析法对 2000 年中国三十一个地区的科技竞争力作了比较分析[25]。

黎雪林等(2006)以科技指标为主,以经济和社会发展指标为辅,通过对科技投入、科技产出、科技与经济社会协调发展程度、科技潜力四个方面的考核,建立科技竞争力评价指标体系,采用因子分析法对中国三十一个地区的科技竞争力作了综合评价和比较,得出东、中、西部在科技竞争力方面存在很大的差距,地区科技竞争力与地区经济实力水平基本一致的结论[26]。

赵顺娣等(2007)从科技竞争的人力资源基础、人力投入和财力投入三个方面来选择输入指标,从科技创新、高新技术产业化和资源环境三个方面选择输出指标,建立了由六个一级指标、十九个二级指标构成的区域科技竞争力评价指标体系,运用数据包络分析法对江苏无锡、常州、扬州、镇江和泰州五市科技竞争力进行评价研究[27]。

徐晓林等(2009)根据中国省域软科学研究机构竞争力的内涵与特征,从课题向量绩效、学术成果影响力、经费投入体系、人力资本构成、科研成果绩效以及科研合作与共享机制六个方面选取了四十三项指标,构建了中国省域软科学研究机构竞争力评价指标体系,并区分指标体系层次,分别采用德尔菲法、专家咨询法、主成分分析法和神经网络法确定指标权重,对中国省域软科学研究机构竞争力进行了综合评价预测[28]。

三 综合评述

通过对国内外科技竞争力相关研究的回顾,可以将目前国内外在科技竞争力领域的研究状况归纳为以下几点:

(1)在研究内容上,国内外有关科技竞争力的相关研究基本集中为科技竞争力概念界定、评价指标体系构建和综合评价方法的研究。

(2)在研究角度上,主要有以 WEF 和 IMD 为代表的在国际竞争力框架下的国际科技竞争力评价、以中国国家科技部为代表的基于国家科技实力的科技评价和中国国内诸多学者面向区域的科技竞争力评价等三类。

(3)在研究方法上,主要体现为科技竞争力综合评价方法的多样化,目前使用较广泛的有专家咨询法、德尔菲法、主成分分析法、因子分析法、数据包络分析法、模糊综合评价、神经网络分析法、TOPSIS 法①、层次分析法和网络层次分析法等。

---

① TOPSIS 法即 Technique for Order Preference by Similarity to an Ideal Solution。

综上所述，国内外研究成果从不同角度、运用不同方法对科技竞争力概念、评价指标体系、评价方法进行了较为丰富的研究，为后续研究提供了宝贵的借鉴。但这些研究大多都停留在对科技竞争力的现状评价研究领域，尚未涉及科技竞争力的形成及条件、科技竞争力的未来发展等相关研究领域，科技竞争力评价指标体系的建立缺乏理论基础，也没有形成一个较为系统的科技竞争力研究体系。本书尝试从区域科技竞争力概念及其形成机理、现状综合评价、未来发展系统动力学仿真评价和提升对策四方面进行研究，试图建立区域科技竞争力的研究体系。

第三节 本书研究路线和方法

一 研究路线

如图1-2所示，本书在设计研究方案之后，从资料查找、文献综述和实地调研两条路线同时开展研究工作。在此基础上，结合规范与实证研究方法，从区域科技竞争力的概念及其形成机理、现状综合评价、未来发展系统动力学仿真评价和提升对策四方面对区域科技竞争力展开研究，构建区域科技竞争力理论体系。

(1) 区域科技竞争力概念及其形成机理。

通过对科技创新与区域科技理论进行探讨，为区域科技竞争力及其形成研究奠定理论基础；分析区域科技竞争力的内涵与构成，并探讨区域科技竞争力的形成机理；运用因子分析、相关分析等方法，分析区域科技与社会发展的关联，并以中部六省会城市为样本进行实证，进一步对区域科技竞争力及其形成进行补充和提供支撑。

(2) 区域科技竞争力现状综合评价。

综合运用灰色关联分析和层次分析法，建立区域科技竞争力评价体系，并以中部六省会城市为样本进行区域科技竞争力现状综合评价。

(3) 区域科技竞争力未来发展系统动力学仿真评价。

在区域科技竞争力评价的基础之上，运用系统动力学方法，建立中部六省会城市科技竞争力未来发展仿真评价模型进行仿真，同时对模型进行有效性检验，证明模型的实际拟合能力，从而增加模型预测结果的可信性。

(4) 区域科技竞争力提升对策。

在上述研究的基础之上，为提升中部六省会城市科技竞争力提出对策建议，并运用系统动力学基模分析方法，进行对策的反馈基模效用分析。

本书从上述四方面形成了区域科技竞争力研究的理论体系，进行专家咨询后，根据不同专家意见进行重新研究、修改与完善并形成最终稿。

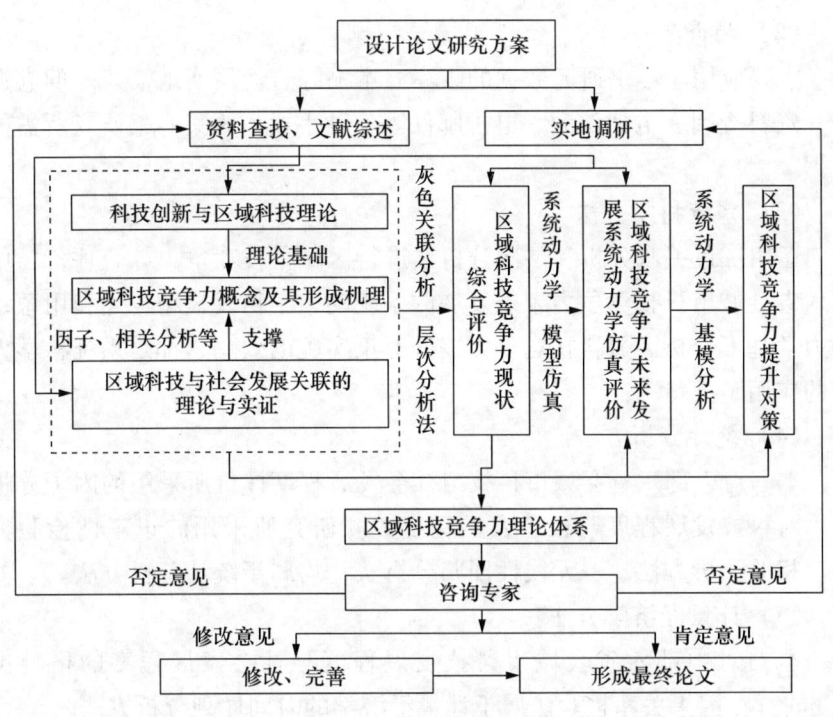

图1-2 本书研究路线

二 研究方法

本书采用理论分析与实证分析相结合的方法开展研究。其中，科技创新与区域科技理论、区域科技竞争力概念及其形成机理、区域科技与社会发展的关联理论、科技竞争力综合评价体系研究、科技竞争力的提升对策研究应用理论分析方法；中部六省会城市科技竞争力评价、中部六省会城市科技与社会发展的关联研究、中部六省会城市系统动力学模型构建与仿真应用实证研究方法。

本书中用到的具体工具与方法主要包括：

（1）文献研究法。

通过运用文献研究法，了解了国内外学者对科技创新与区域科技理论、科技竞争力评价、科技进步与经济增长、社会发展关系等研究，并从中得到一些启发，如区域科技竞争力的内涵界定、区域科技竞争力的形成、区域科技竞争力评价指标体系及综合评价模型构建等都一定程度上参考了前人的研究。

（2）调查法。

主要应用于本书研究数据的收集。本书综合运用实地面谈、问卷调查、资料查阅、电话访问、电子邮件等各种手段，收集本书研究所需的数据。

（3）系统科学方法。

运用灰色关联分析和层次分析法进行区域科技竞争力综合评价，中部六省会城市科技竞争力未来发展的系统动力学仿真模型构建和用系统动力学基模分析区域科技竞争力提升对策实施的效用，都是系统科学方法的应用。

（4）统计分析方法。

本书对中部六省会城市科技与社会发展程度评价所采用的因子分析法，对科技发展程度与社会发展程度关联研究所采用的正态性检验方法、相关分析方法、一元线性回归分析法，均属于统计分析方法。

（5）计量经济学方法。

本书对中部六省会城市科技发展程度与社会发展程度的格兰杰（Granger）因果关系检验法属于计量经济学的时间序列分析方法。

第四节　本书研究框架

本书包括如下8章内容：

第1章为导论。本章介绍本书的选题背景，阐述研究目的和研究意义，以及研究的技术路线和研究方法，理顺本书的逻辑结构，并提出本书的创新之处。

第 2 章为科技创新与区域科技理论研究。本章对科技创新及其扩散的概念界定，科技创新与扩散的过程、动力和方式进行分析，总结科技创新的社会功能；基于演绎的分析方法，发现科技创新的区域性，从而提出区域科技的概念，并对区域科技的构成和特点等进行了分析，为下一章研究区域科技竞争力奠定理论基础。

第 3 章为区域科技竞争力概念及其形成机理分析。本章参考国内外对区域科技竞争力的定义，提出基于竞争行为构成要素的区域科技竞争力概念的"钻石模型"；在此基础上，从科技创新与扩散动力机制、科技创新功能形成机理、区域科技形成机理和区域科技运行机理四个层面分析了区域科技竞争力的形成机理。

第 4 章为区域科技与社会发展关联的实证分析。本章旨在验证区域科技与社会发展之间的关联关系，从而为区域科技竞争力的存在提供支撑。在对区域科技与社会发展关联研究进行阐述与分析后，本章以中部六省会城市为样本进行实证研究。首先，对科技发展程度与社会发展程度分别建立评价指标体系，并应用因子分析法得到 2000—2009 年中部六省会城市的科技发展程度与社会发展程度；其次，进行两者关系相关分析和因果关系检验，发现两者之间的线性相关性与因果关系，验证了它们的关联；最后，根据它们的线性相关性与因果关系，进行一元线性回归分析，分别得到了中部六省会城市的社会发展程度对科技发展程度、科技发展程度对社会发展程度的样本回归函数，进一步揭示了中部六省会城市科技发展与社会发展相关联的具体形式。

第 5 章为区域科技竞争力现状综合评价。本章首先通过分析区域科技竞争力评价思路，建立了区域科技竞争力评价指标体系；其次结合灰色关联分析和层次分析法，建立了区域科技竞争力综合评价模型；最后以中部六省会城市为研究样本，对 2000—2009 年中部六省会城市的区域科技竞争力进行了评价，并就 2000—2009 年中部六省会城市科技竞争力总体发展水平评价结果及其构成进行了分析。

第 6 章为区域科技竞争力未来发展系统动力学仿真评价。本章通过确定流位流率系、建立流位流率对二部分图、基于区域科技竞争力评价指标体系和 2000—2009 年历史数据及"十二五"科技发展规划建立流率基本入树、联合流率基本入树形成网络流图构建了 2000—2020 年中部六省会城市科技竞争力发展的系统动力学仿真模型。并通过分析模型的有效性,验证模型对过去实际数据的拟合能力。从科技竞争力指标及其五个构成指标,即实力、产出力、竞争效率、促进力与亲和力,以及人力、财力、机构力等十三个区域科技竞争力评价二级指标 2010—2020 年的系统动力学仿真结果,对中部六省会城市进行了比较分析与评价。

第 7 章为中部六省会城市科技竞争力提升一般对策研究。首先,本章基于前面章节实证和仿真评价结果,提出了促进科技竞争力提升的两组管理对策。围绕优化和完善区域科技体系,从发展壮大区域科技主体、构建和完善科技投入资金投融资体系与提高资金使用效率、优化区域科技体制与机制以及改善区域科技发展基础四方面提出第一组管理对策;围绕科技与社会的关联,从促进科技与经济的共同繁荣以及科技与社会的协调发展、培育和发展区域科技增长极与促进区域科技圈和创新带形成两方面提出第二组管理对策。其次,提出区域科技竞争力发展过程中的七个系统动力学基模,展开对策的反馈基模效用分析。

第 8 章为南昌市科技竞争力提升关键策略研究。本章聚焦南昌市,基于关键因素分析提出南昌市科技竞争力提升的关键策略思路,通过科技竞争力评价指标对南昌市科技竞争力未来发展的影响程度分析,确定 R&D 经费支出、全社会劳动生产率、高新技术产业总产值、省级以上科技成果奖、工业废水排放达标率、农林牧渔业增加值率为提升南昌市科技竞争力的关键因素,从而提出通过改进关键因素促进南昌市科技竞争力的关键策略。

第五节 本书主要创新之处

(1) 通过构建区域科技竞争力的"钻石模型",阐述了一种新的区域科技竞争力概念。

通过分析竞争行为的构成要素,认为区域科技竞争力是区域科技实力、产出力、竞争效率、促进力及亲和力五种构成要素的统一体,并通过对上述五种构成要素关系的分析,构建了区域科技竞争力"钻石模型",阐述了一种新的区域科技竞争力概念。

(2) 基于区域科技竞争力"钻石模型",提出了一种区域科技竞争力形成机理并设计了中部六省会城市科技与社会发展关联的研究过程及区域科技竞争力的评价体系。

通过对区域科技实力、产出力、竞争效率、促进力及亲和力形成的分析，结合科技创新与区域科技理论，从科技创新与扩散动力机制、科技创新功能形成机理、区域科技形成机理和区域科技运行机理四个层面提出了一种区域科技竞争力形成机理。

为支撑区域科技竞争力的"钻石模型"及其形成机理，设计了实证中部六省会城市科技与社会发展关联的研究过程：为区域科技与社会发展程度分别建立评价指标体系并运用因子分析得到两者综合评价值后，对两者的综合评价值进行相关分析和因果关系检验以发现两者的线性相关和因果关系，再通过线性回归得到两者关系的具体形式。

从区域科技实力、产出力、竞争效率、促进力及亲和力五个方面构建区域科技竞争力评价指标体系，并综合运用灰色关系分析和层次分析法建立评价模型，设计了区域科技竞争力的评价体系。

(3) 将系统动力学方法创新地应用于区域科技竞争力未来发展仿真评价，拓宽了科技竞争力评价的时间维度。

本文除进行历史现状发展评价外，还通过多种方法建立仿真方程，分别建立中部六省会城市科技竞争力系统动力学流率基本入树和网络流图仿真模型，对六省会城市科技竞争力未来发展进行了仿真评价，拓宽了科技竞争力评价的时间维度。

(4) 首先建立反馈基模，其次分析已提出的管理对策对各反馈基模的制约消除作用或增强作用，证明已提出管理对策的有效性，实现了系统思考反馈基模分析的新方式。

进行了系统思考反馈基模分析方式应用创新。一般研究皆是先建立反馈基模，然后基于反馈基模生成管理对策；本书则基于历史现状评价、未来发展仿真评价提出科技竞争力提升的管理对策，然后在此基础上建立七个反馈基模，分别分析已提出的管理对策对各反馈基模的制约消除作用或增强作用，证明已提出的对策实施的有效性，实现了反馈基模的系统分析方式的应用创新。

第二章　科技创新与区域科技理论研究

科技创新是区域科技不断满足社会需求和自身发展需要的根本手段，也是区域科技促进区域社会发展过程的起点。本章从科技创新研究入手，探讨科技创新及其扩散的概念，分析科技创新与扩散的过程、动力和方式，并总结科技创新的社会功能；基于演绎分析，发现科技创新的区域性，从而提出区域科技的概念，并对区域科技的构成和特点等进行分析。本章研究为下章区域科技竞争力概念及其形成机理分析奠定基础。

第一节　科技创新、扩散及其社会功能

新思想、新知识、新产品和新工艺技术等越来越成为区域和国家经济增长、社会发展的关键因素，科技创新问题吸引了越来越多的研究者，他们试图解开区域科技创新之谜。

一　科技创新的概念

从字面来看，科技创新由"科技"和"创新"两个词构成，因此，下文将分别从这两个方面来分析"科技创新"的概念。

（一）科技

"科技"是"科学"与"技术"的统称。"科学"出自英文"Science"，源于拉丁文的"知识"和"学问"，在古印度的梵语中，"科学"是指"特殊的智慧"。贝尔纳对于"科学"的定义是：科学是一种社会建制，一种研究方法，一种知识的积累性传统，一种维持和发展生产的主要因素，以及影响人们对有关宇宙的信息和态度形成的力量。科学是理性地、系统地探索自然，目的是寻求真理、发现新知识。"技术"出自英文"Technology"一词，由希腊文的"艺术或技巧"和"学

问"两个字根构成，它是有关实用技艺和工业技艺的学问，研究的是知识的实际应用，目的是发明，其成果可以是专利或论文形式。陈红兵、陈光曙（2001）指出，技术有三个基本特征[29]：第一，技术是物质、能量、信息的人工化转换，这是技术的功能特征，也是最基本的特征；第二，技术是人们为了满足自己的需要而进行的加工制作活动，这是技术的社会目的特征，也是技术作为过程的特征；第三，技术是实体性因素（工艺、机器、设备等）、智能性因素（知识、经验、技能等）和协调性因素（工艺、流程等）组成的体系，这是技术的结构性特征或内部特征。科学与技术的区别主要在于它们有不同的研究目的和研究对象；但它们之间更多的是联系，都反映着人与自然界的关系，而科学的技术化、技术的科学化更是使得科学与技术在现代社会达到高度的统一，科学与技术在人类认识和改造世界的进程中成为一种统一的社会活动和建制。从这个意义上来说，科学与技术被合称为"科学技术"或简称为"科技"，也有了其合理性[30]。

（二）创新

"创新"有两重含义：作为普通词汇，其主要指创立或创造，这里的创新既可以是事物，也可以是思想、方法等；在更多的情况下，创新又是一个特定的学术专用词汇，指的是企业家与生产要素的结合，是一个经济范畴的概念，主要是指技术创新。国内外学者对创新含义的阐述集中于技术创新的角度。

美籍奥地利经济学家、哈佛大学教授约瑟夫·阿洛伊斯·熊彼特（Joseph A. Schumpeter）在《经济发展理论》（1912）一书中首次明确界定"创新"的概念①，认为所谓的"创新"，就是"建立一种新的生产函数"，也就是说，把一种从来没有过的关于生产要素和生产条件的"新组合"引入生产体系。熊彼特所说的"创新""新组合"或"经济发展"包括以下五种情况：①引进新产品；②引用新技术，即新的生产方法；③开辟新市场；④控制原材料的新供应来源；⑤实现企业的新组织。按照熊彼特的看法，"创新"是一个"内在的因素"，"经济发展"也是"来自内部自身创造性的关于经济生活的一种变动"。由此可见，技术创新是熊彼特的创新概念的重要组成部分[31]。

---

① http://wenku.baidu.com/view/9e963a661ed9ad51f01df2a4.html.

从20世纪70年代开始，国内外研究机构和学者在熊彼特技术创新概念的基础上，陆续提出许多不尽相同的关于创新的定义。1974年，英国经济学家克里斯托弗·弗里曼把创新定义为："在经济意义上，只有包括新产品、新工艺、新系统或新装置在内的新一次商业性应用时才能说完成了一项创新。"[91]1982年，斯托弗·弗里曼进一步对创新概念进行补充，他认为："创新包括与新产品（或改良产品）的销售或新工艺（或改良工艺）的新一次商业性应用有关的技术、设计、制造、管理以及商业活动。"[32]

美国工业调查协会把创新界定为："实际应用新的材料、设备和工艺，或是某种已经存在的事物以新的方式在实践中的有效使用。创新是一个承认新的需要，确定新的解决方式，发展一个在经济上可行的工艺、产品和服务并最后在市场上获得成功的完整过程。"[33]

美国竞争力委员会认为："创新是指知识向新产品、新工艺和新服务的转化过程，它不仅涉及科学技术活动，还涉及对顾客需求的了解和满足。"[34]

在中国《大辞海·哲学卷》中，技术创新被定义为："作为创新主体的企业在创新环境条件下通过一定的中介而使新客体转换形态，实现市场价值的一种实践，包括新思想的产生、研究、开发、商业化到扩散的一系列活动。"[35]

国内学者罗伟等认为，"创新是在经济活动中引入新产品或新工艺，从而实现生产要素的重新组合，并在市场上获得成功的过程"，并强调创新定义与发明、扩散等相关概念有不同之处："发明是创造性思维的结果，它的重要来源是科学研究，是创新的重要前提条件，但有了发明不一定都能成为创新，只有将发明引入生产体系并投放市场的行为才是创新；扩散是创新产品、技术被其他企业通过合法手段采用的过程，技术转移、引进、模仿都是扩散的重要方面。"

综合上述论述，从技术创新角度来认识创新概念，即创新主要是指在经济活动中，知识向新产品、新工艺、新服务转化的各种过程，是一个和发明、扩散有紧密联系，但又有本质区别的概念。

（三）科技创新

科技是科学技术的简称，科技创新就包括科学和技术的创新，这里的创新是作为普通词汇意义的创新，即创立或创造。因此，科技创新可分为科学创新和技术创新。科学创新的主要内涵是认识未知世界、变世人求知为已知,其成果形式为新发现(新现象)、新观点和新理论等;技术创新的内涵如前文所述,主要是提出改造客观世界的新技术,并为社会广泛利用,变世人未有、未用为已有、已用,其成果形式为新产品、新工艺、新方法等。科学创新产生的新知识往往是技术创新的先导,而技术创新是新知识实现其使用价值和价值的桥梁。前者是科学事物的发现、观点和理论的创立,属科学研究范畴;后者是技术在经济活动中的应用,属技术经济活动范畴。

人类认识世界、改造世界的活动包括三个层次:一是通过基础研究不断增加和积累新的知识资源;二是通过研究与开发活动,将现有的知识资源有效地、创造性地转变为技术成果;三是通过对技术成果的经济开发,将科学技术转变为现实的生产力。科学创新的过程主要包括第一个层次,而技术创新过程则主要包括后两个层次。

二 科技创新扩散

(一)科技创新扩散的概念

科技创新扩散是指,一项技术和与此相关的创新,通过一定的渠道,在市场中广泛传播,即技术创新逐步得到推广和应用的过程。美国经济学家曼斯菲尔德(E. Mansfield)认为,引起科技进步的主要动力来自技术创新和新技术的不断扩散[36]。科技创新扩散包括以下四项要素:

1. 扩散源

扩散源是指将科技创新传播出去的企业或组织,是科技创新输出方的空间表现,也被称为科技带有体。扩散源主要类型包括:①采用科技创新的示范者和扩散信息的传播者;②科技创新的潜在提供者;③科技创新的改进者;④科技创新的推销者。

2. 扩散汇

潜在的吸收采用科技创新的企业被称为扩散汇。企业的科技创新引进行为对扩散过程至关重要,企业出于对利润的追求会对科技创新进行效益的博弈分析,并等待采用的最佳时机,企业采用科技创新与否直接决定了技术创新扩散的速度、范围和质量。

3. 扩散客体

扩散客体指在扩散过程中被传播、推广的科技创新本身,即扩散对象,其主要体现形式为产品创新、工艺创新、市场创新、原材料创新、组织创新等。一项科技创新之所以能够得到推广和扩散,根本原因在于它具有优于或替代现有产品或技术的内在特质,主要体现为科技创新本身所具有的新颖性、先进性和适用性等社会效应,同时它也具有带来超额利润和发展机会的经济效应。

4. 扩散环境。

环境是指处于系统边界之外、与系统进行物质、能量、信息交换的所有事物,是系统存在、变化、发展的必要条件。科技创新的扩散过程与扩散环境之间存在典型的相互影响、相互作用的互动机制。扩散过程一方面受扩散环境的影响与制约,另一方面又作用于扩散环境,使其得以进一步发展和演化[37]。

(二) 科技创新扩散的过程

科技创新扩散是伴随着创新理论的发展而发展起来的,包含在科技创新的大过程之中。众多学者对科技创新扩散过程进行了研究,熊彼特、弗农、马库森、罗杰斯等就是其中的著名代表人物。

熊彼特 (Schumpeter, 1912) 是最早从技术角度研究产业和经济发展的学者[96],他在《经济发展理论》一书中开创性地用"创新理论" (Innovation Theory) 来解释和阐述资本主义的产生和发展,并具体阐述了创新推动产业走向繁荣的三个过程:①为了谋取超额(垄断)利润,企业纷纷进行创新;②其他企业为分享这种超额利润而对新产品、新技术进行模仿;③那些采用旧生产方式或生产过时产品的企业为了生存不得不进行适应性模仿。在上述三个过程中,第一个过程就是科技创新的过程,而第二个和第三个过程则是技术扩散的过程。

美国经济学家、哈佛大学经济学教授雷蒙德·弗农 (Raymond Vernon, 1966) 受克拉伍斯 (I Klar - Vas) (1956) 和美国学者波斯纳 (Michael V. Posner) (1961) 的技术差距理论的启发,将技术创新与扩散和产业发展结合,在其《产品周期中的国际投资与国际贸易》一文中首次提出了基于技术的产品生命周期理论 (Product Life Cycle)①。弗农认为,产品都是有生命周期的,可以细分为产品开发期、市场引入期、成长期、成熟期和衰退期。新产品的生命周期一般至少经历以下三

---

① http://baike.baidu.com/view/9674。

个主要阶段:

第一阶段是新产品阶段或产品创新阶段,又称引进阶段。消费者不甚了解新产品的特性和如何使用这种新的产品,以及它给人们所带来的方便和好处,在这一阶段,需求主要来自本国,生产也主要针对本国需要,基本上没有出口。要求投入的技术要素比较高,对熟练的劳动者的技术水平要求也比较高。这一时期的产品可以说是技术密集型的产品。

第二阶段是产品成熟阶段,又称增长阶段。技术已经成熟,生产过程已经比较标准化,同时和该产品配套使用的设备比较完善,被消费者广泛接受,所有的人都具有使用这一产品的技能,都拥有这种产品,该产品市场饱和,产品销售量的增长率开始下降。与此同时,国外的需求开始出现,成熟的技术随着产品的出口而转移出去,产品进口国能够迅速地模仿并掌握技术,进而开始在本国生产。成熟阶段技术开始标准化,产品比较成熟,市场迅速扩张,生产规模急剧扩大,从而要求投入资本比较多。这一时期的产品一般是资本密集型的产品。

第三阶段是产品标准化阶段,又称衰退阶段。技术已经不再是新颖和秘密的了,甚至已经开始落后,许多技术都已经包含在生产该商品的机器中,技术本身的重要性逐渐消失,新产品的技术也完成了其生命周期。人们不再需要这一产品,可能它还维持在一个很小的市场,生产中使用大量的非熟练劳动者。这一时期的产品可以说是劳动密集型的产品,比较优势也随之发生了变化,这种变化决定了该产品在国际贸易中的流动方向。

美国加州大学的马库森(A. Markusen,1985)在产品生命周期理论的基础上,通过对美国十几个工业部门技术创新和扩散与部门利润历史资料的分析,进一步提出了利润周期模式(The Profit Cycle Model)。在该模式中,一项新技术对产业的影响分为零利润、超额利润、平均利润、平减利润和平增利润(小技术革命引进)、负利润五个阶段,如图2-1所示。

阶段Ⅰ为初始创新阶段,单位生产成本高,生产规模小,利润低,甚至为负利润;阶段Ⅱ为发展阶段,生产规模扩大,生产成本迅速降低,获取超额利润;阶段Ⅲ为成熟阶段,生产规模扩大,但产品价格迅速降低,利润回报率接近社会平均利润率;阶段Ⅳ分为两种情况,一是渐近性创新可使利润有一定反弹,二是维持原有技术则利润继续降低;

阶段 V 技术完全标准化，由于产品需求萎缩或创新区域生产成本高而出现负利润。

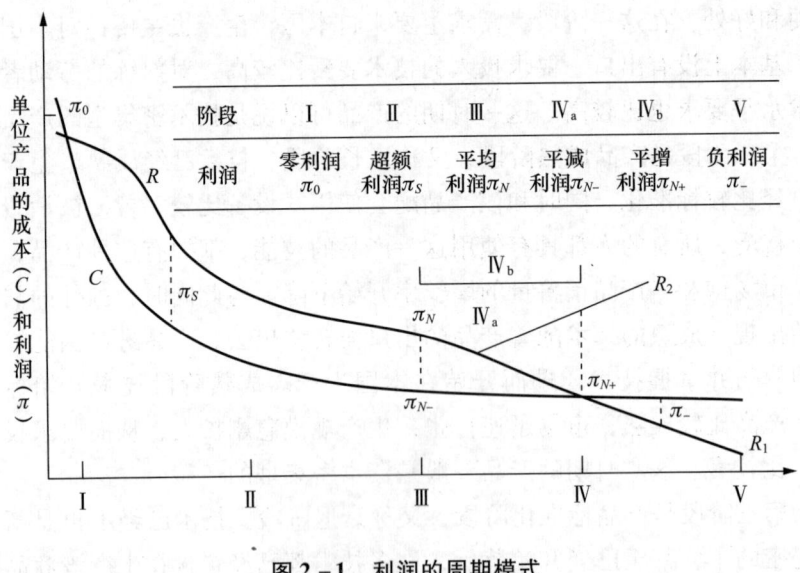

图 2-1　利润的周期模式

资料来源：魏心镇、王缉慈等：《新的产业空间：高新技术产业开发区的发展与布局》，北京大学出版社 1993 年版，第 137 页。

罗杰斯（Rogers，1991）提出了科技创新与扩散的五阶段模型，该模型将科技创新与扩散的过程分为基础研究、应用研究、开发、商业化和营销五个阶段，如表 2-1 所示。

表 2-1　　　　　　　　　科技创新与扩散的五阶段模型

阶段	承担者	定义
基础研究	大学和政府的研究室	为获得先进的科学知识所进行的原始调查和研究，没有将知识应用于实践问题的特定目的
应用研究	厂商	为解决实践问题而进行的科学调查
开发	厂商	将新观点转化为可满足潜在使用者需求的过程
商业化	厂商	创新转化为可由厂商售卖的商业性产品的过程
营销	厂商	产品经包装、分销，由厂商卖给消费者的过程

资料来源：Rogers（1983）。

从熊彼特等的研究可以看出,科技创新扩散过程是一个从科技研发到获得创新成果,并被学习、应用、开发、生产、销售的全过程,在这个过程中,紧密伴随着的是利润的不断变动。值得一提的是,从罗杰斯提出的科技创新与扩散的五阶段模型可以看到,除了基础研究阶段的承担者是大学和政府的研究机构,其余四个阶段的承担者均是厂商,这充分表明,企业是科技创新的主体,其对于科技创新与扩散的作用,体现于科技创新与扩散的绝大部分过程中[38]。

(三)科技创新扩散的动力

科技创新扩散的动力因素即科技创新扩散的推动力量,它们是引起科技创新与扩散发生的各种因素。在此将科技创新扩散的动力因素归纳为以下六类:

1. 需要

需要是人类生理或心理的、显在或潜在的需求,美国著名心理学家马斯洛(Maslow,1943)提出的需要层次论(Hierarchy of Needs Theory)把人的需要从低到高分为五个层次,即生理需要、安全需要、社交需要、尊重需要和自我实现需要,认为这些需要有一个从低级到高级发展的过程,并影响着人的行为。

从人类社会的发展史来看,需要是人类社会不断向前发展的根本动力。人类社会就是在不断地产生各种物质需要、精神需要的同时,又在不断地满足这些需要的过程中进步与发展,人类社会在发现需求—满足需求—产生新的需求—更好地满足新需求的循环之中螺旋上升、递进发展。科学技术是第一生产力,更是满足人类需要的重要手段,在满足人类需要的动力推动之下,通过科技创新与扩散,实现科技进步和发展。需求呼唤科技创新,引导科技进步的方向,因此需要是科技创新与扩散的根本动力。

2. 利益

利益表现为物质利益和精神利益,即对各层次需求的满足。利益是经济社会活动的归结点,不同社会形态主要表现为利益分配机制不同,不同要素分配和产权的界定决定了社会的基本属性,追求个人利益是社会发展的原动力,同样也是科技进步的驱动力。在经济上,利益体现为经济利润,熊彼特的创新理论和马库森的利润周期模式均表明了科技创新扩散与利润的获取是密不可分的,创新是获取超额(垄断)利润的根源，而获取超额（垄断）利润又往往是科技创新与扩散发生的内在直接动力。

3. 竞争

竞争是个人或团体为达到某种目标而努力争取其所需求的对象的行为。可见，竞争是满足需要和追求个人利益的派生物，公平、有序、自由的竞争是科技创新与扩散的加速器。竞争带来的是一种胁迫力，迫使竞争各方不断进行科研开发并采用先进科技成果，以谋求生存空间或扩大竞争优势。可以说，在无限需求和利益索取的情况下，竞争为创新主体提供了相互的约束机制，构成了他们行动的边界，竞争中的互动成为科技创新主体相互作用的主要内容。如果说利益追求是科技创新与扩散过程中的原发的、内在的动力，称为驱动力，那么竞争则是外在的、胁迫性的动力，故称为促动力。

4. 合作

合作就是个人与个人、群体与群体之间为达到共同目的，彼此相互配合的一种联合行动或方式，也是满足需要和追求个人利益的派生物。竞争往往是为了满足需要和追求个人利益，而为了在竞争中获胜而与人联合则可看作是另一种形式的竞争，因此，合作同竞争一样，亦是科技创新扩散的外在促动力。

5. 学习

学习是通过教授或体验而获得知识、技术、态度或价值的过程，是引起科技创新与扩散的一种手段，亦是推动科技创新与扩散的一种途径和力量。学习的目标是满足需要，或使自身具有获取利益的能力，因此，学习也是满足需要和追求个人利益的派生物。在科技创新与扩散过程中，学习的结果能推动科技创新扩散，是科技创新扩散的一种外在推动力量，因此，学习亦是科技创新扩散的促动力。

6. 其他

政策、环境波动等其他因素也能成为科技创新与扩散的动力。除此之外，美国经济学家莫尔顿·卡曼和南赛·施瓦茨认为，企业规模和垄断力量也是决定创新的重要因素[40][41]。

（四）科技创新扩散的方式

科技创新扩散方式可以分为企业层面的扩散方式和空间区位层面的扩散方式。

1. 企业层面的扩散方式

从企业层面考察，科技创新成果一般通过直线式、发散式和网络式三种方式进行扩散：

（1）直线式。

直线式扩散是指科技创新经初始扩散源扩散到第一家采用企业，然后初始扩散源与第一家企业成为新的扩散源，扩散到第二家采用企业，如此一对一地一直扩散下去，如图2-2所示。

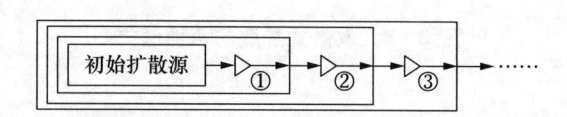

图2-2　直线式扩散

直线式扩散方式表明，科技创新不仅可以由原始扩散源扩散，而且可以通过率先采用创新技术的企业向其他企业扩散。

（2）发散式。

发散式扩散是指科技创新成果由一个扩散源在同一阶段向其他多个需求主体进行扩散的方式。以企业层面的科技创新扩散为例，发散式扩散又可分为两种形式：

一种是图2-3（a）所示的企业内部的发散式扩散。这类企业通常是大型的企业集团或跨国公司，它们有许多家分公司、子公司、分厂，科技创新成果在这些分公司、子公司、分厂之间扩散并不会引起知识产权的转让，而只是扩大了知识产权的使用范围。这类科技创新成果扩散情形主要包括：一是企业让其所属的分公司、子公司、分厂直接使用科技创新成果；二是通过并购入其他企业后，让被并购企业直接采用其科技创新成果；三是在国内或国外直接投资建厂并采用其科技创新成果。这类企业内部扩散模式，在扩散过程中实际上是有一定边界的，即在本企业范围之内。

另一种是图2-3（b）所示的企业间的发散式扩散。和企业内部的发散式扩散不同的是，这类扩散中，在扩散源向其他多个需求主体进行科技创新成果转移的同时，发生了企业间的知识产权转让。与企业间的发散式扩散相比，企业间的发散式扩散是没有边界的。

(a) 企业内部发散式扩散　　　(b) 企业间发散式扩散

☆ 扩散源　　○ 科技创新成果采用者　　---- 扩散边界

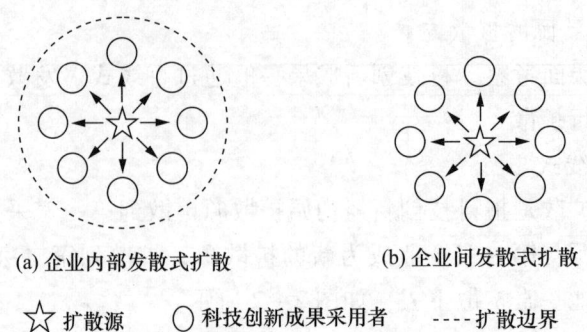

图 2-3　发散式扩散的两种形式

(3) 网络式。

网络式扩散是指通过向外转让方式，使科技创新成果由扩散源经中介机构呈发散式扩散后，再由成果采用企业经中介机构进行发散式扩散，如此循环，层层扩散，如图 2-4 所示。

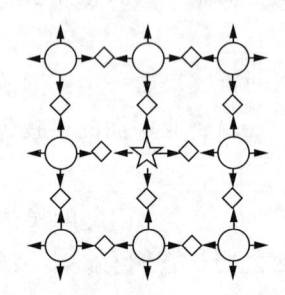

☆ 扩散源　　○ 科技创新成果采用者　　◇ 扩散中介渠道

图 2-4　网络式扩散

网络式扩散充分体现了科技商品可以多次转让的特征，这种特征使转让的接受者在自己使用的同时，可以在改造创新的基础上向第三方再次转让。

2. 空间区位层面的扩散方式

魏心镇、王缉慈（1997）和康凯（2004）等学者从扩散过程空间区位的变化特征角度对科技创新扩散方式进行了分析，将其分为位移扩散、扩展扩散和等级扩散三种类型。

(1) 位移扩散。

表现为扩散接受者随时间变化而产生非均衡的位移,例如韩国、中国台湾与北美、欧洲间的技术转移就是属于这种类型。这种扩散主要由开辟新市场、地区技术势能差、政治经济关系、移民和其他形式的人口流动等因素引起,在空间上表现出"跳跃性",如图2-5(a)所示。

(2) 扩展扩散。

是指围绕扩散源向周围地区扩散的一种空间区位扩散方式,表现为在空间区位上形成一种连续的扩展。珠江三角洲以香港为中心的科技创新扩散就属于这种类型。另外,这种扩散也往往发生在交通通信较为落后的历史时期和地区,主要受距离影响和控制,近邻效应十分明显,如图2-5(b)所示。

(3) 等级扩散。

是指科技创新成果随着一定等级序列顺序(规模等级、经济和社会地位等级、文化层次等)而扩散的一种空间区位扩散方式,表现为在空间上形成一种间断性。某种科技创新成果从首都向省会城市再向地级城市、县级城市扩散就属于等级扩散。这种扩散的决定性因素为接受者的位势,如图2-5(c)所示[42]。

(a) 位移扩散　　(b) 扩展扩散　　(c) 等级扩散

☆ 扩散源　　○ 科技创新成果采用者

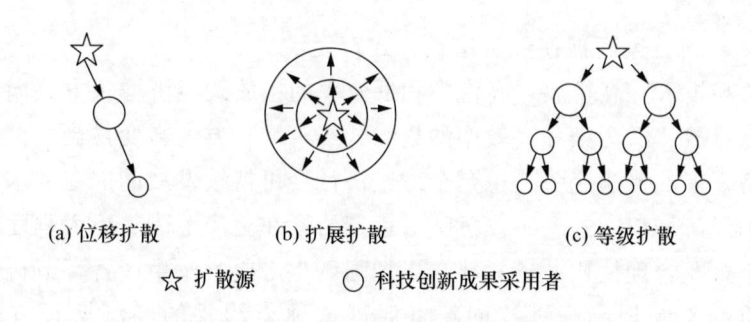

图2-5　科技创新的空间区位扩散方式

三　科技创新的社会功能

科技对社会发展的影响是重大的,也是全面的,科技创新具有诸多的社会功能[30],可以概括为以下几个方面:

1. 经济促进功能。

科技创新的经济促进功能体现在促进经济增长、优化产业结构和促使经济增长方式转变等方面。

（1）科技创新是经济增长的源泉和动力。

科技创新通过推动社会生产力的提高，促进经济增长，并为经济增长提供动力。在人类社会发展史上，科技革命每发生一次，社会生产力就大幅提高一次，充分体现了科技是第一生产力、科技创新是经济增长的源泉和动力的论断。20世纪以来，由于科技创新的迅猛发展，生产力的社会化、机械化和智能化程度不断提高，更是进一步促进了科技创新的这种源泉和动力作用。著名的经济学家索洛指出，从长期的观点来看，资本投入和功能力的增加都不是促使经济增长的主要原因，其真正的基本要素是以科技创新为核心的科技进步。

（2）科技创新促进产业结构优化。

科技创新主要在以下几方面促进产业结构的优化：一是通过开拓新兴技术领域，导致新产品的出现，促使新兴科技产业产生；二是通过开发新产品，给一些传统产业带来消极影响，导致这些产业增长缓慢甚至走向衰落和消亡；三是科技创新使相关产业的劳动生产率提高，引起这些产业在国民经济中的地位上升；四是科技创新加快了劳动密集型、资本密集型产业向技术密集型产业的转化，从而推动技术密集型产业的发展。

（3）科技创新促使经济增长方式转变。

从高投入、高排放、高污染和低效率的粗放式经济增长方式向低投入、低排放、低污染和高效率的集约式经济增长方式转变是当今世界各国经济发展的普遍趋势，也是全球经济社会可持续发展的内在要求。集约式的经济增长方式，不仅意味着生产要素在更广范围、更大程度上的优化组合及合理使用，还意味着更加强调生产要素及生产各环节科技含量比重的不断提高，科技创新将促进这种集约式的经济增长方式的实现。

2. 政治促进功能。

科技创新的政治促进功能体现在推动政治体制和政治文明的发展等方面。

（1）推动政治体制的发展。

科技创新推动政治体制的变革主要表现在以下方面：一是科技创新是变革社会政治制度和社会管理方式的动因，科技创新推动了人类奴隶社会、封建社会、资本主义社会和社会主义社会政治制度和社会管理方式的改进；二是科技创新给人们创造条件，激励人们参与政治活动，推动国家的民主政治建设。

（2）推动政治文明的发展。

一方面，科技创新推动社会生产力的发展，是政治文明发展的物质动力；另一方面，科技创新将深化人们对自然、社会和人类自身的认识，引发人们世界观、社会观、价值观等思想观念的发展，导致新的思想解放和新的政治观念的形成，是政治文明发展的精神动力。

3. 文化促进功能

科技创新的文化促进功能体现在更新人们的文化观念、促进企业文化建设和推动现代化文化产业的发展等方面。

（1）更新人们的文化观念。

文化观念指人们对待文化的态度和价值认同感。科技创新可产生一种无形的力量，作用于人们的文化观念，并最终引起传统文化观念的更新。这是因为文化观念是人们对客观世界认识成果的概括、总结和推广，而科技创新可以拓展人们的认识范围，提高人们对客观世界的认识水平，进而引起人们文化观念的变迁和更新。

（2）促进企业文化建设。

科技创新是企业科技进步的源泉，是现代产业发展的动力。而企业科技创新是一个从构想产生、研究开发、新产品试制到生产、销售、服务的完整过程，其中每一个环节都需要人的参与，都对企业价值观、企业精神产生潜移默化的深刻作用。一是科技创新通过从创新设想中确定企业创新方向和追求领先技术的目标等方面推动企业价值观的形成；二是从科技创新的复杂性、艰难性、曲折性等方面和团结奋斗的长期过程中锻炼、培育企业精神。

（3）推动现代文化产业的发展。

随着科技的发展，图书、报纸、杂志、电视、广播等现代文化产业在形式、内容和普及范围上都得到了迅猛的发展，直接体现了科技创新对文化产业的引领作用。

4. 教育促进功能

科技和教育经常联系在一起，科技创新对教育起着直接的促进作用。

（1）科技创新直接赋予教育新的内容。

科技是教育的内容，科技的创新、发现本身就是对教育的充实、完善。其中，科学创新，例如数学、物理、化学的某项发现，对初等教育、中等教育的影响明显；而技术创新，例如某项物品的发明、某种产品的先进生产方法、工艺流程的创新或改进方法的发现等，对高等教育的影响明显。

（2）科技创新创造更好、多样和便利的教育条件。

建筑技术的不断提高和新建筑材料的不断发明，为教育提供越来越舒适的教学场地；教学用具（例如计算机、投影仪等）的不断发明，为教育提供了日益先进和多样的教学手段；网络的出现，为教育提供了更加多样和便利的教育方式。

5. 卫生促进功能。

科技创新对卫生领域进步的促进作用是巨大的，尤其体现在促进医疗卫生发展和提高人民生活水平方面。

（1）促进医疗技术的提高和医疗条件的改善。

20世纪以来，基础医学、临床急救、药物学、器官移植、攻克癌症、康复医学和预防医学等许多方面均取得了巨大成就；青霉素的发明，曾挽救了千千万万人的性命；医用光纤、激光、电脑、CT扫描仪等给诊断增添了新的武器；等等。这些都充分体现了科技创新在促进医疗技术提高和医疗条件改善中的巨大贡献。

（2）提高人们的生活水平，改善人们的工作、生活条件。

生物工程技术在工业和农业上的运用，为人类提供更加丰富的食品；电子计算机的运用，大大减轻了人们的体力和脑力劳动；机器人能够替代人类到人类无法生存的场所去操作；等等。这说明，科技创新在不断地提高人们的生活水平并改善人们的工作、生活条件。

6. 生态促进功能。

科技的发展有利于人类逐渐减缓直至消除科技创新所引发的负面效应，提高资源产出和利用价值，促进环境友好并实现经济社会的可持续发展。

（1）有利于建设资源节约型社会。

第一，科技创新将有利于提高自然资源的有效产出，实现自然资源更高的利用率；第二，自然资源利用价值总是随着科技创新的发展而不断扩展；第三，科技创新可促进新资源、可再生资源的开发利用。

（2）有利于建设环境友好型社会。

一方面，通过科技创新，发展环境污染治理技术，可以还人们一个洁净的生活空间；另一方面，通过科技创新，发展环境友好技术，可以减少环境污染事件的发生。

第二节 科技创新的区域性与区域科技

大量的国内外发展实践与理论研究都表明，科技创新活动具有明显的区域性，而与科技创新的区域性相联系的是区域科技。

一 本书对区域的界定

根据《不列颠百科全书》和《中国大百科全书》，"区域"指通过选择某个或某几个特定指标在地球表面划分出具有一定范围、连续而不分离的空间单位，它强调地域的同质性和内聚力，更注重的是事物本身的客观特征。从不同的角度，大致可把区域分为以下五类：一是内部均质性的区域，如雨量区、气候区；二是具有一定吸引或辐射范围的区域，如经济区、贸易区；三是内部有共同职能的功能区域，如工业区、居住区；四是国际政治区域，如中东区；五是人为决定的管理区域，如行政区划。

本书所指的"区域"强调的是内部均质性，主要是从一定范围的科技相似性来理解区域的含义，可以是跨省级的经济区，也可以是省级行政区和省内子区域。

1. 跨省级经济区

由于内部经济联系紧密且相对完整，科技依附于经济而与之发生紧密联系，如长江三角洲区域、珠江三角洲区域。

2. 省级行政区

省级行政区包括省、自治区、直辖市和特别行政区。科技发展往往受行政影响并与之紧密联系，如目前我国区域创新体系大都以省级行政区域为基础。

3. 省内子区域

包括市、县级行政区或若干市县的集合，后者如浙江的温台地区、江苏的苏南地区等[38]。

特别需要说明的是，对科技系统的研究一般都限于一个国家的范围之内，而不是从世界范围来考察整个科技系统，一般是将其他国家存在的科技系统作为该国科技系统的外部环境来对待的。因此，"区域"应在一个国家范围之内根据科技的内部均质性进行划分。

二 科技创新的区域性

科技创新存在区域性，在一定的基础和条件下，可以促进创新区域的形成。

（一）科技创新区域性的存在事实

早在1912年，英国著名经济学家阿尔弗雷德·马歇尔（Alfred Marshall）就对英国兰开夏（Lancashire）纺织产业给予了关注，并认为那里弥漫着"创新的空气"。20世纪70年代以来，意大利学者Becattini（1978）、Piore和Sabel（1984）等在马歇尔研究的基础上，开展对意大利传统产业区的研究，并引起了世界各国学者的关注。20世纪80年代以来，对区域的研究开始从经济社会学领域扩展到创新领域。Storper和Walker（1989）基于地理产业化理论（Geographic Industrialization Theory）对技术与产业发展的空间变动特征进行了研究。Scott（1992）强调灵活生产集聚体（Flexible Production Agglomeration）是技术创新的一个重要先决条件。Saxenian（1994）通过对比硅谷和"128公路"区域，认为硅谷发展高新技术产业的优势在于独特的创新型文化。Castells和Hall（1994）对比分析了世界上典型高技术集聚体的发展特征。Feldman和Florida（1994）以美国为例验证了产品创新与地理创新资源具有正相关关系。Storper（1995）则明确指出技术学习具有区域化特征。

下面两个实例可以很好地说明科技创新的区域性。第一，世界上知识和技术主要集中在少数几个全球性中心城市或区域，这些中心城市或区域的企业研发机构、大学和独立研究机构、高质量的科技人才都高度集聚，成为知识和技术的主要创新源，以20世纪70年代的硅谷和20世纪20年代的底特律为典型代表。第二，跨国公司技术创新基本都集中在少数区域。从表面上看，跨国公司可以在国家范围内，甚至世界范围内对孤立的企业或分散的企业组织资源进行创新，外部环境似乎不重要，从而推导出科技创新并无区域性；但如果对跨国公司的企业组织网络进一步分析就可以发现，实际上它们都是高度根植于区域或国家背景之中的，不仅世界一流的跨国公司将它们主要的技术创新活动扎根于母国，而且具体产业或技术领域的能力也高度集中于母国的少数区域（Patel and Pavitt，1991；Dunning，1994）。技术创新与发展基于区域之间或国际间的有机网络组织，而每一个创新节点往往都扎根于特定区域，而不是在全球范围内无区域性规律、无联系分布的。

值得注意的是，创新型区域一般都在不断发展演化。以硅谷为例，其高新技术产业价值增值和技术创新领域是一个不断变化的过程：第二次世界大战，尤其是20世纪50年代对朝鲜战争时期，美国国防支出有助于硅谷的基础设施和支持性行业的建立；20世纪60—70年代，集成电路的发明导致半导体工业迅速增长，由于国防和集成电路浪潮而建立起来的技术基础为个人计算机发展创造了优越的环境；20世纪80年代，以苹果电脑为代表的计算机迅速发展；随着1993年互联网的商业发展和万维网的创立，以网景、思科公司为代表的互联网相关公司爆炸性地增加；21世纪以来，硅谷的基因工程产业迅速发展。

（二）创新区域的形成条件

Feldman和Florida（1994）认为，区域创新，尤其是产品创新，高度依赖于区域的基础设施，包括产业研发活动的地理集中度、大学研发活动的地理集中度、相关配套产业能力和区域创新服务体系。陆军（2004）将区域成为创新中心的决定条件归纳为以下五个方面：

1. 智力资源密集

智力资源包括受过良好的基础和专业技术教育，具有较强人力资本积累的个体才智，也包括由众多具备相当知识与专业技能的人才所共同组成的教育机构、科研单位、研发部门等智力资源的组织形式。智力资源的密集程度是一个区域科技发展水平的内在决定因素，是该区域科技研究和开发能力的重要基础。美国的"硅谷"高技术产业园区、美国波士顿"128公路"技术园区、中国北京的中关村高技术产业园区都是因为毗邻著名高等学府和科技研究机构而获得了比较密集的人才和智力资源，从而获得了快速的发展，形成了创新型区域。美国的"硅谷"不仅毗邻美国著名的斯坦福大学电子学研究中心，而且还坐拥8所大学、9所社区大学和33所技工学校，从而在该地区聚集了大量的多学科专业人才。中国北京的中关村高新技术产业园区的发展同样得益于北京作为中国最大的文化、教育和科研中心的地位，拥有高度密集的高等院校、研究院所提供的大量的高级技术人才。

2. 完备的产业链

是否拥有完整的和相互衔接的科技产业链是形成创新中心的另一个重要决定因素。任何一个区域的技术创新过程都包括研究开发、小批量生产、商业运作和工业化生产等环节，创新中心必须在上述环节同时具备良好的基础和条件。具体而言，创新中心一般须符合下列条件：

第一，具备完善的高新技术产业开发体系和支撑体系，在基础研究、关键性技术和前沿性孵化和研发等领域具备较强实力。

第二，具备良好的成果转化体系，这就要求创新中心拥有诸如科技产业中试基地、工业创新中心等装备先进、具备快速工业生产转化能力的成果转化体系。

第三，拥有大规模生产制造的组织能力，能够将已经成熟的技术和产品投入大规模的工业化制造。通过规模生产获得技术垄断利润是高新技术产业价值实现的基本途径，因此，创新中心必须具备较好的工业化生产的组织能力。

第四，具备良好的技术扩散网络和科研带动能力。创新中心必然是一定区域范围的科技中心，因此，是否具有发达的科技传播和扩散网络对于创新中心的作用发挥至关重要。一般而言，创新中心必须具有非常强的技术要素集聚的引导系统和技术扩散的推广系统，一方面将分散的、零星的技术要素通过空间集聚形成技术创新优势；另一方面将已经孵化成熟的技术成果通过推广系统应用于周边和毗邻地区的产业发展。

3. 良好的公共基础设施条件

创新中心的基础设施至少包括以下三个层面：

第一，与整个区域有关的基础设施条件，包括社会科学、文教卫生等社会性的基础设施，以及诸如道路、桥梁、水源、供暖等经济性的基础设施。一般情况下，基础设施的供给规模和服务质量是决定该区域高新技术产业发展的必备条件，它们是正相关的关系。

第二，与高新技术产业相关的基础设施条件，也称为产业基础设施。高新技术产业往往对为其集中提供诸如研发、生产、经营等物理空间，以及通信、信息等虚拟共享空间的社会经济组织系统具有特殊的要求，例如，微电子类产品的研发和生产必须要求恒温恒湿的环境，并且对空气中的悬浮尘埃、有毒成分比重等标准也有具体的要求，为满足这些要求设立的设施即为产业基础设施。

第三，高新技术产业的从业人员一般对工作地点及周边地区的生活和消费环境及其品质具有较强的偏好和选择性，满足这些偏好和选择性的设施即为第三层面的基础设施。

4. 网络化的信息情报系统

一个区域的科技信息资源是否丰富，以及科技信息资源是否能被方便有效地获取，是衡量该区域科研条件的重要标志，快捷高效的信息提供、采集、处理和传递网络是创新中心必须具备的信息资源条件。因为在很大程度上，高新技术产业的发展依赖于本地区多学科协同作用的组织机制，在某些情况下，甚至依赖于跨地区、跨国家的信息和技术合作，因此，信息资源的网络化成熟程度是考察创新中心的重要指标。其至少包括三方面内容：第一，是否具备功能齐全、行为规范的科技咨询系统和信息服务网络；第二，是否具备设施先进的信息技术工程中心和高效能的情报图书系统；第三，是否具备大型的、现代化的图书馆、科学会堂、科技会馆、交流中心等科技公共基础设施。

5. 良好的科技发展机制和体制环境

一般而言，区域创新机制是介于企业与国家创新之间，在一定社会经济文化背景下由经济、科技、教育等诸多要素形成的一体化的发展机制；同时由于中国幅员辽阔，各区域在产业发展条件和具体政策执行方面存在显著的非均衡性，造成中国不同区域产业发展的体制环境具有较大的差异。因此，区域创新体系既要受到高技术产业自身在发展中风险规律的负面影响，又必然要受到地区和国家两个层面产业发展政策和体制要素的约束。创新中心是该区域中高技术产业相对最发达、科技要素最密集的核心地区，因此，相对于其他区域，创新中心对科技发展机制和产业发展的体制环境更敏感，同时要求也更高。

三 区域科技

科技创新的区域性是当前科技发展的一个现象，在这一现象的背后，隐藏着区域科技的存在。

(一) 区域科技的概念

对"区域科技"（Regional Science and Technology）目前尚无公认的定义。徐建国、吴贵生（2000）[43]认为，区域科技是指由于区域间自然资源等要素条件、自然和气候等环境条件、区域经济特点、区域经济发展战略、不同时期国家科技资源配置战略导向等差异，经过一段长期的开发及与技术使用者的互动过程后，所造成的某一区域相对于其他区域在科技能力水平及专长上的自有特色。吴贵生等（2004）[44]从广义和狭义两个角度对区域科技的含义进行界定。广义定义是：区域内科技资源（科研机构、人员、仪器设备、科技基础设施等）和科技活动的总和，包括中央、地方，甚至跨国公司研究发展机构等及其一切科研活动。狭义定义是："根植"或服务于区域经济社会发展的科技资源和科技活动的总和。

综上所述，本文认为区域科技是指为区域经济、社会发展提供支撑的、具有区域特征的、开放性的科技系统，也称为区域科技体系或区域科技系统，简称为区域科技。区域科技主要有以下特点：

（1）区域科技本质上是一个系统。

区域科技是一个由所有科技要素组成的具有特定功能的系统，这是区域科技的本质，因此，从这个角度来讲，区域科技通常被称为区域科技系统。

（2）区域科技的依托和服务对象是区域经济和社会发展。

区域科技系统是区域经济与社会发展系统的一个组成部分，它存在于区域经济和社会发展系统之中，又为区域经济与社会发展系统服务。

（3）区域科技是一个开放的系统而非封闭的系统。

区域科技与系统外部环境有着广泛的交流，区域科技从系统外部环境得到资源输入，经过系统功能转换成系统产出，又输出到系统的外部环境中。

（二）区域科技存在的依据

区域科技系统是一个抽象的概念，但同时它又是一个客观的存在。

1. 区域经济存在的启示

区域经济的存在，至少有以下依据：

（1）国家行政区域、城乡区域划分或政策安排形成区域经济。

国家为便于行政管理，对领土进行分级分区域划分，以及有效的分级管理，把国家疆域划分为不同层次的行政区域。国家行政区域划分使得一个国家内部任何一个地方都被划分在某一个行政区域内，也使得经济的发展往往以一定的行政区域为载体，形成有鲜明行政区域特色的区域经济,例如各省域、县域的经济。

城乡区域划分就是对国家批准的市辖区、县级市、县和街道、镇、乡的行政区域进行划分,以政府驻地实际建设的连接状况为依据,以居委会、村委会为基本划分单位,将区域划分为城镇和乡村①。城乡区域的划分使区域经济往往呈现出不同的经济特色,如典型的城乡二元经济结构即以社会化生产为主要特点的城市经济和以小农生产为主要特点的农村经济并存的经济结构。

另外,国家基于经济、军事和政策等各方面考虑,在特定时期在空间上对产业和生产能力进行特定的布局或进行政策规划,也会导致各具特色的区域经济。例如,我国20世纪50年代根据当时的形势和条件,在靠近苏联的东北地区进行重点建设,形成东北重工业基地;20世纪60年代,我国出于备战和产业均衡布局考虑,大力建设"三线",从而形成了"三线"工业基地;20世纪70年代末以来,我国先后推行各种区域发展战略规划,从而形成了各种不同层次的区域经济,例如,把全国分为东部、中部、西部和东北四大经济板块,形成珠江三角洲、长江三角洲、闽南三角洲、京津唐地区、山东半岛等国家重点建设地区经济和各种经济圈、经济带、城市群等,体现出层次分明、界限清晰的区域经济特征。

(2) 经济资源依托特定的区域而存在形成区域经济。

这里所说的经济资源,主要指土地、自然资源(森林、矿藏和水等)、市场等。如果资源可以充分流动,则区域经济就失去了存在的根基,其概念就难以成立。但是由于以下原因,资源流动受到了阻碍:第一,自然资源不能充分流动,因而依托特有的自然资源就形成了特有的区域经济,例如在煤、石油富藏区和森林密布区,形成煤产区、石油产区和林区经济等;第二,土地资源不可流动,因而依托特有地形地貌(平原、山地、高原或沙漠)、气候条件(多雨或少雨),将形成各具特色的区域经济;第三,依托特有需要形成特有供给,即依托区域市场形成区域经济。虽然从理论上讲,需求有地区性,而供给不具地区性,某地区的需要同样可以由地区外供给满足,但对于某些特殊需求,地区外难以真正了解,从而难以满足,例如少数民族的一些特有生活习惯和传

---

① 浙江统计信息网,http://www.zj.stats.gov.cn/art/2010/11/29/art_281_43033.html。

统等需求。

(3) 其他因素形成的区域经济。

除上述两方面原因外，由区域历史、社会、人文等各种条件也都可能形成区域特色经济。如浙江温州地区、珠江三角洲地区市场意识较强，在中国率先发展了市场经济，形成了著名的"温州现象""顺德现象"；又如中国的"瓷都"景德镇，由于传承悠久的陶瓷文化，形成了以陶瓷产业为支柱产业的区域经济。

区域经济的存在，启示我们探索区域科技存在与否的关键是要回答下列问题：

(1) 国家行政区域、城乡区域划分或政策安排是否会造成科技的区域性？

(2) 对应经济资源的不可流动性，科技资源是否也存在不可流动性？

(3) 人文、社会、历史等其他因素是否会造成科技的区域性？

(4) 科技的区域性与经济的区域性之间是否存在关联？如果存在，又是什么样的关联？

2. 区域科技存在的依据

区域科技的存在具有充分的依据。

(1) 科技必须与经济相结合，区域经济的存在导致区域科技形成。

科技存在的基础在于经济，也就是说，科技主要是为经济服务的，科技发展方向、水平不仅受科技自身规律的作用，也受经济发展需要的影响，还受经济支持力度的促进或制约，游离于经济之外的科技是难以持久发展的；而与经济紧密结合的科技必然带有与经济相关的特征，经济的区域特征导致科技的区域特征正基于此。例如，以烟草经济闻名的云南，也拥有了很强的有关烟草研究、加工能力的科技。

(2) 政府科技发展政策、行为促使区域科技形成。

政府科技发展政策、行为总是影响着科技的发展。在市场经济体制中，政府确定了有关技术发展的规则，从而对技术开发起着重要的导向作用，例如产品技术标准制定影响产品技术的方向。在中国，过去和未来相当长时间内，政府都是研究和开发的重要投入者，对于科技发展所起的作用比其他国家更大，对科技发展方向的影响也很大，各地政府的科技发展政策、行为差异会导致科技发展结果的差异，形成区域科技。

（3）区域资源禀赋的不同、自然条件的差异等引导区域科技的不同发展方向和发展重点。

各地区之间的资源、自然条件、信息、交通、人力资本、知识积累等差异，决定了各地区科技发展方向和发展重点不同。例如：内蒙古丰富的稀土资源引导了稀土资源的研究开发；云南的贵金属资源引导了贵金属的研究开发；西北地区的干旱少雨引导了节水农业建设的研究开发。

（4）科技资源的不可流动性决定了科技的区域性。

一般认为，科技资源具有良好的流动性，因为市场机制完善的条件下，科技人员、科技成果都可以很好地流动。但是，随着经济、科技、社会的发展，科技资源的概念在不断扩展和深化，区域科技的"核心能力"也逐渐被纳入科技资源的概念之中，并且类似企业的"核心能力"依托特定企业存在，这种区域科技"核心能力"也依托于特定区域而不能流动，从而决定了科技的区域性。

（5）社会组织的区域性要求科技具有相应的区域性。

社会组织主要通过科技体系确定科技活动的方向，而科技体系是由相互依存的科技子系统组成的。社会组织，尤其是科技组织影响着科技的研发和推广，同时，科技体系也反作用于社会组织。社会组织的区域性要求科技也具有相应的区域性。

（6）其他因素对区域科技形成的影响。

此外，其他因素，如文化、传统、教育等，也是造成科技具有区域性特点的重要原因[45]。

（三）区域科技的构成要素

从构成要素上看，区域科技（体系）由以下要素构成：

1. 主体要素

指直接承担区域科技体系功能、进行科技创新和科技管理的科技人才和社会实体，后者主要包括科技企业、科研机构、教育培训机构、各类科技中介组织和地方政府五大实体。在区域科技创新实践中，科技人才往往是加入某个社会实体中，作为社会实体的一分子；区域科技主体之间通常存在着清晰的区域科技创新网络关系（见图2-6），构成一个网络型组织，区域科技体系的形成要依赖各个社会实体在科技活动中所结成的网络关系。

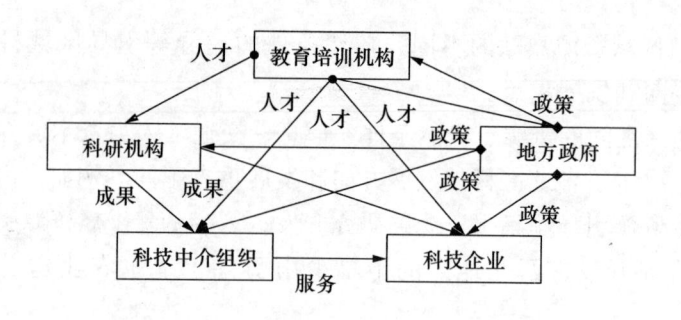

图 2-6 区域科技主体的网络关系示意图

2. 资源要素

指在区域科技创新活动中,供科技主体所运用的要素,如资金、知识、技术、信息等。

3. 功能要素

主要包括区域科技的体制与机制,前者是指有关区域科技的行政组织形式的制度,是对区域科学技术活动的组织和管理制度的总称;后者是指区域科技体系的构成及其运行变化规律①。

4. 制约要素

包括基础设施、社会文化心理和保障条件等。制约要素是创新活动的基本背景,是维系和促进创新的保障因素。制约要素一般可以分为硬约束和软约束两个方面,其中硬约束主要是指科技基础设施,软约束包括市场环境、社会历史文化和制度环境。处理好要素与要素、要素与系统的结合关系,对于发挥区域创新系统的功能、提高区域创新体系的效率至关重要②。

(四)区域科技的主要特征

从不同角度考察区域科技,它具有以下四个主要特征[46]。

1. 区域依托性

这是区域科技的首要特点,指区域科技系统是依托于一定的区域经济、社会而存在和发展的。一方面,区域科技的发展来源于区域经济、

---

① http://zhidao.baidu.com/question/51175345.html。

② http://wiki.mbalib.com/wiki/%E5%8C%BA%E5%9F%9F%E5%88%9B%E6%96%B0%E4%BD%93%E7%B3%BB。

社会发展的需求；另一方面，区域科技的发展依靠区域经济、社会的支持。区域性使区域科技能力的主体存在于一定区域内，但特别要注意的是，在此，"区域"并不局限于特定的行政区域，在经济、技术方面联系紧密的一定地理区域都可以被视为同一区域。

2. 相对独立性

区域科技体系虽然依托于一定的区域经济、社会而存在和发展，但它却是按自己的组织方式和运行规律工作的，并具有相对独立的功能，因而它本身就是一个相对独立的体系。

3. 开放性

作为区域社会系统的一个独立子系统，区域科技体系不断和系统外部进行着物质、能量和信息的交换，具体表现为区域科技系统不断接受外部环境的人力、资金、物资、信息等输入，又不断地将科技知识、技术、产品等输出到系统外部环境中，因此区域科技是一个开放的系统。

4. 动态性

区域科技体系是一个动态体系。从长期来看，在不同时期，经济、社会发展战略发生重大改变时，科技体系也随之变化；从短期来看，外部科技资源也随经济、社会发展需求而流入，并随其需求变化而调整。例如，某个地区要大力发展家用电器，必然吸引大量机电专业类人才流入；当该地区因产业结构调整需要压缩家用电器而发展电子信息产业时，将导致机电人才的流出和电子信息专业类人才的流入。

第三节　本章小结

科技创新包括科学和技术的创立和创造，科技创新通过扩散使创新成果得到推广和应用，从而实现科技进步，形成科技创新的诸多社会功能。科技创新扩散过程是一个从科技研发，获得创新成果，并被学习、应用、开发、生产、销售的全过程，它的动力源于人们的需要和为满足需要形成的利益追求，以及在此基础上而产生的竞争、合作、学习等行为。科技创新扩散方式可以分为企业层面的扩散方式和空间区位层面的扩散方式。从企业层面来考察，科技创新成果一般有直线式、发散式和网络式三种扩散方式；从扩散过程空间区位的变化特征来看，科技创新成果一般有位移扩散、扩展扩散和等级扩散三种扩散方式。科技创新功能对社会具有巨大而全面的促进作用，涉及经济、政治、文化、教育、卫生、文化等诸多社会领域。

科技创新存在区域性，其区域性的形成需要一定的条件，包括密集的智力资源、完备的产业链、良好的公共基础设施条件、网络化的信息情报系统、良好的科技发展机制和体制环境等条件。科技创新的区域性是当前科技发展的一个现象，在其背后隐藏着区域科技的存在。区域科技是指为区域经济、社会发展提供支撑的、具有区域特征的开放性的科技系统，也称为区域科技体系或区域科技系统。区域科技的生成由经济区域性、政策行为、自然条件和资源禀赋差异、科技资源不可流动性等诸多因素所决定。区域科技一般由主体要素、功能要素、资源要素、制约要素等构成，具有区域依托性、相对独立性、开放性、动态性四个主要特征。

第三章 区域科技竞争力概念及其形成机理分析

区域科技竞争力是什么，它是如何形成的，成为区域科技竞争力研究首先要面对的两个问题。本章借鉴国内外区域科技竞争力的研究成果，提出基于竞争行为构成要素的区域科技竞争力概念"钻石模型"，并归纳其特征；在此基础上，结合前一章的科技创新与区域科技理论，从科技创新与扩散动力机制、科技创新功能形成机理、区域科技形成机理和区域科技运行机理四个层面分析区域科技竞争力的形成机理。

第三节 区域科技竞争力概念"钻石模型"及其特征

一 区域科技竞争力概念"钻石模型"的提出过程

（一）对区域科技竞争力的不同认识

国内外对于科技竞争力（Science and Technology Competitiveness）尚未有统一的定义。对科技竞争力的研究来源于国家竞争力，最早由世界经济论坛（WEF）、瑞士洛桑国际管理发展学院（IMD）在国际竞争力框架下提出国家科技竞争力概念，认为科技竞争力用以测度一国在基础研究和应用研究中取得的成就及运用科学技术的能力。科技竞争力的独立内涵（即狭义科技竞争力）包括教育和科学的竞争基础、技术的竞争水平、R&D（Research and Development）的竞争水平、科技人员的竞争水平、科技管理的竞争水平、科技体制和科技环境的竞争水平、知识产权的竞争水平；除此之外，科技竞争力还包括与 R&D 过程相关的体制、机制、环境等，这些因素构成了广义的科技竞争力。

国内学者也从不同角度对科技竞争力的概念进行了探讨。中国人民大学赵彦云（1999）从国际竞争力的角度界定科技竞争力，认为科技竞争力是国际竞争力的重要组成部分，是国际竞争力发展的动力。从科技竞争力整体及其成长关系看，它是科技实力、科技体制、科技机制、科技环境、科技基础等部分的竞争力的综合[47]。机械工业信息研究院和机械科学研究院的艾国强和杜祥瑛（2000）认为，科技竞争力是一个国家（地区）科技总量、实力以及科技水平与潜力的综合体现，是构成国际竞争力的重要组成部分和关键性要素，不仅在经济竞争中具有决定性作用，而且对促进人类社会可持续发展发挥着重要推动与协调作用[17]。中国地质大学张欣、宋化民（2001）认为，科技竞争力是指在一定的科技支撑环境下，一个国家或地区通过研究与开发、技术创新、技术转移等活动，反映出的科技投入、产出、科技与经济一体化程度，以及科技潜力的综合水平，反映了科技促进经济发展、增强经济实力、推动社会可持续发展的能力[48]。清华大学科技与社会研究中心李正风、曾国屏（2002）认为，科技竞争力包括教育和科学的竞争水平、技术的竞争能力、科技体制和科技环境的竞争水平、知识产权的竞争水平等多种因子的系统范畴。科技竞争力不仅取决于单个因子的状况，而且与诸因子之间相互作用的方式、程度有密切联系，即科技竞争力不仅包括要素竞争力，而且包括结构竞争力[49]。国家科技部副部长刘燕华在"第六届中国北京国际科技产业博览会"的报告《打造"两大平台"全面提升科技竞争力》（2003）中提出："科技竞争力是造就优势经济、强势经济的关键要素，是经济竞争力的基础。[50]"中国科技信息研究所徐峰（2004）认为，某一经济体（可以是国家、地区、城市或者企业）的科技竞争力可解释为该经济体在科技投入、产出、潜力及其体系内的制度方面，在相应的竞争环境中，与其他相应的经济体相比而言所具有的吸纳科技资源和促进该经济体经济与社会发展的能力，内容主要包括科技投入、科技产出、科技潜力以及制度因素[51]。南京医科大学和东南大学经济管理学院的彭晓玲和梅姝娥（2007）认为，科技竞争力是一个国家（地区）科技总量、科技实力、水平以及发展潜力的一种综合体现，其基本内容主要包括科技发展（包括科技投入和科技产出两方面）、科技潜力以及制度因素[52]。上海商学院和上海理工大学的楼文高、杨雪梅和张卫（2010）认为，科技竞争力是科技进步环境、科技投入、科技产出、高新技术产业化及其科技对经济社会推动作用的综合体现，是区域竞争力的主要组成部分[53]。暨南大学管理学院陈光潮认为，区域科技竞争力是科学技术推动区域社会、经济发展的比较能力，由区域科技竞争力要素以及要素的状态所决定，区域科技竞争力要素由区域科技竞争力的指标表达，区域科技竞争力要素的状态由该指标的大小强弱来表达。根据科技竞争力要素的作用特征不同可以将其划分为基础层次的要素、潜在层次要素和现实层次要素。基础层次要素是决定科技能力的基础要素，潜在层次要素反映科技将要转化为现实生产力的要素，现实层次要素反映科技已形成的现实生产力要素[54]。

综上所述，目前对于科技竞争力的界定基本可以分为两类：一类是仅对科技本身进行考察，把科技竞争力分成广义和狭义两种定义，认为狭义的科技竞争力指科技实力，而广义的科技竞争力则由科技实力、科技体制、科技机制和科技环境等要素共同构成，如 WEF 和 IMD、赵彦云、艾国强和杜祥瑛、李正风和曾国屏、徐峰、梅姝娥等的研究；另一类注意到了科技推动社会、经济发展的作用，因而在对科技本身进行考察的基础上，还将科技推动社会、经济的作用纳入了对科技竞争力的考察范围，如张欣和宋化民、刘燕华、杨雪梅和张卫、陈光潮等的研究。

3.1.1.2 基于竞争行为构成要素提出区域科技竞争力概念"钻石模型"

本书认为，国内外对区域科技竞争力概念的研究对理解科技竞争力具有重要的启示和参考作用，但要全面且准确地界定区域科技竞争力的概念，还有赖于对其核心词"竞争力"本质的挖掘、分析。

1. 竞争力

什么是"竞争力"？字面理解即"竞争的能力"。"能力"是指"完成某一活动所具有的主观条件"。"竞争"一词在《新华字典》① 中的解释是"为了自己的利益而跟人争胜"，可以看出，"竞争"的本质是一项有目的的行为。而行为通常由五项基本要素构成，即行为主体、行为客体、行为手段、行为结果和行为环境。行为主体一般是人，具体而言是指具有认知、思维能力，并有情感、意志等心理活动的人；行为客体是人的行为目标指向；行为手段是行为主体作用于客体时所应用的工具和使用的方法等；行为结果是行为主体预想的行为与实际完成行为

---

① 江西省新华书店 1992 发行，商务印书馆出版。

之间相符的程度；行为环境是行为主体与客体发生联系的客观环境。与此相对应，"竞争力"是指竞争主体在竞争行为五要素上所具有的主观条件：（1）从行为主体要素来看，竞争力包括竞争主体具有的实力；（2）从行为客体来看，竞争力包括竞争主体获取竞争对象的能力，称为"获取力"；（3）从竞争手段来看，竞争力包括竞争主体的竞争手段和方式的先进性，称为"竞争效率"；（4）从竞争结果来看，竞争力包括竞争主体获得所追求利益的能力，称为"收益力"；（5）从竞争环境来看，竞争力包括竞争主体取得环境支持的能力，称为"亲和力"。

综上所述，可得出含义完整的竞争力的构成公式：

竞争力 = 实力 + 获取力 + 竞争效率 + 收益力 + 亲和力

即竞争力是竞争主体的实力、获取力、竞争效率、收益力及亲和力的统一体。基于竞争行为构成要素的竞争力概念模型如图 3-1 所示。

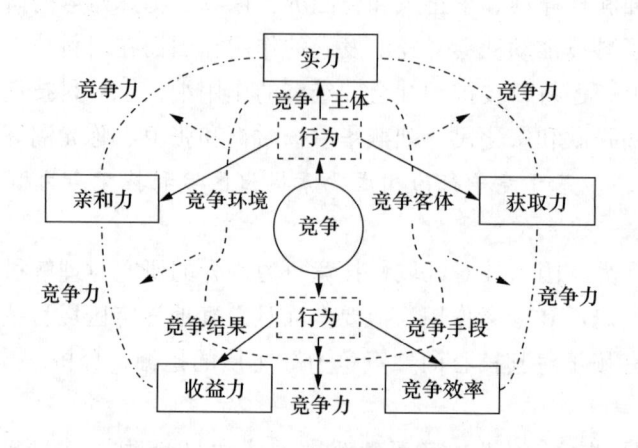

图 3-1　基于竞争行为构成要素的竞争力概念模型

2. 区域科技竞争力

在理解了竞争力的基础上，对区域科技竞争力就比较容易做出全面而准确的解释了。很明显，区域科技竞争力就是区域科技作为竞争主体时所具有的竞争力，也就是说，区域科技竞争力是指区域科技作为竞争主体所拥有的实力、获取力、竞争效率、收益力及亲和力的统一体。至于区域科技的实力、获取力、竞争效率、收益力及亲和力的具体内容，则需要借鉴上述研究并结合区域科技及其运行情况做进一步的分析。

(1) 区域科技的实力。

区域科技的实力指区域科技作为竞争主体，自身所具有的各种科技要素的数量和质量，具体体现为区域科技所拥有的主体要素（科技人才和科技企业、科研机构、教育培训机构、各类科技中介组织、地方政府等社会实体）、资源要素（知识、技术、信息、资金）、功能要素（区域科技的体制与机制）和环境要素（基础设施、社会文化、保障条件等）的数量和水平，可以通过对区域科技的不断投入而形成。

(2) 区域科技的获取力。

区域科技与对手竞争的对象是科技产出，因此，区域科技的获取力即为区域科技创新成果产出能力，亦可称为产出力。科技创新成果是人们在科学技术活动中通过复杂的智力劳动所得出的具有某种被公认的学术或经济价值的知识产品（新产品、新材料、新工艺等）。区域科技的获取力具体表现为科研论文、报告、专利、技术合同、技术产品等的产出能力。

(3) 区域科技的竞争效率。

区域科技竞争中，区域科技所取得科技创新成果的手段和方式先进性体现为其竞争效率，一般以科技的投入产出率来测度，科技投入产出率又可分为科技人员投入产出率和科技资金投入产出率，分别测度人员使用竞争效率和资金使用竞争效率。

(4) 区域科技的收益力。

区域科技竞争的最终目标是通过科技发展推动经济和社会的发展，区域科技的收益力即是指区域科技对经济和社会发展的推动力。

(5) 区域科技的亲和力。

区域科技竞争中，区域科技的亲和力表现为区域科技取得社会支持的能力，可用社会对区域科技的支持力度来衡量。

根据上述对区域科技竞争力的实际意义分析，为有利于对构成要素的理解，把区域科技的"获取力"代之为"产出力"，把收益力代之为"促进力"，将构成区域科技竞争力的五个要素分别称为实力、产出力、竞争效率、促进力及亲和力。区域科技竞争力的五个要素之间是相互联系、相互作用的，它们之间存在如下关系：

(1) 区域科技实力是其他四个要素的基础，只有首先具有实力，才会有产出力、竞争效率、促进力及亲和力。

（2）区域科技实力和竞争效率共同直接决定其产出力，而产出力又直接决定促进力，区域科技实力和竞争效率通过产出力间接决定促进力；实力、产出力、竞争效率、促进力与亲和力相互影响。

（3）增强产出力是区域科技竞争力提升的直接目标，增强促进力是提升区域科技竞争力的最终目标和归宿，因此可把产出力和促进力称为目的性要素；增强实力、竞争效率及亲和力是区域科技竞争力提升的必要途径，因此可把实力、竞争效率及亲和力称为手段性要素。

区域科技的实力、产出力、竞争效率、促进力及亲和力之间的关系形成一个钻石图形，如图3-2所示，本书把它定义为区域科技竞争力概念的"钻石模型"。

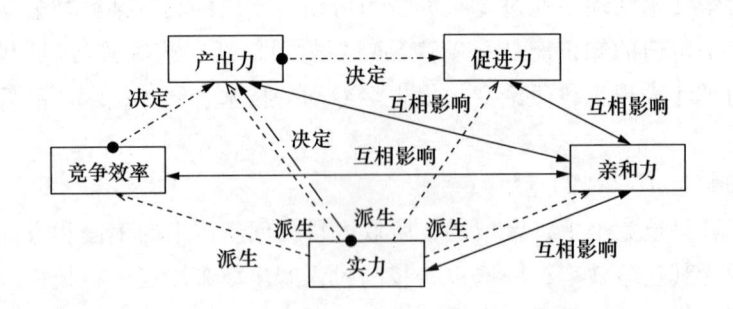

图3-2 区域科技竞争力概念的钻石模型

综上所述，本书得到区域科技竞争力的完整概念，即区域科技竞争力是区域科技作为竞争主体所具有的由实力、产出力、竞争效率、促进力及亲和力有机构成的统一体，它在实践中往往体现为区域科技发展过程中所具有的科技实力、科技产出能力与投入产出效率、促进经济与社会的发展能力及获得社会的支持能力等多种力量的综合。

二 区域科技竞争力的特征分析

本书归纳出区域科技竞争力具有以下五个主要特征：

1. 有机统一性

指区域科技竞争力由实力、竞争效率、产出力、促进力及亲和力五项要素有机结合，形成整体。

2. 抽象性

指区域科技竞争力是人们对某类客观存在的共同本质特征的描述。

它所抽取的是事物内在的规律性联系，是一种原理性抽象。

3. 依托性

指区域科技竞争力必须依托特定区域而存在。区域是区域科技竞争力的载体，区域科技竞争力必须由一定区域承载，失去了区域这个载体，就无所谓区域科技竞争力了；不同的区域具有各自不同的区域科技竞争力。

4. 不可转移性

不可转移性由区域科技竞争力的依托性派生而来。由于区域科技竞争力不能离开其载体而独立存在，这就决定了其不可能从一区域转移到另一区域。

5. 动态性

区域科技竞争力随着时间的变化而变化，这种变化性体现在区域科技竞争力的两个层面：第一，区域科技竞争力总体水平随着时间的变化而变化；第三，区域科技竞争力的构成要素——实力、竞争效率、产出力、促进力及亲和力随着时间的变化而变化。

第二节 区域科技竞争力的形成机理分析

区域科技竞争力的形成机理旨在描述区域科技竞争力的形成规律，侧重于分析区域科技竞争力形成的过程，下文分四个层面分析区域科技竞争力的形成机理。

一 科技创新与扩散动力机制：区域科技竞争力的起因

为满足需要而产生利益及个体差别，从而引起竞争、合作、学习等人类行为，这些行为促进了区域科技的竞争合作机制、创新学习机制和知识溢出机制的形成，从不同途径促进了科技创新与扩散，成为区域科技竞争力的成因。

1. 竞争合作机制

竞争合作机制推动科技创新扩散的主体是企业，通过企业的竞争与合作，推动着区域科技创新扩散。

（1）由于地域上的集中缩短了企业竞争的过程并减少了交易成本，从而加速了竞争者的不断涌现，促使区域内企业之间的竞争加剧，迫使企业不断地进行科技创新，获得质量与成本优势。当科技创新在某一企业率先取得成功时，就会使区域内其他企业原有的创新贬值或完全失去价值，率先取得创新的企业会打破原来的竞争格局，使其他企业处于不利的竞争地位，这些企业为保卫自己的利益并生存下去，必须"适应"这一过程，即不断进行创新，从而建立自己的新优势。

（2）企业之间技术合作互动关系直接推动着科技创新扩散。如今，区域企业之间开展技术合作和技术联盟的现象日益普遍，这种合作不但可以分担某些领域内巨额的研发费用，还可以达到知识共享、人力资源和技术优势互补的协同效应，对合作双方以及整个区域的创新能力都是一个极大的促进。企业之间通过多种形式进行资源共享，并将这些资源在价值链的各个环节进行配置和协调，使各种资源要素特别是知识、技术等高级要素能够合理流动并实现最优组合，科技创新在这个过程中得以不断扩散。

2. 创新学习机制

在区域科技创新系统中，企业是技术创新主体，处于创新网络的中心位置，通过将知识、技术、专利等成果商品化，形成产品，完成创新活动的整个过程；大学、科研机构也直接参与创新，在很多情况下，大学与科研机构可以充当新企业的孵化器，衍生许多有实力的企业；政府、中介机构和金融机构等其他行为主体，则是通过为企业、大学和科研机构提供良好的创新环境和服务设施，间接参与创新活动。

区域科技创新系统促进了不同构成主体间的创新学习：第一，创新网络促进了行为主体间的互动关系——互动合作与协同创新，这种互动关系打破了主体的学习边界，增加了学习主体的维度；第二，创新网络中的各主体之间的合作，形成了相互依赖的关系，彼此都要依赖对方的资源技术来进行技术创新，专业化的分工使得不同主体间可以专注于自身技术领域的学习，这就增加了各主体的学习深度；第三，各行为主体间以互动合作为联系纽带的网络关系加速了知识的积累、流动、转移、创造的过程，丰富了各行为主体获取知识的途径，拓展了各主体学习的广度[55]。

3. 知识溢出机制

知识溢出源于知识的外部性，一般是指创新思想和技术非自愿地、无补偿地转移和扩散现象。知识可以通过不同途径和方式在个人和区域之间的互动过程中发生溢出，知识溢出机制至少可以分为以下四类：

(1) 基于知识创新人才流动的知识溢出机制。

根据知识植根于个体的特征事实，现有文献将知识创新人才的流动看作知识，尤其是隐性知识溢出的主要途径。知识创新人才在不同空间范围的流动以及与周围群体发生的互动和交流，一方面促进了新知识的创造和技术创新，另一方面加快了知识和创新在不同群体之间的传播（Almeida and Kogut，1999）。特别是在产业活动空间集中的区域或人口密度多样化的城市中，知识创新人才在不同企业和区域间的流动以及与不同群体的互动交流，促进了知识和创新在不同群体和区域之间的传播扩散[56]。

(2) 基于研发合作的知识溢出机制。

大学研发机构和企业研发部门被内生增长理论看作是知识创造和溢出的重要源泉。产学研之间的交流和研发合作为知识溢出创造了可能，特别是那些建立稳定合作关系的产学研创新网络，公司技术人员、大学研究人员以及企业家通过非正式交流或各种正式的学术研讨会交换异质性知识，实现技术知识的溢出或扩散。研究型大学作为重要的知识溢出源泉，通过义务支持当地区域、转移技术以及安排学生在当地就业等形式，为企业、个人和政府机构相互作用提供了平台，从而便于知识溢出。

(3) 基于企业家创业的知识溢出机制。

通过企业家发生的知识溢出与新企业的建立和成长有关。企业家活动不仅能发现机会，而且可以对溢出知识进行利用，企业家在企业聚集区域创业能够获得大量的隐性知识，拥有创意或专利的企业家通过创立企业并与不同的群体发生互动和交流，特别是在与他人的合作过程中通过缄默的方式发生知识溢出。Zucker 等（1998）对新生物科技企业与明星科学家（Star Scientist）区位分布关系的研究证明，大学内的明星科学家能够在新创企业运用他们的知识，在新创企业中存在明星科学家的知识溢出效应[57]。

(4) 基于贸易投资的知识溢出机制。

贸易是技术知识溢出的重要途经，贸易商品是物化型技术知识外溢的一种重要传递渠道。嵌入了先进技术的贸易商品给予技术落后区域模仿前沿技术的机会，通过掌握应用这些创新知识进行模仿创新，在"干中学"的模仿过程中，落后区域可以提高自身的技术水平和竞争力。除了贸易之外，跨区域投资，特别是跨国公司 FDI（Foreign Direct Investment）同样是知识溢出的重要途经[58]。

竞争合作机制、创新学习机制和知识溢出机制相互联系、相互作用，共同推动了区域科技创新与扩散，如图 3-3 所示。

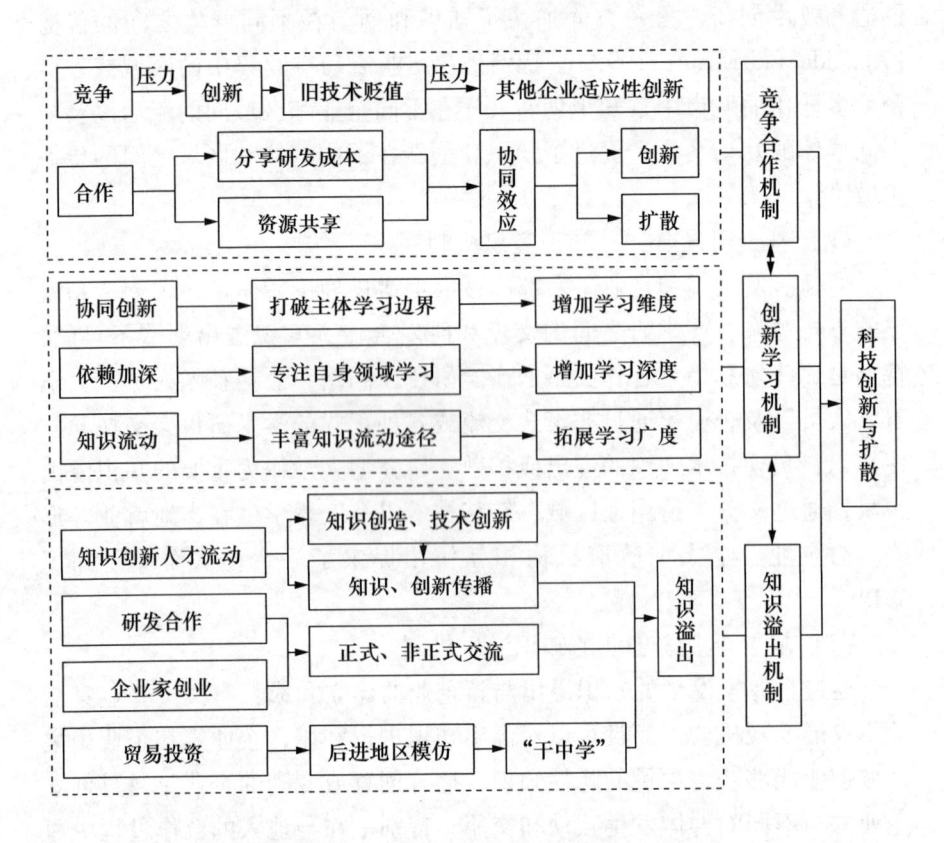

图 3-3　科技创新与扩散机理示意图

二　科技创新功能形成机理：区域科技竞争力的存在理由

科技创新具有的社会功能赋予了区域科技竞争力存在的价值，从而也使区域科技竞争力获得存在条件。科技如果不具有促进社会经济、政治、文化、教育、卫生、生态等各种功能，人类社会就不会重视和发展科技，也不会有科技投入，不会形成科技实力，自然也就不会形成科技的产出力、竞争效率、促进力及亲和力，因而也就不会有区域科技竞争力的存在。那么，科技创新功能是如何形成的呢？

第三章 区域科技竞争力概念及其形成机理分析 | 63

如前文所述，需要是人类社会不断向前发展的根本动力，也是科技创新的根源。为满足人类的各种物质、精神需要，产生了利益；为满足人类的需要和各种利益，产生了竞争、合作、学习等行为；而需要、利益等内部驱动力以及竞争、合作、学习和其他外部促动力（如国家机器产生和管理职能等）因素，可以通过区域科技的竞争合作机制、创新学习机制、知识溢出机制等动力机制，推动科技创新与扩散。从企业层面，科技成果通过直线式、发散式、网络式等方式在科研单位、企业之间不断扩散；从空间层面，科技成果通过位移扩散、扩展扩散、等级扩散等方式不断扩散。科技创新与扩散推动了社会科技进步，并在社会各领域产生效应，展现科技创新的经济促进、政治促进、文化促进、教育促进、卫生促进、生态促进等各种功能，至此，科技创新功能得以形成，如图3-4所示。

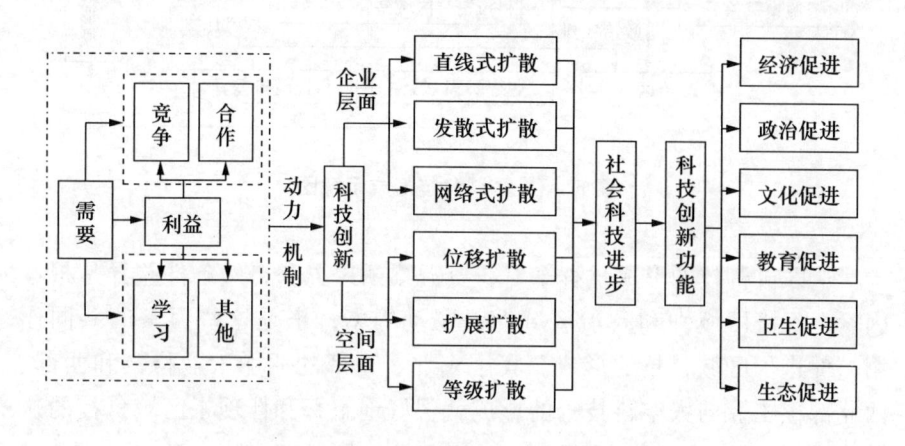

图3-4 科技创新功能形成示意图

三 区域科技形成机理：区域科技竞争力的载体

区域科技是区域科技竞争力的载体，区域科技的存在是区域科技竞争力存在的前提，区域科技的形成则使区域科技竞争力获得形成条件。

区域科技的形成根源在于区域之间的资源禀赋差异和自然条件差异。由于资源禀赋差异和自然条件差异，直接造成经济产生区域性，而经济区域性使建立在其基础之上的上层建筑——政治也产生区域性（国家的产生、行政区域的区分等），从两方面促进了区域科技的形成。一方面，由于资源禀赋差异自然条件差异和经济区域性，引起了科技发展方向区域差异、科技发展重点区域差异和科技资源区域差异；同时，科技发展方向区域差异、科技发展重点区域差异和科技资源区域差异之间具有一定的连锁反应，政治安排（政治规化）和科技发展政策的差异往往也会决定和促成科技发展方向区域差异、科技发展重点区域差异和科技资源区域差异，从而形成了科技发展区域性。另一方面，由于政治区域性如行政区域的划分，赋予了科技管理区域性特征，科技发展区域性和科技管理区域性会共同导致区域科技的形成，如图3-5所示。

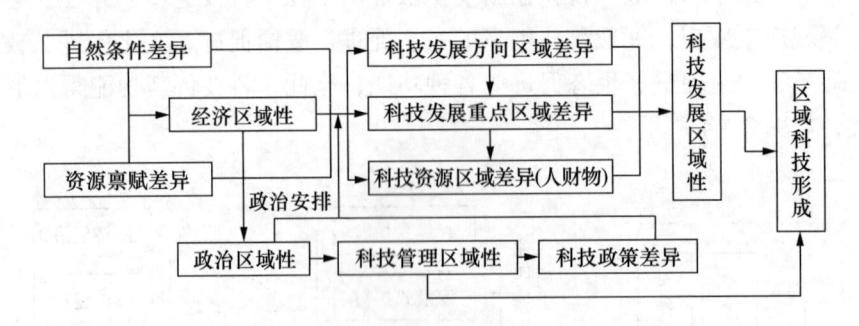

图3-5 区域科技形成示意图

从区域科技的形成过程来看，资源禀赋差异和自然条件差异是根本因素，经济区域性和政治区域性是驱动因素，正是这些因素的共同作用，促进了区域科技的形成。我国东北、东部的船舶工业科技和西部、西北部核工业与太空科技等的形成就很好地解释和体现了区域科技的这种形成规律。

四 区域科技运行机理：区域科技竞争力的形成

区域科技的形成使区域科技竞争力获得了载体，而区域科技的运行才真正使区域科技竞争力获得了生命。如前文所述，区域科技实质上是一个社会子系统，因此，从系统运行的视角，有利于揭示区域科技运行的内在规律。

系统的基本运行体现为系统接受外部环境的物质、能量和信息输入，通过系统功能，输出另一种形态的物质、能量和信息，如图3-6所示。

```
输入                    输出
物质、能量、信息 → 系统 → 物质、能量、信息
```

图 3-6　区域科技形成示意图

　　基于系统的视角，区域科技一般运行机理是：区域科技的各组成部分，即主体要素、资源要素、功能要素和环境要素相互联系、相互作用，形成一个开放的耗散结构系统，产生系统功能；区域科技通过与外部环境（具体为区域科技体系外部的社会领域）不断进行着广泛的物质、能量和信息的交换，维持着自身的有序和有组织的状态，具体表现为区域科技系统为了实现经济增长和科技进步目标，接受社会的资金、人员、设备、信息、物资等科技投入要素，通过系统功能的作用，输出论文、专著、专利、技术、产品等科技创新成果要素，通过科技创新扩散，实现科技进步，促进经济和社会的发展。

　　对于区域科技运行过程，需要做以下几点补充说明：第一，主体要素、资源要素、功能要素和环境要素相互联系、相互作用而有机组成区域科技系统，同时，这些要素又相对独立，形成各自独立的子系统，具有各自特定的功能，可以相应称之为主体子系统、资源子系统、功能子系统和环境子系统，它们具有各自的运行机理和方式，但共同作用而显现为区域科技系统的运行方式。第二，就一个国家范围而言，科学技术的规模往往十分庞大，几乎涉及各个学科、各个领域，而且结构复杂，几乎与国民经济、社会生活、国防建设的所有方面密切相关，渗透到这些领域的各个方面，由于各方面都有各自的目标，造成科技系统运行整体目标的综合性。第三，区域科技系统是一个与其环境有着广泛的物质、能量和信息交换的耗散结构系统，是一个开放的系统，这种开放系统必须通过耗散物质和能量才能维持平衡，它在一定的条件下可以保持自身的动态稳定性，抗拒外界对它的瓦解性侵犯，因而区域科技的运行实际上也是一个系统的自组织过程。

　　在区域科技的运行过程中，区域科技竞争力各构成要素——实力、竞争效率、产出力、促进力及亲和力分别得以形成或产生。

　　1）区域科技构成的各项要素源于社会的资金、人员、设备、信息和物资等投入。在这个动态的投入过程中，区域科技实力得以形成，并

随着持续的投入和消耗而不断变化。

2）主体要素、资源要素、功能要素和环境要素相互联系、相互作用，有机统一组成区域科技，组成要素间的排列组合方式和有机性决定了区域科技的功能及其效率，竞争效率得以形成。

3）利用区域科技的功能可以将资金、人员、设备、信息和物资等要素的系统输入转化为论文、专著、专利、技术、产品等系统输出，区域科技的产出力得以形成。

4）区域科技向外部环境输出论文、专著、专利、技术、产品，通过科技创新扩散，形成社会科技进步，促进经济和社会的发展，区域科技的促进力得以形成。

5）因为科技创新功能的经济价值和社会价值，社会促成和支持区域科技的形成与发展，区域科技的亲和力得以形成。

至此，区域科技竞争力的五项构成要素——实力、竞争效率、产出力、促进力及亲和力得以全部形成，区域科技竞争力最终形成。上述过程如图3-7所示。

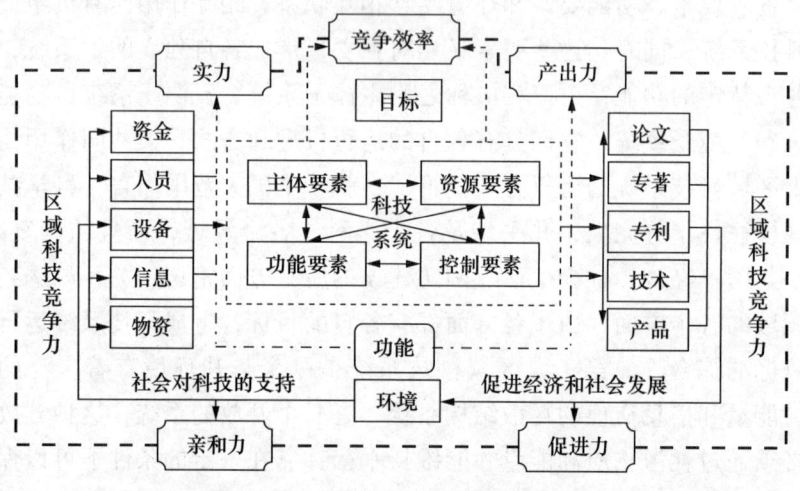

图3-7 区域科技竞争力形成示意图

第三节 本章小结

目前，国内外学者主要基于两种方式考察和界定科技竞争力：一是仅对科技本身进行考察;二是在对科技本身进行考察的基础上,还将科技推动社会、经济发展的作用纳入对科技竞争力的考察范围。本书基于竞争行为的构成要素,将区域科技竞争力定义为区域科技作为竞争主体所具有的由实力、产出力、竞争效率、促进力及亲和力有机构成的统一体,结合上述构成要素之间的相互关系,提出区域科技竞争力概念的"钻石模型"。区域科技竞争力具有有机统一性、抽象性、依托性、动态性和不可转移性五个主要特征。

在此基础上提出的区域科技竞争力的形成机理主要由科技创新与扩散、科技创新功能形成、区域科技形成和区域科技运行四个层次的机制或机理构成,它们分别是对区域科技竞争力的起因、存在理由、获得载体以及形成的过程和方式的解释。

第四章 区域科技与社会发展关联的实证分析

通过前一章的分析可知，区域科技竞争力是由实力、竞争效率、产出力、促进力及亲和力五项要素有机构成的统一体。结合区域科技竞争力的产生机理，进一步对各个要素之间的关系进行分析可以发现，区域科技竞争力一部分（实力、竞争效率、产出力）来源于区域科技系统内部，另一部分（促进力、亲和力）则来源于区域科技和社会发展之间的关联，即联系，指科技发展与社会发展相互作用、彼此联系。实力、竞争效率、产出力来自于科技系统自身，而促进力、亲和力则是以区域科技和社会发展之间关联为假设。那么，区域科技和社会发展之间关联假设是否成立？它们的关联形式又是怎样的？本章回顾和梳理了科技与社会发展关联的文献研究，并以中部六省会城市为研究样本进行区域科技发展与社会发展关联的实证和关联形式的分析。

第一节 科技与社会发展关联的理论依据

一 科技与社会发展关联的提出

马克思的技术发展理论最早对科技与社会发展的关联做出比较全面的阐述。在该理论中，马克思（Karl Marx）通过劳动、工艺等生产和经济过程的分析，揭示了以下三个问题：一是技术的本质，马克思认为技术是人们在劳动过程中所掌握的各种物质手段，包括机器；二是认为科学属于生产力范畴，但科学只有通过技术这个"中介或桥梁"，才能转化为生产力；三是认为生产力的发展水平是由科学技术发展的程度决定的，是以一定的科学技术发展程度为基础的，社会生产对科学技术的产生和发展具有巨大的推动作用，同时，社会经济制度对科学技术具有很强的制约作用。可以把马克思关于科学技术、社会经济的相互关系的基本观点概括为：科学技术是社会经济发展的基本动力，反过来，社会经济又决定着科学技术的产生和发展，即科学—技术—社会经济的相互依赖、相互促进的辩证发展过程[59]。马克思的技术发展理论为后人研究科技与社会发展的关联奠定了基础，引导了后人对科技与社会发展关联的研究。

二 科技与社会发展关联研究的发展

（一）科技与经济增长的相互作用及其测度

科技与经济增长的相互作用及其测度是科技与社会发展关联的研究重点与核心，围绕科技与经济增长，世界各国学者进行了大量的研究，下文主要阐述西方国家、苏联与中国国内学者的有关研究。

1. 西方国家的研究

1912年，创新经济学之父——美籍奥地利经济学家约瑟夫·阿洛伊斯·熊彼特（J. A. Schumpeter）出版的《经济发展的理论》一书中指出，资本主义经济的运动过程之所以表现为生产技术常有所改进，生产经常有所增长，即他所谓的资本主义的演化或进步，其根本动因在于少数有着企业天才的企业家的"创新"活动[60]，创新对资本主义社会作用的重大发现吸引了熊彼特对创新的内容展开了研究，从而建立了著名的"创新理论"。

在熊彼特之后，众多学者开始关注科技与社会的关联，并转向科技进步对经济增长促进作用的测度研究。

1928年，美国芝加哥大学经济学教授道格拉斯（Paul H. Douglas）与数学家柯布（C. W. Cobb）研究分析了美国制造业1899—1922年的历史资料后，提出了著名的柯布—道格拉斯生产函数（Cobb - Douglas Production Function），简称C - D函数[61][62]。

$$Y = AK^{\alpha}L^{\beta} \tag{4.1}$$

式中：Y为产出量；K为资本投入量；L为劳动投入量；α和β为待估计参数，其中，$\alpha = \frac{\partial Y}{\partial K}\frac{K}{Y}$，为资本的产出弹性系数，$\beta = \frac{\partial Y}{\partial L}\frac{L}{Y}$，为劳动的产出弹性系数；$A$为技术进步水平参数。

柯布—道格拉斯生产函数描述在某一恒定的技术进步水平下投入量与产出量之间的关系，首次将技术进步因素引入生产分析，强调了技术进步对产出的重要作用，虽然不能直接分析科技进步对生产的作用，但是，柯布—道格拉斯生产函数对后来的研究产生了深远的影响，为科技进步的定量测度研究奠定了思想基础。

1942年，经济计量学模式建造者——荷兰经济学家丁伯根（Jan Tingbergen）① 以德文发表了一篇论文[63]，对 C–D 生产函数作了重大改进，将常数项 A 换成了随时间变化的函数，于是有：

$$Y = A_t K^\alpha L^\beta \tag{4.2}$$

式中：A_t 为第 t 年的技术进步水平。

若以某种方法确定了 α 和 β，则技术进步水平可以由下式计算得出：

$$A_t = \frac{Y}{K^\alpha L^\beta} = A_0 e^{rt} \tag{4.3}$$

式中：A_0 为常数，表明基期的技术水平；r 为技术进步系数。

当 A_t、A_0 已知时，就可以求出相应的 t 时期的技术进步系数 r。因而，上式可以写为：

$$Y = A_0 e^{rt} K^\alpha L^\beta \tag{4.4}$$

丁伯根将技术进步引入了生产函数，将技术和产出紧密地联系起来，从理论上和形式上赋予了生产函数新的内容和生命，从而使得利用生产函数研究技术进步成为现实。

1957年，美国经济学家索洛（R. M. Solow）② 在柯布—道格拉斯生产函数和丁伯根的研究基础上，将技术进步纳入生产函数中，提出了总量生产函数的概念[64][65]，并把资本增长和劳动增长对经济增长的贡献剥离以后的剩余部分归结为广义的技术进步，从而定量分离出了技术进步在经济增长中的作用，这便是著名的"索洛余值"，又称全要素生产率。

首先，索洛假设技术进步是"希克斯中性"③ 的，并采用 C–D 生产函数的形式：

$$Y = A_t K^\alpha L^\beta \tag{4.5}$$

对式（4.5）两边求导，即推导出增长速度方程：

---

① 1969年首届诺贝尔经济学奖得主。
② 1987年诺贝尔经济学奖获得者。
③ 希克斯的中性型技术进步是指使资本边际生产力对劳动边际生产力比率保持不变的技术进步，或者说技术进步并没有改变资本的边际产量对劳动的边际产量之间的比率。

$$\frac{dY}{Y} = \frac{dA}{A} + \alpha \frac{dK}{K} + \beta \frac{dL}{L} \tag{4.6}$$

将式（4.6）改写成以下形式：

$$y = a + \alpha k + \beta l \tag{4.7}$$

式中：y 为产出增长速度；k 和 l 分别为资本和劳动的增长速度；a 为技术进步对经济增长的贡献份额；αk、βl 分别为资本和劳动对经济增长的贡献份额。这便是通常所称的增长速度方程。基于该方程得到的结果就可以进一步求出科技进步对产值增长的贡献率：

$$E_A = \frac{a}{y} \times 100\% \tag{4.8}$$

继索洛余值法之后，西方各国对科技进步作用的测算研究向两个方向发展，一是对各增长因素的作用进行分解，更加细致地研究科技进步的作用；二是对科技进步作用的测算进行更加抽象的理论上的探讨。前者称增长因素分析法，以美国布鲁金斯学会的研究人员丹尼森（爱德华·富尔顿·丹尼森，Edward Fulton Denison E. F. Denison）为代表；后者称 CES 生产函数法（Constant Elasticity of Substitution Production Function），以美国经济学家阿罗（K. J. Arrow）[①] 为代表。

丹尼森在索洛的研究基础上，把总投入和生产率分别细分为若干个小因素，用于美国、西欧主要国家和日本战后经济增长的研究[66][67][68]。丹尼森的主要贡献是把"科技进步"的因素进一步分解，主要涉及两个方面：一是劳动投入量的增长率，在根据就业人数增长的基础上考虑到劳动素质的提高（以劳动者受教育的年限来反映）；二是从作为"余值"的全要素生产率增长率中分离出资源配置的改善、规模经济两项以后，其余的归入"知识进展"项目中。丹尼森把引起经济增长的诸因素分解为七类[69]：一是就业人数及其年龄—性别构成；二是包括非全日工作的工时数；三是就业人数的受教育年限；四是资本存量的大小；五是资源配置的改进（如劳动力从低效率的传统农业转移到现代工业部门）；六是规模经济（以市场的扩大来衡量）；七是知识进步。前四项代表生产要素投入量的增加，后三项代表"余值"的全部生产要素生产率的提高。如果用 y 表示国民收入的增长速度，用

---

① 1972 年诺贝尔经济学奖获得者。

m、r 和 s 分别表示总投入、资源配置的改善和规模节约带来的产出增长速度,那么,由知识进步带来的产出增长速度 a 可表示为:

$$a = y - m - (r+s) \tag{4.9}$$

丹尼森的"知识进步"的概念与索洛的"技术进步"含义非常相似,但知识进步不包括资源配置改进和规模经济。这一更加细致的分类,为后人研究如何准确地测算科技进步对经济增长的作用提供了一种思路。但这种方法考虑因素较多,为实际测算带来诸多不便。

1961 年,阿罗与索洛等三人合作,提出了著名的 CES 生产函数,即固定替代弹性生产函数,使生产函数的理论有了新的突破[70]。当规模收益不变时,CES 的基本形式如下:

$$Y = (\tilde{\alpha}K^{-\rho} + \tilde{\beta}L^{-\rho})^{-\frac{1}{\rho}} \tag{4.10}$$

式中:Y、K 和 L 为产出、资本和劳动力;$\tilde{\alpha}$、$\tilde{\beta}$ 分别为资本分配率和劳动分配率,表示资本和劳动率集约程度,且 $\tilde{\alpha} + \tilde{\beta} = 1$;$\rho$ 为代替参数,指要素比率 K/L 的变化速度与实际代替率的变化速度之比。

20 世纪 80 年代以后,美国加州大学经济学家保罗·罗默(Paul M. Romer)认为,知识技术是一个重要生产要素,可以提高投资收益[71][72][73][74][75][76][77]。罗默和卢卡斯①(Robert Lucas, Jr.)等提出了新经济增长理论,将科技进步内生化,强调经济增长是经济体系内部力量作用的结果,重视知识外溢、研究开发等问题的探讨,在以往经济理论的基础上有了较大突破[78][79]。这对于进一步把握科技进步与经济增长相互作用的规律具有重要的意义[80]。

2. 苏联的研究

20 世纪 60 年代末期,苏联学者 С. М. 维什涅夫建议修订柯布—道格拉斯生产函数,目的在于计算科学技术进步的影响。他认为,在生产函数公式中,可用于衡量科技进步的推动力的数据包括教育、提高技艺、提高活劳动质量的费用、科研与试验设计费用及其成果在生产中应用的费用[81]。

И. Г. 库拉克夫(1966)[81]和 В. А. 特拉佩兹尼科夫(1973)应用因素分析测定科技进步效果的研究在苏联具有很高的声望,其中,В. А. 特拉佩兹尼科夫的计算方法得到了广泛的传播,其基本公式为:

---

① 1995 年诺贝尔经济学奖获得者。

$$b = a\sqrt{Y\Phi} = a\sqrt{Y_c Y_y \Phi} \qquad (4.11)$$

式中：b 为科技进步水平对社会生产的效益；a 为比例系数；Y 为知识水平；Φ 为基金；Y_c 为建立某种生产体系的知识；Y_y 为与现行管理和管理人员有关的知识。

B. A. 特拉佩兹尼科夫提出的确定科技进步对社会生产效益影响的方法[82]，是柯布—道格拉斯生产函数的变种之一，具有一定的优点和严重的缺点。

利用折算费用计算科技进步效益的方法在苏联也得到了广泛应用。B. A. 扎明根据以实际产量与折合耗费方法确定的最低产量之差，确定科技进步的经济效果。折合耗费方法确定最低产量的公式如下：

$$B = B_1 + E_H(\Phi - \Phi_1) \qquad (4.12)$$

式中：B 为符合对生产基金效率最低要求的国民收入量；B_1 为最初基准年的收入量；E_H 为定额效率；Φ 为所研究年份的基金装备率；Φ_1 为最初基准年的基金装备率。

另外，戈洛索夫斯基等（1981）运用综合函数法测定科技进步对国民收入的影响，采用 C. B. 杜博夫斯基提出的综合生产函数计算国民收入：

$$y = \Phi[x_1(t), x_2(t), \cdots, x_n(t), a_1, a_2, \cdots, a_n] \qquad (4.13)$$

式中：y 为国民收入；$x_1(t), x_2(t), \cdots, x_n(t)$ 为生产因素，它们本身又是按时间间隔确定的生产函数；$a_1, a_2, \cdots, a_n$ 为参数。

在 C. B. 杜博夫斯基提出的国民收入计算函数基础上，戈洛索夫斯基等提出并运用了最终差值相似法：

$$dy = \sum_{i=1}^{n} \frac{\partial \Phi}{\partial x_i} dx_i \qquad (4.14)$$

$$\Delta y = \sum_{i=1}^{n} \frac{\partial \Phi}{\partial x_i} \Delta x_i \qquad (4.15)$$

为了评价科技进步对国民收入的贡献度，使用了国民经济工艺这个概念，可理解为在这一时期内起作用的所有社会生产工艺过程之总和。运用上述方法，戈洛索夫斯基等对 1951—1975 年苏联科学技术进步对国民收入影响进行了测定[83]。

3. 中国的研究

国内对科技进步对经济增长的促进和测度的研究，主要建立在对西方理论和方法吸收的基础上,根据中国的实际进行了一些调整和改进,一般采用基于 C‑D 生产函数的索洛余值法[36][84][85][86][87][88][89][90][91],或者通过对科技进步与经济含义与内在联系的深入探讨,提出科技进步对经济促进的新测度方法,代表学者有冯英浚、周方和姜照华等;也有一些学者研究了科技进步与经济增长的互动关系,如赵勇民、温孝卿、袁康等、孟祥云等。

冯英浚(1996)以美国经济学家 P. A. 萨缪尔森(Samuelson)对生产函数的定义,即"一种技术关系,被用来表明一种具体数量的投入物(生产要素)组合所可能产生的最大产量"为基础,从生产函数的最大输出性出发,界定评价单元的相对效益值为"实际输出值与它对应的生产函数值的比值,即实际输出在同样投入条件下可达到的最大输出中所占的百分比",从而建立了该评价单元等效益面的概念,即"评价单元在不同输入条件下相对效益值相同的轨迹"[92],不难理解,等效益面也就是该评价单元科技进步零增长的轨迹,如图 4‑1 所示。

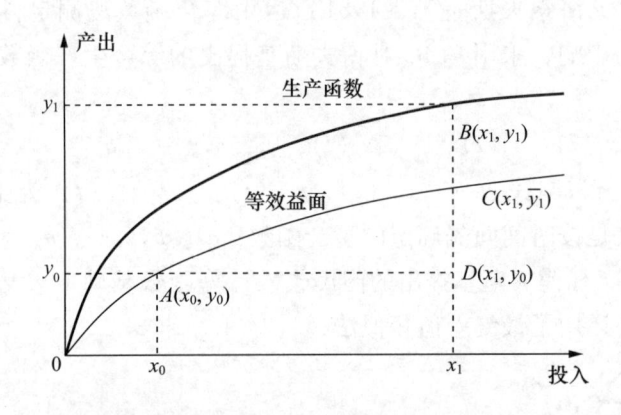

图 4‑1 科技进步作用示意图

最后,在等效益面的基础上,可以很容易地得到科技进步在经济发展中的贡献率 e,计算公式如下:

$$e = (y_1 - \bar{y})/(y_1 - y_0) \times 100\% \tag{4.16}$$

国家社会科学院周方(1997)教授摒弃了经济学界的传统做法,建立了一个新的增长核算理论和简便的计算方法。他首先界定科技进步率为劳动生产率增长,在此基础上,通过数学推导得出劳动生产率增长

是产出增长扣除劳动力增长部分之后的"余值",该"余值"即为产出增长中的内涵增长[93];

$$(\ln q_t)^* = (\ln Q_t)^* - (\ln L_t)^* \tag{4.17}$$

式中:$(\ln q_t)^*$为劳动生产率增长(百分数);$(\ln Q_t)^*$为产出增长(百分数);$(\ln L_t)^*$为劳动力增长(百分数)。

从而可以计算得到科技进步对经济增长的贡献S:

$$S = (\ln q_t)^* / (\ln Q_t)^* \times 100\% \tag{4.18}$$

周方以劳动生产率增长率度量科技进步,包含三个组成部分:一是智能进步(即索洛所指的"技术进步");二是资本增密;三是规模经济(也称"规模节约")。

北京大学中国经济研究中心姜照华(1999,2001)以马克思主义的劳动价值论为基础,建立了CSH模型[94][95]:

$$Q = C + S + H \tag{4.19}$$

式中:Q为商品的价值;C为生产过程中消耗掉的生产资料的价值;S为科技创造的价值;H为劳动创造的价值

则dS/dQ即为科技进步对经济增长的贡献率。

此外,赵勇民(2000)认为,一方面,科技进步对经济增长的促进作用正变得越来越明显,成为经济增长最重要的影响因素;另一方面,生产的发展为科技技术提供了研究和观察的物质手段,特别是实验设备和实验手段,因此科技的发展主要依赖于生产本身的发展和需求刺激[96]。温孝卿(2000)从我国科技进步与经济增长的发展历程方面分析了两者的互动关系[97];袁康等(2001)指出,一方面,经济增长越来越依靠技术进步;另一方面,技术进步的经济基础是经济增长,并且技术进步的商业价值也只能体现在经济增长上,从而认为经济增长与技术进步是互为条件的[98]。孟祥云(2004)分析了科技进步与经济增长的互动关系,并通过实证发现了我国科技进步与经济增长、经济增长与科技投入、经济增长与科技产出、科技进步与经济周期之间存在互动关系。[99]孙凯(2006)分析了科技进步促进经济增长机理和经济增长推动科技进步机理,证实了两者之间的互动关系;基于柯布—道格拉斯生产函数计算科技进步贡献率,用来测算科技进步与经济增长的相关度,并分别测算了中国、陕西省的科技进步与经济增长的相关度[100]。

4. 综合评述

（1）上述研究直接或间接地反映和凝聚了人类在迈向工业化进程中，对科技进步促进经济发展、动力结构发生重大变化的认识渐趋于深化的演进轨迹，这期间经过了一个曲折而漫长的过程，反映了科技进步对经济增长促进作用的存在及其复杂性。

（2）各国学者就科技对经济的促进作用的测定提出了多种方法，主要有柯布—道格拉斯生产函数法、索洛余值法、CES生产函数法、丹尼森因素分析法、超越对数生产函数法、DEA法和全要素生产率模型法[97]、折算费用法、等效益面法等多种方法。这些方法从不同的角度、基于不同的思路对科技进步与经济增长两者之间的相互作用进行了测度。多种方法的并存表明它们均有各自的合理性，对后人的相关研究很有指导意义，后人可根据不同的研究需要，借鉴特定的方法。

（3）国内外学者对科技进步与经济增长关系的研究证明了在科技进步与经济增长之间存在的关联，为日后的相关研究奠定了基础。

（二）科技与社会发展关联的近期研究

近期对科技与社会发展关联的研究大都是从历史、哲学的视角进行的，揭示科技与社会发展之间的关联性和关联方式，也有少数学者运用一些仿真方法（如系统动力学）建立模型来体现科技与社会发展的关联。

彭定安（1998）回顾了20世纪的社会与科技变革，通过它们的历史发展过程揭示了科技与社会发展的关联[101]。

邢顺福（1999）指出，当代科学技术社会化是当代科技技术与社会间互动的主导趋势，并从科技技术的传播角度分析了中国科技技术社会化的影响因素[102]。

马来平（2002）认为，不论是广义科学社会学还是狭义科学社会学，它们的共同特点都是立足于社会看科学技术与社会发展的互动关系，并指出了在科技与社会发展互动关系领域内存在的一些亟待探究的前提性问题[103]。

叶帆（2004）分别对社会科技化和科技社会化进行分析，认为社会科技化的一般含义即推动了社会文明的加速进步，但也会带来新的社会问题；同时分析了科技社会化的主导趋势即全球化趋势[104]。

周家荣、廉勇杰（2007）认为，科技价值的理性在于把科技运用到社会实践中，将人类社会的终极目标、社会发展、人的发展有机结合在一起，构成一个互动的社会体系，在这个体系中，科技、社会、自然、人等要素都是相互依赖、共同生存与发展的；并探讨了在构建和谐社会的过程中，对科技功能的融合途径[105]。

贺增平等（2009）构建了广西经济—教育—科技系统动力学模型，体现了经济、教育和科技子系统的动态制约关系[106]。

三 科技与社会发展关联研究的总结

上述研究从不同方面对科技与社会发展的关联进行了分析，揭示了科技与社会发展的关联存在。科技与社会发展的这种关联，体现为科技促进社会发展和社会发展支持科技进步的互动关系。马克思的科学技术论对科技与社会发展的关联阐述充分体现了科技与社会发展之间的辩证关系：科学技术是社会经济发展的基本动力；反过来，社会经济发展又决定着科学技术的产生和发展，即科学—技术—社会经济的相互依赖、相互促进的辩证发展过程。科技与经济的关联则是科技与社会发展关联的核心和重点，对于科技与社会发展的关联研究也大多都是围绕着科技与经济的关联而展开的，尤其是针对科技促进社会发展的作用及其测度研究，形成了大量的研究成果，反映了科技进步对经济增长促进作用的存在及其复杂性。另外，一些学者提出技术进步的经济基础是经济增长，科技与经济发展相互作用、相互促进观点逐渐形成和完善。从历史的、哲学的视角总结科技与社会的相互作用则从一般抽象的角度阐述和证实了科技与社会发展的关联。总而言之，各国学者对科技与社会发展关联的相关研究，为区域科技发展促进社会发展的"促进力"和社会发展支持科技发展的"亲和力"的存在提供了理论依据。

第二节 中部六省会城市科技与社会发展关联的实证

以中部六省会城市的科技与社会发展关联进行实证，旨在从实证的角度，进一步证实区域科技与社会发展的关联，并探索区域科技与社会发展关联程度的测度和具体形式的描述。

一 研究样本和数据说明

以中部六省会城市，即南昌、长沙、武汉、合肥、郑州和太原为研究样本。

研究所用科技发展程度与社会发展程度评价指标的数据时间跨度为2000—2009年。研究数据通过以下四种主要途径收集：一是收集2000—2010年中部六省会城市的统计年鉴、城市统计年鉴、国民经济与社会发展统计公报；二是访问中部六省会城市科技局、统计局、人民政府的官方网站；三是对中部六省会城市科技局及其下属信息中心与生产力促进中心等机构进行实地调研；四是对专门数据进行检索，如"SCI 收录论文数"数据来源于 SCI 数据库的检索，"发明专利授权量"的部分数据来源于中外专利数据库服务平台的检索等。另外，由于2000—2004 年"国家级工程技术中心、重点实验室、企业技术中心"和"省级工程技术中心、重点实验室、企业技术中心比重"两个指标的数据缺失，通过以下方式进行处理：以 2005—2009 年的数据为基础，以某年数据是下五年数据的平均值为原则，先计算 2004 年数据值，然后往前逐年移动计算得到 2000—2003 年数据值。

上述研究样本和数据说明既适用于本章，也适用于后续章节区域科技竞争力综合评价和系统动力学仿真研究。因此，在后面章节中不再赘述。

二 中部六省会城市区域科技与社会发展程度评价

为了对区域科技与社会发展的程度进行评价，需要分别构建区域科技与社会发展评价指标体系，并设计评价方法。

（一）评价指标体系构建

1. 评价指标选取原则

为了保证科学、合理地构建区域科技竞争力评价指标体系，区域科技竞争力评价指标的选取遵循以下基本原则：

（1）科学性原则。

选取的评价指标应当科学、合理，具有代表性，能够准确和科学地反映评价对象的本质特征。

（2）全面性、层次性和简略性相结合的原则。

全面性指选取评价指标时，应全面考虑评价对象的概念构成，全方位针对评价对象的各个要素来选取；层次性指评价指标应从综合到具体，从抽象到实在，对评价对象的描述层层展开，形成一定的层次性；简略性指评价指标的选择要注意避免不同评价指标所包含信息存在重复。

(3) 均量指标与总量指标相结合的原则。

总量指标往往能反映评价对象属性在量的方面的发展状态,而均量指标则可以反映评价对象属性在质的方面的发展状态。而对评价对象的描述,应是量和质两方面的结合,因此,在选取评价指标时,应注意均量指标与总量指标的结合。

(4) 可操作性原则。

选取评价指标时不仅应考虑其代表性,同时还应考虑指标数据是否易于采集并有可靠的来源。

(5) 规范化原则。

为保证评价工作的连贯性,评价指标的统计口径、数据来源等应保持稳定并加以规范,易于对比和评价。

2. 科技发展程度评价指标体系

科技发展程度主要描述区域科技本身发展所达到的状态,即区域科技发展水平。如前文所述,区域科技本质是一个系统,因此区域科技发展程度实质就是区域科技系统本身运行的良好程度。结合前文的分析,区域科技系统的运行情况可分为五个考察模块,即科技投入、科技产出、科技功能、科技促进、社会支持,由于科技促进效应主要通过社会发展效应来体现,描述的是社会发展状态,不属于科技发展程度的范围,因此该模块不纳入科技发展程度考察(在下文将纳入社会发展程度评价);对科技投入、科技产出、科技功能、社会支持,本书从科技投入力度、科技产出能力、投入产出效率、获得支持程度四个方面进行评价,如图4-2所示。

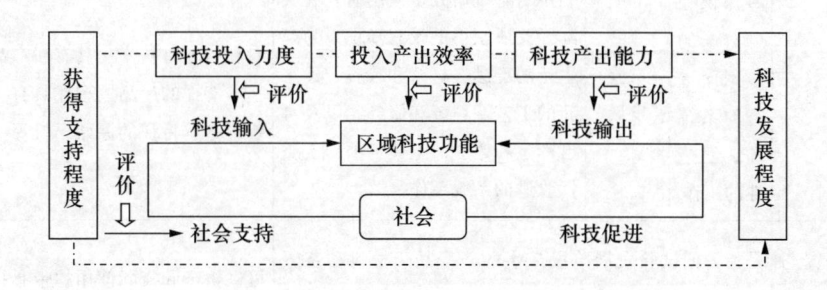

图4-2 区域科技发展程度评价思路

(1) 科技投入力度评价。

科技投入的概念有广义和狭义之分。广义上的科技投入是指全社会为支持科技活动而进行的经费、人力、政策和各种资源的社会配置；而狭义上的科技投入是指科技活动中科技经费的投入总量。很显然，科技投入力度评价是指广义上的经费、人力、政策和各种资源的投入力度评价，为实现科技投入力度评价目的，本书将从科技的人力投入、机构投入、财力投入力度三方面进行评价，具体选择了八项指标，包括：科技活动人员数，科学家和工程师占科技活动人员比重，省级以上工程技术中心、重点实验室及企业技术中心数，国家级工程技术中心、重点实验室、企业技术中心比重数，大中型工业企业设置科技机构数，普通高等院校数，R&D经费支出，R&D经费支出占地区GDP比重。

（2）科技产出能力评价。

表4-1　　　　　　　科学技术活动分类及其相应科技成果

类别	含义	子类	子类含义	成果一般形式
研究与试验发展	为增加知识的总量（包括人类、文化和社会方面的知识），以及运用这些知识去创造新的应用而进行的系统的、创造性的工作	基础研究	为获得关于现象或可观察事实的基本原理、新知识进行的实验性和理论性研究，它不以任何专门或特定的应用或使用为目的	科学论文、科学著作等
		应用研究	为获得新知识而进行的创造性的研究，它主要是针对某一特定的实际目的或目标	科学论文、专著、原理性模型、发明专利等
		试验发展	利用从基础研究、应用研究和实际经验所获得的现有知识，为产生新的产品、材料和装置，建立新的工艺、系统和服务，以及对已产生和建立的上述各项作实质性改进的系统工作	专利、专有技术、具有新产品基本特征的产品原型或具有新装置基本特征的原始样机等
研究与试验发展成果应用	是指为使试验发展阶段产生的新产品、材料和装置建立的新工艺、系统和服务以及作实质性改进后的上述各项能够投入生产或在实际中运用，解决所存在的技术问题而进行的系统性活动			可供生产和实际使用的带有技术、工艺参数规范的图纸、技术标准、操作规范等

续表

类别	含义	子类	子类含义	成果一般形式
科学技术教育与培训	指包括非大学的专科高等教育与培训、可获得大学学位的高等教育与培训，研究生和其他大学生的教育与培训，以及对科学家和工程师（研究人员）组织的终身培训在内的所有活动			具有一定专业知识的科技人才
其他科技服务	是指与R&D活动相关并有助于科学技术知识的产生、传播和应用的活动			以计算机等为载体的科技数据、信息、书籍、期刊、报纸等出版物，标本、化石等实物性的资料，等等

资源来源：笔者根据百度文库《科技活动定义及其分类》（http://wenku.baidu.com/view/4d749e10cc7931b765ce150b.html）整理而成。

科技产出就是区域科技的系统的输出，换句话说，就是区域科技通过科学技术活动得到的科技成果。科学技术活动是指所有与各科学技术领域（即自然科学、工程和技术、医学、农业科学、社会科学及人文科学）中科技知识的产生、发展、传播和应用密切相关的系统活动，一般把科学技术活动分为研究与试验发展（R&D）、研究与试验发展成果应用、科学技术教育与培训和科技服务四类。而不同类别的科学技术活动，又将产生和形成相应的科技成果，例如科学论文、专利等。从一般的角度概括，各类科学技术活动及其相应科技成果的主要形式见表4-1。

因此，可以把科技产出简略地归为两大类：一类是科技的直接产出，包括科技论文、专利、鉴定科技成果、科技产品等；另一类是科技的间接产出，包括技术合同、技术产品、科技人才等。为评价区域科技产出能力，本书分别从科技直接产出能力和科技间接产出能力角度，选择了SCI收录论文数、专利授权量、授权专利中发明所占比率、省级以上科技成果奖、技术市场成交额、高新技术产业总产值、高等院校毕业生数共七项具体评价指标。

（3）投入产出效率评价。

科技投入产出效率是指区域科技系统将科技投入转化成科技产出的能力，因此，科技投入产出效率评价实质上就是对区域科技系统的功能效率的评价。效率是衡量系统是否具有竞争优势的有效手段[107]，是衡量区域科技系统功能大小的主要手段，所以在对区域科技竞争力进行评价的过程中，应该将效率因素考虑在内，才能更为客观地反映区域科技竞争力的真实状况。为评价区域科技的投入产出效率，本书从生产要素投入的产出效率衡量角度，分别从人力和资金投入产出效率两方面选取万名科技活动人员平均 SCI 收录论文数、万名科技活动人员平均专利授权量、万名科技活动人员平均获省级以上科技成果奖、高等院校专任教师平均负担学生数、技术市场成交额与 R&D 经费支出比、高新技术产业增加值与 R&D 经费支出比共六项具体评价指标。

（4）获得支持程度评价。

区域科技系统是区域社会系统下的一个子系统，其存在和发展有赖于社会各方面对自身的支持，获得支持程度评价能反映区域科技的发展潜力。为评价社会对科技的支持程度，本书从公众支持力、财政支持力和企业支持力三个角度选择万名人口平均科技活动人员数、财政支出中科学技术支出所占比重、大中型工业企业科技机构设置率三项具体评价指标。

区域科技发展程度评价指标体系如表 4-2 所示。

表 4-2　区域科技发展程度（代号为 x）评价指标体系

一级指标	代号	二级指标	代号	三级指标	代号
科技投入力度	x_1	人力投入力度	x_{11}	科技活动人员数	x_{111}
				科学家和工程师占科技人员比重	x_{112}
		机构投入力度	x_{12}	省级工程技术中心、重点实验室、企业技术中心数	x_{121}
				国家级工程技术中心、重点实验室、企业技术中心数	x_{122}
				大中型工业企业科技机构数	x_{123}
				普通高等院校数	x_{124}
		财力投入力度	x_{13}	R&D 经费支出	x_{131}
				R&D 经费支出占地区 GDP 比重	x_{132}
科技产出能力	x_2	科技直接产出能力	x_{21}	SCI 收录论文数	x_{211}
				专利授权量	x_{212}
				授权专利中发明所占比率	x_{213}
				省级以上科技成果奖	x_{214}
		科技间接产出能力	x_{22}	技术市场成交额	x_{221}
				高新技术产业总产值	x_{222}
				高等院校毕业生数	x_{223}

续表

一级指标	代号	二级指标	代号	三级指标	代号
投入产出效率	$x3$	人力投入产出效率	$x31$	万名科技活动人员平均SCI收录论文数	$x311$
				万名科技活动人员平均专利授权量	$x312$
				万名科技活动人员平均省级以上科技成果奖	$x313$
				高等院校专任教师平均负担学生数	$x314$
		资金投入产出效率	$x32$	技术市场成交额与R&D经费支出比	$x321$
				高新技术产业增加值与R&D经费支出比	$x322$
获得支持程度	$x4$	公众支持力	$x41$	万名人口平均科技活动人员数	$x411$
		财政支持力	$x42$	财政支出中科学技术支出所占比重	$x421$
		企业支持力	$x43$	大中型工业企业科技机构设置率	$x431$

注：三级指标解释见附录A。

3. 社会发展程度评价指标体系

社会发展涉及的因素非常广泛，因此要建立一个面面俱到并具实际应用价值的社会发展评价指标体系是非常困难的，笔者根据中国统计的一般内容[①]，结合评价指标的一般选取原则，基于社会发展各个领域和多个角度，从发展规模与总量，经济增长与结构、效率、效益，人民生活与从业率以及能源消耗与环保水平四大方面，共选取了二十个具体评价指标，建立了区域社会发展评价指标体系，如表4-3所示。

表4-3　　　　区域社会发展评价指标体系

一级指标	代号	二级指标	代号
发展规模与总量	$y1$	地区生产总值	$y11$
		社会消费品零售总额	$y12$
		全社会固定资产投资	$y13$
		地方财政收入	$y14$
		居民人民币储蓄存款余额	$y15$
		出口	$y16$
		医疗卫生机构床位数	$y17$
		卫生技术人员	$y18$

---

① 国家和各地统计年鉴的一般内容。

续表

一级指标	代号	二级指标	代号
经济增长与结构、效率、效益	y2	国内生产总值增长率	y21
		第三产业所占比重	y22
		人均地区生产总值	y23
		全社会劳动生产率	y24
		农林牧渔业增加值率	y25
		规模以上工业增加值率	y26
人民生活与从业率	y3	城镇居民人均可支配收入	y31
		农村居民人均纯收入	y32
		社会从业人口所占比重	y33
能源消耗与环保水平	y4	单位 GDP 能耗	y41
		工业废水排放达标率	y42
		工业固体废物综合利用率	y43

注：二级指标解释见附录 A。

（二）评价方法——因子分析法

因子分析法（Factor Analysis）是主成分分析的拓展，它也是从研究相关矩阵内部的依赖关系出发，把一些具有错综复杂关系的变量归结为少数几个彼此不相关综合因子的一种多变量统计分析方法。它的主要计算步骤如下[108][109]：

1. 建立样本评价标准化矩阵 Z

对于一个由 m 个参评对象、n 个评价指标组成的系统，建立下面的初始样本评价矩阵 V：

$$V = (v_{ik})_{m \times n} = \begin{bmatrix} v_{11} & v_{12} & \cdots & v_{1n} \\ v_{21} & v_{22} & \cdots & v_{2n} \\ \vdots & \vdots & \ddots & \vdots \\ v_{m1} & v_{m2} & \cdots & v_{mn} \end{bmatrix} \qquad (4.20)$$

对初始样本评价矩阵进行如下处理：

首先，如果矩阵中存在负向指标，须对负向指标的数据进行正向化处理，本书用公式（4.21）进行正向化处理。

$$x_{ik} = \frac{\max_i v_{ik} - v_{ik}}{\max_i v_{ik} - \min_i v_{ik}} \qquad (4.21)$$

式中：x_{ik} 为指标正向化值；v_{ik} 为负向指标初始值；$\max\limits_{i} v_{ik}$ 为负向指标 k 的最大值；$\min\limits_{i} v_{ik}$ 为负向指标 k 的最小值。

负向指标正向化以后得到矩阵 X：

$$X = (x_{ik})_{(m+1) \times n} = \begin{bmatrix} x_{01} & x_{02} & \cdots & x_{0n} \\ x_{11} & x_{12} & \cdots & x_{1n} \\ \vdots & \vdots & \ddots & \vdots \\ x_{m1} & x_{m2} & \cdots & x_{mn} \end{bmatrix} \tag{4.22}$$

其次，因子分析法一般对全部指标数据都要进行如下标准化处理：

$$z_{ik} = \frac{x_{ik} - \overline{x_k}}{s_k} \tag{4.23}$$

式中：z_{ik} 为样本 i 指标 k 的标准化值；x_{ik} 为样本 i 指标 k 的标准化之前值；$\overline{x_k}$ 为指标 k 的平均值。

$$\overline{x_k} = \frac{1}{m} \sum_{i=1}^{m} x_{ik} \tag{4.24}$$

s_k 为指标 k 的样本方差。

$$s_k = \sqrt{\frac{\sum_{i=1}^{m}(x_{ik} - \overline{x_k})^2}{(m-1)}} \ ; \ i \in \{1, 2, \cdots, m\}, \ k \in \{1, 2, \cdots, n\}。 \tag{4.25}$$

从而可以得到标准化后的矩阵 Z。

2. 求主因子阵

首先，求矩阵 Z 的相关阵 R：

$$R = Z^T Z \tag{4.26}$$

其次，用成对数据旋转法（Jacobi 法）[①] 求 R 的特征值 λ_1，λ_2，$\cdots$，$\lambda_p (\lambda_1 \geq \lambda_2 \geq \cdots \geq \lambda_p \geq 0)$ 及相应的特征向量 U_1，U_2，$\cdots$，U_P，设特征向量矩阵为 U：

$$U = (U_1, U_2, \cdots, U_P) \tag{4.27}$$

令 $F = U^T Z = (F_1, \cdots, F_\alpha, \cdots, F_m)$，称 F 为主因子[②]阵，称 $F_\alpha =$

[①] 用 Jacobi 方法求正交矩阵的特征值与特征向量，就是用平面旋转矩阵 U 不断对矩阵 A 作正交相似变换，把 A 化为对角矩阵，从而求出 A 的特征值与特征向量。

[②] 公共因子也可称主因子。

$U^T Z_\alpha (\alpha = 1, 2\cdots, m)$ 为第 α 个样本主因子观测值。

3. 确定主因子的个数 l，建立因子模型

一般地，选取 l，使下式成立：

$$S_l = \sum_{j=1}^{l} \lambda_j \Big/ \sum_{j=1}^{p} \lambda_j \geq 85\% \tag{4.28}$$

式中：S_l 为 l 个主因子的累积贡献率。

这 l 个主因子将矩阵 U 剖分为两个部分，即：

$$U_{p \times p} = \begin{pmatrix} U^{(1)}_{p \times l} & U^{(2)}_{p \times (p-l)} \end{pmatrix} \tag{4.29}$$

设：

$$F_{p \times m} = \begin{pmatrix} F^{(1)}_{l \times m} \\ F^{(2)}_{(p-l) \times m} \end{pmatrix} \tag{4.30}$$

则由 $F = U^T Z = (F_1, \cdots, F_\alpha, \cdots, F_m)$ 可得：

$$Z = UF = U^{(1)} F^{(1)} + U^{(2)} F^{(2)} \tag{4.31}$$

式中：$U^{(1)} F^{(1)}$ 为 l 个主因子所能解释的部分；$U^{(2)} F^{(2)}$ 为含信息量很少的残余部分。

设 $U^{(2)} F^{(2)}$ 为 ε，式（4.31）可转化成因子模型：

$$Z = U^{(1)} F^{(1)} + \varepsilon \tag{4.32}$$

式中：$U^{(1)}$ 为因子载荷阵；$F^{(1)}$ 为主因子；ε 为特殊因子。

$U = (u_{ij})$，u_{ij} 为因子载荷。可以证明，因子载荷 u_{ij} 就是第 i 变量与第 j 因子的相关系数，反映了第 i 变量在第 j 因子上的重要性。

$F_1, F_2, \cdots, F_l$ 称为主因子或公共因子，它们是各个观测变量的表达式中都共同出现的因子，是相互独立的不可直接观测的理论变量。

4. 模型应用分析和评价

建立因子模型的目的是要对实际问题进行分析和评价。

一般地，初始因子不易解释，常对其进行正交变换，即因子旋转[1]，以便能得到一个更简单的结构。因子旋转的直观意义是经过旋转后，主因子的贡献越分散越好，使指标仅在一个主因子上有较大的载荷，而在其余主因子上的载荷比较小，以得到一个简单、易于解释的因

---

[1] 因子旋转的基本思路就是在寻求极值的前提下，用一个正交阵（对正交旋转）或非正交阵（对斜交旋转）右乘因子载荷阵，达到简化因子载荷阵结构的目的，最常用的方法是最大方差正交旋转法。因子旋转涉及十分复杂的矩阵运算，运用一般统计软件，如 SPSS、SAS 等都可以按照研究方法和研究目的的需要直接得出结果。

子结构，从而易于明确各主因子的实际意义。

因子分析模型建立后，还有一个重要作用就是综合评价。这时，需要将公共因子用变量的线性组合来表示，即由样本的各项指标值综合计算因子得分，如式 4.33 所示：

$$F_\alpha^{(i)} = b_{1\alpha}Z_1^{(i)} + b_{2\alpha}Z_2^{(i)} + \cdots + b_{n\alpha}Z_n^{(i)} = \sum_{j=1}^{n} b_{j\alpha}Z_j^{(i)} \quad (4.33)$$

式中：$F_\alpha^{(i)}$ 为第 i 样本在第 α 主因子上的得分值；$b_{j\alpha}$ 为第 j 变量对第 α 主因子的回归系数（因子得分系数）；$Z_j^{(i)}$ 为第 i 样本在第 j 变量上的标准化值。

计算各样本全部主因子总得分的公式为：

$$F^{(i)} = (\lambda_1 F_1^{(i)} + \lambda_2 F_2^{(i)} + \cdots + \lambda_l F_l^{(i)})/(\lambda_1 + \lambda_2 + \cdots + \lambda_l)$$
$$= \sum_{t=1}^{l} d_t F_t^{(i)} \quad (4.34)$$

式中：$F^{(i)}$ 为第 i 样本主因子综合评价值；d_t 为第 t 个主因子贡献率；$F_t^{(i)}$ 为第 i 个样本在第 t 个主因子上的得分。

各样本综合评价值的计算式为：

$$H^{(i)} = F^{(i)}/S_l \quad (4.35)$$

式中：$H^{(i)}$ 为第 i 样本综合评价值；$F^{(i)}$ 为第 i 样本主因子综合评价值；S_l 为 l 个主因子的累积贡献率。

样本在每个主因子上的得分反映了其在该因子上的评价水平，得分越高，评价水平越高。样本的综合评价值反映样本的综合实力，可以根据综合评价值对样本进行排序。

（三）因子分析过程

运用 SPSS（Statistical Product and Service Solutions）软件进行因子分析，分别计算 2000—2009 年中部六省会城市的区域科技与社会发展两方面的评价值[110]。

1. 区域科技发展程度因子分析

首先，构建区域科技的初始样本评价矩阵①，该矩阵由 60 个参评对象、24 个评价指标组成。其次，根据初始样本评价矩阵建立 SPSS 数据文件。由于所用指标全部为正向指标，因此不需正向化。另外，SPSS

---

① 原始数据参见表 6-1 和附录 A。

软件进行因子分析时会自动对数据进行标准化处理。最后,运用 SPSS 进行因子分析,得到如表 4-4 至表 4-10 所示分析结果。

表 4-4　　　　　　　　　　描述性统计指标

指标	均值	标准差	变异系数	观测量	指标	均值	标准差	变异系数	观测量
x111	42971	17185	39.99%	60	x221	15.33	15.47	100.94%	60
x112	60.93	8.22	13.49%	60	x222	545.75	487.74	89.37%	60
x121	87	33	37.43%	60	x223	76040	59872	78.74%	60
x122	16	14	89.81%	60	x311	394.23	363.72	92.26%	60
x123	66	24	37.03%	60	x312	323.47	179.76	55.57%	60
x124	37	13	36.38%	60	x313	26.34	19.67	74.68%	60
x131	23.14	19.57	84.58%	60	x314	16.21	2.84	17.53%	60
x132	1.49	0.55	36.72%	60	x321	64.28	34.72	54.00%	60
x211	1670	1657	99.19%	60	x322	6.63	2.82	0.43%	60
x212	1507	1330	88.24%	60	x411	75.92	20.27%	0.27	60
x213	23.28	17.12	73.52%	60	x421	1.84	0.75%	40.57%	60
x214	109	80	73.69%	60	x431	50.29	13.51%	26.86%	60

表 4-4 显示了均值、标准差、变异系数等主要描述性指标,均值反映数据的集中趋势,标准差和变异系数则分别反映数据的绝对离散程度和相对离散程度,这里主要对变异系数进行分析。从表中可见,变异系数大于 80% 的指标共有七个,从大到小分别是 x221（技术市场成交额）、x211（SCI 收录论文数）、x311（万名科技人员平均 SCI 收录论文数）、x122（国家级工程技术中心、重点实验室、企业技术中心数）、x222（高新技术产业总产值）、x212（专利授权量）、x131（R&D 经费支出）,从而可以认为,在 2000—2010 年,如把中部六省会作为一个整体来看,上述指标的相对变化幅度是比较大的。

表 4-5 显示 KMO 和 Bartlett's 检验结果。Bartlett's 值为 2161.410,伴随概率 P（观察到的显著性水平）为 0.000,表明有充分证据证明相关矩阵不是一个单位矩阵,故可考虑进行因子分析。KMO 值是用于比较观测系数与偏相关系数的一个指标,其值越接近 1,表明对这些变量进行因子分析的效果越好。本书 KMO 检验值为 0.751,比较接近 1,其因子分析的结果可以接受。

表4-5　　　　　　　　　　KMO 和 Bartlett's 检验

检验项目		检验值
取样适切性量数		0.751
巴特利特球形检验	Approx. Chi – Square	2161.410
	自由度	276
	显著度特水平	0.000*

注：0.000 表示小于 0.000 的值，下同。

表4-6 显示共同度，它反映提取全部主因子所能解释各个变量方差的能力。从表中可以看出，提取的主因子能解释各个变量的绝大部分方差。

表4-6　　　　　　　　　　　共同度

指标	初始值	提取值	指标	初始值	提取值	指标	初始值	提取值	指标	初始值	提取值
$x111$	1.000	0.947	$x131$	1.000	0.975	$x221$	1.000	0.966	$x314$	1.000	0.874
$x112$	1.000	0.853	$x132$	1.000	0.729	$x222$	1.000	0.945	$x321$	1.000	0.943
$x121$	1.000	0.736	$x211$	1.000	0.935	$x223$	1.000	0.867	$x322$	1.000	0.873
$x122$	1.000	0.933	$x212$	1.000	0.925	$x311$	1.000	0.896	$x421$	1.000	0.878
$x123$	1.000	0.750	$x213$	1.000	0.843	$x312$	1.000	0.880	$x422$	1.000	0.892
$x124$	1.000	0.749	$x214$	1.000	0.931	$x313$	1.000	0.891	$x423$	1.000	0.729

注：使用主成分分析法作为因子提取方法。

表4-7 显示，以主成分分析法提取了 6 个主因子，6 个主因子可以解释 87.24% 的总方差，满足式 (4.28)，即涵盖了大部分的信息，可对研究问题做出较好的解释。

表4-7　　　　　　　　　特征值及累计百分比

成分	未经旋转提取因子的载荷平方和			旋转提取因子的载荷平方和		
	总计	方差的百分率	累计百分率	总计	方差的百分率	累计百分率
$F1$	10.619	44.244	44.244	7.920	33.002	33.002
$F2$	3.553	14.804	59.048	4.025	16.771	49.773

续表

成分	未经旋转提取因子的载荷平方和			旋转提取因子的载荷平方和		
	总计	方差的百分率	累计百分率	总计	方差的百分率	累计百分率
F3	2.392	9.967	69.015	3.154	13.140	62.913
F4	1.985	8.272	77.286	2.225	9.271	72.184
F5	1.414	5.893	83.179	1.855	7.727	79.911
F6	0.975	4.062	87.241	1.759	7.330	87.241

注：使用主成分分析法作为因子提取方法。

表 4-8 是旋转前的因子载荷矩阵，它显示了提取的主因子对各变量的解释作用。根据因子载荷矩阵可构建区域科技发展程度评价因子模型：

$$\begin{cases} Z_{x111} = 0.744F1 - 0.318F2 + \cdots + 0.054F6 \\ Z_{x112} = 0.528F1 + 0.335F2 + \cdots + 0.423F6 \\ \vdots \\ Z_{x431} = -0.261F1 + 0.660F2 + \cdots + 0.218F6 \end{cases} \quad (4.36)$$

表 4-8　　　　　　　　　　旋转前的因子载荷矩阵

x	F1	F2	F3	F4	F5	F6
x111	0.744	-0.318	0.461	0.250	-0.121	0.054
x112	0.528	0.335	-0.229	0.311	0.366	0.423
x121	0.681	0.217	0.184	-0.220	-0.369	-0.087
x122	0.746	-0.075	0.550	-0.228	-0.089	0.092
x123	0.847	0.103	-0.100	0.083	-0.075	-0.016
x124	0.829	-0.119	-0.206	-0.015	0.063	-0.008
x131	0.912	0.201	-0.081	0.187	-0.152	-0.198
x132	0.371	0.639	-0.162	-0.088	-0.386	0.001
x211	0.889	0.298	0.109	-0.206	-0.040	-0.024
x212	0.934	-0.107	-0.119	0.133	-0.028	-0.093
x213	-0.205	0.400	0.234	0.180	0.677	-0.310
x214	0.635	0.419	0.534	-0.059	0.237	0.088
x221	0.967	-0.129	0.093	-0.070	0.011	-0.015

续表

x	F1	F2	F3	F4	F5	F6
x222	0.944	-0.046	-0.195	0.043	0.036	-0.100
x223	0.833	-0.139	-0.221	0.165	0.087	-0.265
x311	0.471	0.541	-0.185	-0.588	0.032	0.001
x312	0.828	-0.025	-0.437	-0.002	0.048	-0.016
x313	0.146	0.731	0.188	-0.305	0.455	0.027
x314	0.343	-0.497	-0.627	-0.006	0.283	-0.192
x321	0.403	-0.648	0.338	-0.316	0.077	0.375
x322	0.558	-0.587	-0.122	-0.238	0.285	0.254
x411	0.278	0.014	0.553	0.669	-0.030	-0.215
x421	0.314	0.257	-0.154	0.704	-0.029	0.456
x431	-0.261	0.660	-0.365	0.093	-0.189	0.218

注：使用主成分分析法作为因子提取方法。

表4-9是采用方差最大法对因子载荷矩阵进行正交旋转后得到的因子载荷矩阵。根据旋转后矩阵因子载荷绝对值的大小，可以看出各变量与提取主因子联系的紧密程度。

表4-9　　　　　　　　旋转后的因子载荷矩阵

x	F1	F2	F3	F4	F5	F6
x111	0.454	0.298	0.511	0.599	-0.145	0.108
x112	0.429	0.098	0.029	-0.067	0.292	0.754
x121	0.435	0.714	0.042	0.110	-0.132	-0.082
x122	0.333	0.657	0.557	0.280	0.022	-0.043
x123	0.740	0.373	0.075	0.114	-0.032	0.208
x124	0.796	0.188	0.244	-0.023	-0.036	0.136
x131	0.836	0.425	-0.089	0.257	-0.011	0.145
x132	0.263	0.625	-0.466	-0.123	-0.074	0.176
x211	0.641	0.688	0.139	0.023	0.149	0.089
x212	0.878	0.241	0.195	0.185	-0.072	0.138
x213	-0.140	-0.157	-0.187	0.178	0.856	-0.016
x214	0.239	0.669	0.251	0.268	0.498	0.207

续表

x	F1	F2	F3	F4	F5	F6
$x221$	0.776	0.411	0.409	0.155	-0.007	0.065
$x222$	0.911	0.256	0.171	0.062	-0.005	0.129
$x223$	0.909	0.054	0.103	0.163	0.022	0.029
$x311$	0.353	0.646	-0.109	-0.526	0.252	-0.024
$x312$	0.886	0.140	0.077	-0.163	-0.061	0.199
$x313$	-0.040	0.487	-0.112	-0.236	0753	0.132
$x314$	0.692	-0.520	0.171	-0.285	-0.080	-0.090
$x321$	0.120	0.119	0934	0.001	-0.204	-0.032
$x322$	0.502	-0.107	0.742	-0.216	-0.087	0.063
$x411$	0.125	0.070	0.003	0.908	0.133	0.122
$x421$	0.222	-0.007	-0.173	0.286	-0.084	0.851
$x431$	-0.210	0.154	-0.644	-0.301	-0.015	0.394

注：使用方差最大法进行正交旋转。

表 4-10 是因子得分系数矩阵。根据因子得分函数系数可列出各因子的变量线性组合模型：

$$\begin{cases} F1 = -0.026Z_{x111} - 0.026Z_{x112} + \cdots - 0.053Z_{x431} \\ F2 = 0.053Z_{x111} - 0.076Z_{x112} + \cdots + 0.089Z_{x431} \\ \vdots \\ F6 = 0.048Z_{x111} + 0.499Z_{x112} - \cdots + 0.252Z_{x431} \end{cases} \quad (4.37)$$

表 4-10　　　　　　　　因子得分系数矩阵

x	F1	F2	F3	F4	F5	F6
$x111$	-0.026	0.053	0.115	0.225	-0.083	0.048
$x112$	-0.026	-0.076	0.122	-0.114	0.128	0.499
$x121$	0.008	0.230	-0.074	0.038	-0.147	-0.144
$x122$	-0.084	0.201	0.179	0.059	-0.023	-0.026
$x123$	0.085	0.034	-0.049	0.023	-0.039	0.030
$x124$	0.111	-0.036	0.021	-0.050	0.005	0.014
$x131$	0.143	0.030	-0.168	0.122	-0.030	-0.088

续表

x	F1	F2	F3	F4	F5	F6
$x132$	0.009	0.209	-0.204	-0.046	-0.163	0.010
$x211$	0.036	0.151	0.000	-0.030	0.036	-0.045
$x212$	0.132	-0.032	-0.040	0.060	-0.022	-0.028
$x213$	0.080	-0.175	-0.045	0.121	0.541	-0.122
$x214$	-0.075	0.142	0.129	0.062	0.226	0.084
$x221$	0.065	0.046	0.071	0.019	0.006	-0.030
$x222$	0.147	-0.036	-0.040	0.002	0.020	-0.039
$x223$	0.208	-0.121	-0.105	0.080	0.072	-0.141
$x311$	0.025	0.181	-0.023	-0.269	0.082	-0.080
$x312$	0.152	-0.063	-0.044	-0.104	-0.013	0.033
$x313$	-0.041	0.090	0.059	-0.137	0.378	0.036
$x314$	0.233	-0.277	-0.024	-0.123	0.090	-0.116
$x321$	-0.140	0.074	0.403	-0.112	-0.081	0.155
$x322$	0.008	-0.083	0.302	-0.193	0.031	0.138
$x411$	0.024	-0.048	-0.095	0.445	0.074	-0.038
$x421$	-0.069	-0.050	0.013	0.077	-0.125	0.571
$x431$	-0.053	0.089	-0.154	-0.127	-0.121	0.252

注：使用主成分分析法作为因子提取方法，使用方差最大法对因子载荷矩阵进行正交旋转。

根据式（4.37）可以分别计算得到各样本在各个主因子上的得分，然后根据式（4.34），结合表 4 - 7，可以得到各样本的主因子得分模型：

$$F^{(i)} = 0.33002 F_1^{(i)} + 0.16771 F_2^{(i)} + 0.1314 F_3^{(i)} + 0.09271 F_4^{(i)} + 0.07727 F_5^{(i)} + 0.0733 F_6^{(i)} \tag{4.38}$$

根据式（4.37）和式（4.38），可得到各样本的主因子得分，再运用式（4.35）可计算出 2000—2009 年中部六省会城市科技发展的因子分析综合评价值，根据因子分析的结果可以对六省会城市的科技发展进行排位。2000—2009 年中部六省会城市科技发展的因子分析评价结果如表 4 - 11 所示。

表4-11　2000—2009年中部六省会城市科技发展因子分析法综合评价结果

年份	南昌		长沙		武汉		合肥		郑州		太原	
	评价值	排位	评价值	排位	评价值	排位	评价值	排位	评价值	排位	评价值	排位
2000	-0.591	6	-0.277	2	0.052	1	-0.530	4	-0.545	5	-0.322	3
2001	-0.558	5	-0.205	2	0.192	1	-0.594	6	-0.497	4	-0.260	3
2002	-0.567	6	-0.152	2	0.258	1	-0.490	5	-0.406	4	-0.277	3
2003	-0.550	6	-0.039	2	0.355	1	-0.357	4	-0.387	5	-0.288	3
2004	-0.472	6	0.039	2	0.553	1	-0.361	5	-0.202	3	-0.259	4
2005	-0.485	6	0.115	2	0.572	1	-0.055	4	-0.009	3	-0.297	5
2006	-0.391	6	0.331	2	0.803	1	-0.070	4	0.146	3	-0.185	5
2007	-0.235	6	0.416	2	1.079	1	0.073	4	0.349	3	-0.123	5
2008	-0.130	6	0.556	2	1.325	1	0.260	4	0.486	3	-0.022	5
2009	0.012	5	0.809	2	1.498	1	0.411	4	0.510	3	-0.013	6

图4-3直观地反映了2000—2009年中部六省会城市科技发展的不同水平及其动态情况。

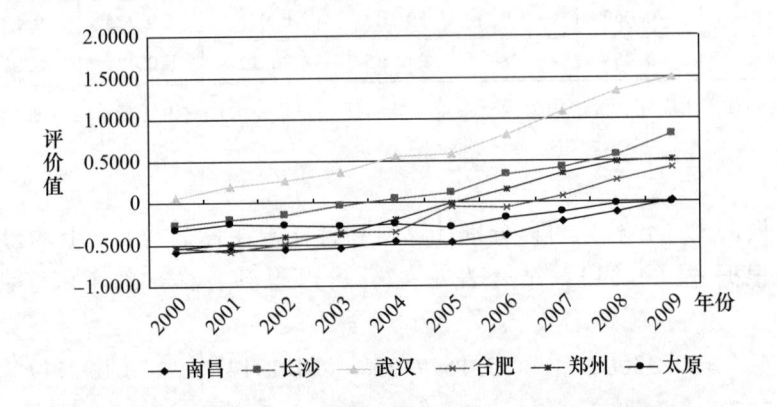

图4-3　2000—2009年中部六省会城市科技发展程度折线图

2. 区域社会发展程度因子分析

首先，构建区域社会发展的初始样本评价矩阵[①]，该矩阵由60个参

---

① 原始数据参见附录B。

评对象、20 个评价指标组成。其次，根据初始样本评价矩阵建立 SPSS 数据文件。由于在区域社会发展的 20 个评价指标中，"单位 GDP 能耗"（y41）是一个负向指标，需要对其进行正向化，运用式（4.21）将该指标数据正向化后重置于样本评价矩阵中。最后，运用 SPSS 软件进行因子分析，得到如表 4-12 至表 4-18 所示的分析结果。

表 4-12　　　　　　　　　　描述性统计指标

指标	均值	标准差	变异系数	观测量	指标	均值	标准差	变异系数	观测量
$y11$	1464.1	965.4	65.94%	60	$y23$	24823	12115	48.81%	60
$y12$	629.1	445.9	70.88%	60	$y24$	45570	21658	47.53%	60
$y13$	813.6	700.1	86.05%	60	$y25$	60.30	3.32	5.51%	60
$y14$	150.6	116.8	77.56%	60	$y26$	31.98%	2.30%	7.18%	60
$y15$	1018.2	630.0	61.88%	60	$y31$	10984	3814	34.73%	60
$y16$	199469	151679	76.04%	60	$y32$	4383	1678	38.27%	60
$y17$	25568	9025	35.30%	60	$y33$	54.59	4.34	7.95%	60
$y18$	34457	15139	43.94%	60	$y41$	0.7185	0.2627	36.57%	60
$y21$	17.57	5.88	33.48%	60	$y42$	90.15	11.73	13.01%	60
$y22$	47.20	4.54	9.61%	60	$y43$	79.17	20.22	25.54%	60

表 4-12 显示，变异系数大于 80% 的指标只有一个，即 $y13$（全社会固定资产投资），该项指标在 2000—2009 年中部六省会城市社会发展的变化幅度最大。

表 4-13 显示，Bartlett's 检验值为 2300.618，伴随概率 P 为 0.000，表明有充分证据证明相关矩阵不是一个单位矩阵，故可考虑进行因子分析。KMO 检验值为 0.769，比较接近 1，表明因子分析的结果可以接受。

表 4-13　　　　　　　　　　KMO 和 Bartlett's 检验

检验项目		检验值
取样适切性量数		0.769
巴特利特球形检验	卡方检验	2300.618
	自由度	190
	显著性水平	0.000*

表 4 - 14 显示，提取的主因子能解释各个变量的绝大部分方差，可以涵盖研究问题的大部分信息。

表 4 - 14　　　　　　　　　　　　共同度

指标	初始值	提取值	指标	初始值	提取值	指标	初始值	提取值	指标	初始值	提取值
$y11$	1.000	0.981	$y16$	1.000	0.550	$y23$	1.000	0.966	$y32$	1.000	0.934
$y12$	1.000	0.984	$y17$	1.000	0.917	$y24$	1.000	0.953	$y33$	1.000	0.872
$y13$	1.000	0.942	$y18$	1.000	0.919	$y25$	1.000	0.753	$y41$	1.000	0.931
$y14$	1.000	0.950	$y21$	1.000	0.606	$y26$	1.000	0.868	$y42$	1.000	0.685
$y15$	1.000	0.936	$y22$	1.000	0.772	$y31$	1.000	0.956	$y43$	1.000	0.839

注：使用主成分分析法作为因子提取方法。

表 4 - 15 显示，以主成分分析法提取了 5 个主因子，5 个主因子可以解释 86.558% 的总方差，满足式 (4.28)，即涵盖了大部分的信息，可对研究问题做出较好的解释。

表 4 - 15　　　　　　　　　特征值及累计百分比

成分	未经旋转提取因子的载荷平方和			旋转提取因子载荷平方和		
	总计	方差的百分率	累计百分率	总计	方差的百分率	累计百分率
$F1$	10.208	51.041	51.041	7.750	38.750	38.750
$F2$	3.068	15.338	66.379	3.271	16.355	55.104
$F3$	1.791	8.956	75.335	3.212	16.062	71.166
$F4$	1.168	5.839	81.174	1.805	9.027	80.193
$F5$	1.077	5.384	86.558	1.273	6.364	86.558

注：使用主成分分析法作为因子提取方法。

表 4 - 16　　　　　　　　　旋转前的因子载荷矩阵

y	$F1$	$F2$	$F3$	$F4$	$F5$
$y11$	0.970	-0.039	0.194	0.002	-0.026
$y12$	0.921	-0.137	0.329	0.092	-0.031
$y13$	0.957	0.142	0.048	-0.061	0.009
$y14$	0.938	0.239	0.056	-0.092	0.045

续表

y	F1	F2	F3	F4	F5
y15	0.902	-0.329	0.061	0.034	-0.093
y16	0.672	-0.178	-0.238	0.090	-0.038
y17	0.755	-0.376	0.419	0.158	0.066
y18	0.631	-0.445	0.511	0.165	-0.185
y21	0.406	0.349	-0.361	0.120	0.418
y22	-0.175	-0.682	0.242	0.413	0.218
y23	0.930	-0.072	-0.206	-0.205	0.105
y24	0.896	-0.255	-0.218	-0.189	0.045
y25	-0.262	-0.045	0.551	-0.604	0.118
y26	-0.442	0.158	0.361	0.193	0.693
y31	0.923	0.105	-0.199	-0.161	0.166
y32	0.907	-0.018	-0.140	-0.207	0.218
y33	0.404	0.738	0.210	0.226	0.262
y41	0.360	0.829	0.270	0.008	-0.203
y42	0.496	0.064	-0.380	0.521	-0.140
y43	0.225	0.748	0.332	0.172	-0.300

注：使用主成分分析法作为因子提取方法。

表4-16是旋转前的因子载荷矩阵，根据因子载荷矩阵可构建区域社会发展程度评价因子模型：

$$\begin{cases} Z_{y11} = 0.970F1 - 0.039F2 + \cdots - 0.026F5 \\ Z_{y12} = 0.921F1 - 0.137F2 + \cdots - 0.031F5 \\ \vdots \\ Z_{y43} = 0.225F1 + 0.748F2 + \cdots - 0.300F5 \end{cases} \quad (4.39)$$

表4-17是采用方差最大法对因子载荷矩阵进行正交旋转后得到的因子载荷矩阵。根据旋转后矩阵因子载荷绝对值的大小，可以看出各变量与提取主因子联系的紧密程度，根据这种联系的紧密程度可推断各子因子的含义：y11（地区生产总值）、y13（全社会固定资产投资）、y14（地方财政收入）、y15（居民人民币储蓄存款余额）、y16（出口）、y21（国内生产总值增长率）、y23（人均地区生产总值）、y24（全社会劳动

生产率)、y31 (城镇居民人均可支配收入)、y32 (农村居民人均纯收入) 和主因子 $F1$ 有较高的相关性, 这些变量大都与社会财富创造有关, 因此主因子 $F1$ 可称为社会财富创造因子; y12 (社会消费品零售总额)、y17 (医疗卫生机构床位数)、y18 (卫生技术人员) 和主因子 $F2$ 有较高的相关性, 这些变量和人民生活保障有关, 因此主因子 $F2$ 可称为生活保障因子; y22 (第三产业所占比重)、y33 (社会从业人口所占比重)、y41 (单位 GDP 能耗)、y43 (工业固体废物综合利用率) 和主因子 $F3$ 有较高的相关性, 这些变量和社会发展质量有关, 因此主因子 $F3$ 可称为社会发展质量因子; y25 (农林牧渔业增加值率)、y42 (工业废水排放达标率) 和主因子 $F4$ 有较高的相关性, 且变量 y25 和主因子 $F4$ 的相关性较强, y25 描述的是第一产业集约生产能力, 因此称主因子 $F4$ 为第一产业集约生产能力因子; y26 (规模以上工业增加值率) 和主因子 $F5$ 有较高的相关性, y26 描述的是规模以上工业集约生产能力, 因此称主因子 $F5$ 为规模以上工业集约生产能力因子。

表 4 – 17　　　　　　　　　旋转后的因子载荷矩阵

y	$F1$	$F2$	$F3$	$F4$	$F5$
y11	0.772	0.540	0.272	0.105	-0.086
y12	0.667	0.691	0.229	0.086	-0.042
y13	0.824	0.323	0.365	0.141	-0.076
y14	0.825	0.258	0.436	0.108	-0.034
y15	0.724	0.579	-0.023	0.185	-0.206
y16	0.590	0.227	-0.056	0.348	-0.157
y17	0.516	0.804	-0.009	0.026	0.064
y18	0.314	0.895	-0.007	-0.021	-0.136
y21	0.499	-0.270	0.190	0.355	0.348
y22	-0.274	0.523	-0.576	0.089	0.289
y23	0.949	0.166	0.051	0.143	-0.125
y24	0.904	0.244	-0.105	0.154	-0.203
y25	-0.099	0.040	0.003	-0.859	0.059
y26	-0.335	-0.051	-0.001	-0.224	0.838
y31	0.937	0.093	0.195	0.174	-0.024

续表

y	F1	F2	F3	F4	F5
y32	0.945	0.157	0.087	0.089	0.003
y33	0.266	0.007	0.768	0.153	0.434
y41	0.156	-0.012	0.952	-0.003	-0.022
y42	0.281	0.132	0.126	0.752	-0.087
y43	-0.059	0.092	0.906	0.069	-0.042

注：使用方差最大法进行正交旋转。

表4-18是因子得分系数矩阵。根据因子得分函数系数可列出各因子的变量线性组合模型：

表4-18　　　　　　　因子得分系数矩阵

y	F1	F2	F3	F4	F5
y11	0.048	0.122	0.054	-0.037	-0.009
y12	-0.003	0.216	0.058	-0.021	0.024
y13	0.093	0.013	0.066	-0.034	-0.005
y14	0.109	-0.015	0.084	-0.061	0.023
y15	0.035	0.133	-0.038	0.028	-0.087
y16	0.051	-0.002	-0.064	0.151	-0.053
y17	-0.021	0.284	-0.015	-0.023	0.123
y18	-0.113	0.368	0.037	-0.024	-0.075
y21	0.154	-0.202	-0.045	0.163	0.351
y22	-0.110	0.285	-0.173	0.162	0.290
y23	0.198	-0.115	-0.075	-0.066	-0.007
y24	0.177	-0.079	-0.115	-0.048	-0.064
y25	0.126	-0.011	0.015	-0.599	0.004
y26	0.041	0.046	-0.041	-0.067	0.691
y31	0.198	-0.135	-0.034	-0.042	0.067
y32	0.218	-0.118	-0.074	-0.099	0.099
y33	-0.001	0.017	0.216	0.077	0.343
y41	-0.071	0.029	0.342	-0.037	-0.094
y42	-0.109	0.058	0.027	0.497	-0.025
y43	-0.167	0.128	0.360	0.060	-0.125

注：使用主成分分析法作为因子提取方法，使用方差最大法对因子载荷矩阵进行正交旋转。

$$\begin{cases} F1 = 0.048Z_{y11} - 0.003Z_{y12} + \cdots - 0.167Z_{y43} \\ F2 = 0.122Z_{y11} + 0.216Z_{y12} + \cdots + 0.128Z_{y43} \\ \vdots \\ F5 = -0.009Z_{y11} + 0.024Z_{y12} - \cdots - 0.125Z_{y43} \end{cases} \quad (4.40)$$

根据式（4.40）可以分别计算得到各样本在各个主因子上的得分，然后根据式（4.34），结合表4-15，可以得到各样本的主因子得分模型：

$$F^{(i)} = 0.38750F_1^{(i)} + 0.16355F_2^{(i)} + 0.16062F_3^{(i)} + 0.09027F_4^{(i)} + 0.06364F_5^{(i)} \quad (4.41)$$

根据式（4.41），可得到各样本的主因子得分，再运用式（4.35）可计算得到2000—2009年中部六省会城市的社会发展的因子分析综合评价值，根据因子分析的结果可以对中部六省会城市的社会发展进行排位。2000—2009年中部六省会城市社会发展的因子分析评价结果如表4-19所示。

表4-19　　2000—2009年中部六省会城市社会发展的因子分析综合评价结果

年份	南昌		长沙		武汉		合肥		郑州		太原	
	评价值	排位	评价值	排位	评价值	排位	评价值	排位	评价值	排位	评价值	排位
2000	-0.844	6	-0.281	2	-0.273	1	-0.770	5	-0.479	3	-0.737	4
2001	-0.777	6	-0.252	2	-0.241	1	-0.614	4	-0.436	3	-0.629	5
2002	-0.678	5	-0.168	1	-0.202	2	-0.391	4	-0.349	3	-0.699	6
2003	-0.457	6	-0.003	1	-0.093	2	-0.456	5	-0.195	3	-0.452	4
2004	-0.368	6	0.122	1	0.090	2	-0.245	4	0.017	3	-0.320	5
2005	-0.290	5	0.250	2	0.302	1	-0.142	4	0.113	3	-0.362	6
2006	-0.116	5	0.372	2	0.454	1	0.037	4	0.276	3	-0.260	6
2007	0.026	5	0.686	2	0.695	1	0.298	4	0.497	3	0.003	6
2008	0.198	5	1.237	1	1.022	2	0.498	4	0.792	3	0.149	6
2009	0.219	5	1.449	1	1.312	2	0.643	4	0.858	3	-0.038	6

图4-4直观地反映了2000—2009年中部六省会城市社会发展的不同水平及其动态情况。

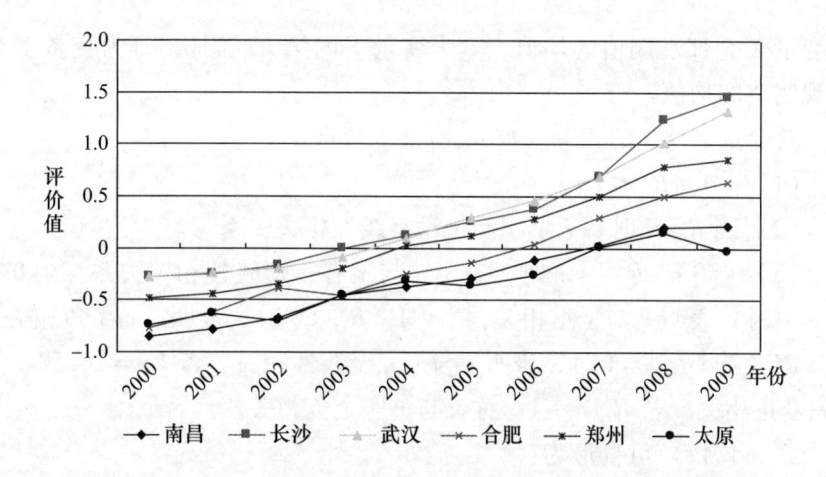

图 4-4　2000—2009 年中部六省会城市社会发展程度折线图

三　中部六省会城市区域科技与社会发展的关联性分析

现实世界中的各种现象之间相互联系、相互制约、相互依存，某一（些）现象发生变化时，另一（些）现象也会随之变化。各种现象相互之间的依存关系有两种不同的类型：一种是确定性的函数关系；另一种是不确定性的统计关系，也称为相关关系。现实中的依存关系大量地表现为相关关系。

相关分析主要分析现象间相互依存关系的性质和密切程度，它通过分析现象之间相关的方向、大小等，揭示现象间本质的、必然的联系。区域科技与社会发展相关分析通过对区域科技发展和区域社会发展数据的统计，分析两者之间是否相关，并判断它们之间相关的方向、大小及因果联系等。

（一）相关系数分析

对于两个变量通常用皮尔逊（Pearson）相关系数来分析它们之间是否存在相关关系，并判断相关的方向及大小[111]。相关系数通常用 R 表示，它的计算公式如下：

$$R_{xy} = \frac{\sum_{i=1}^{n}(x_i - \overline{x})(y_i - \overline{y})}{\sqrt{\sum_{i=1}^{n}(x_i - \overline{x})^2 \sum_{i=1}^{n}(y_i - \overline{y})^2}} \qquad (4.42)$$

式中：R_{xy} 为变量 X 与 Y 的相关系数，x_i 为变量 X 的第 i 观测值，$\overline{x}$

为变量 X 全部观测值的均值，y_i 为变量 Y 的第 i 观测值，$\bar{y}$ 为变量 Y 全部观测值的均值。

两变量 x 与 y 的相关系数 R_{xy} 有如下特点：

（1） $-1 \leqslant R_{xy} \leqslant 1$。

（2）当 $R=0$ 时，表明 x 与 y 没有线性相关关系。

（3）当 $0<|R_{xy}|<1$ 时，表明 x 与 y 有一定线性相关关系。当 $0<R_{xy}<1$ 时，表明 x 与 y 正相关；当 $-1<R_{xy}<0$ 时，表明 x 与 y 负相关；

（4）当 $|R_{xy}|=1$ 时，表明 x 与 y 完全线性相关。若 $R_{xy}=1$，称 x 与 y 完全正相关；若 $R_{xy}=-1$，称 x 与 y 完全负相关。

式（4.42）可变形为：

$$R_{xy} = \frac{n\sum_{i=1}^{n}xy - \sum_{i=1}^{n}x\sum_{y=1}^{n}y}{\sqrt{n\sum_{i=1}^{n}x^2 - (\sum_{i=1}^{n}x)^2}\sqrt{n\sum_{i=1}^{n}y^2 - (\sum_{i=1}^{n}y)^2}} \tag{4.43}$$

相关系数一般是通过样本观测值计算出来的，即一般计算的是样本相关系数 r_{xy}，它是一个随抽样而变动的随机变量，需要进行统计显著性检验，一般是针对总体是否等于零的统计检验。

如果 x 与 y 服从正态分布，在总体相关系数为零的原假设下，可以证明，与样本相关系数 r_{xy} 有关的 t 统计量服从自由度为 $(n-2)$ 的 t 分布：

$$t = \frac{r\sqrt{n-2}}{\sqrt{1-r^2}} \sim t(n-2) \tag{4.44}$$

由所估计的样本相关系数 r_{xy} 可计算 t 统计量。给定显著性水平 α，查 t 分布表得自由度为 $(n-2)$ 的双尾检验临界值 $t_{\frac{\alpha}{2}}(n-2)$，若 $|t| \geqslant t_{\frac{\alpha}{2}}(n-2)$，表明总体相关系数 R_{xy} 在统计上是显著不为零的；若 $|t| < t_{\frac{\alpha}{2}}(n-2)$，则不能否定总体相关系数 R_{xy} 为零的原假设。

令科技发展程度为 x，社会发展程度为 y，序列值下标为 i，2000—2009 年的序列值下标 i 分别为 0—9。借助 SPSS，分别对中部六省会城市科技发展程度与社会发展程度进行相关分析。

1. 变量 x 与 y 分布的正态性检验

Kolmogorov - Smirnov 检验是频数拟合优度检验，用于检验变量是否服从某一指定分布。本文分别根据南昌、长沙、武汉、合肥、郑州、太原 2000—2009 年的样本数据，采用 Kolmogorov - Smirnov 方法对科技发

展变量 x 与社会发展变量 y 进行正态分布检验，检验结果如表 4-20 所示。

表 4-20 单样本 Kolmogorov-Smirnov 检验

变量	样本量	正态分布参数		最大差异			K-S检验统计量正值	近似 P 值（双侧）
		均值	标准差	绝对的	正的	负的		
xnc	10	-0.397	0.209	0.241	0.241	-0.177	0.763	0.606
ync	10	-0.309	0.387	0.130	0.130	-0.106	0.411	0.996
xcs	10	0.159	0.358	0.150	0.150	-0.111	0.473	0.978
ycs	10	0.341	0.608	0.180	0.180	-0.153	0.569	0.902
xwh	10	0.669	0.495	0.178	0.178	-0.108	0.561	0.911
ywh	10	0.307	0.557	0.163	0.163	-0.149	0.517	0.952
xhf	10	-0.171	0.348	0.204	0.204	-0.115	0.644	0.801
yhf	10	-0.114	0.475	0.123	0.123	-0.107	0.390	0.998
xzz	10	-0.055	0.409	0.191	0.191	-0.139	0.605	0.858
yzz	10	0.110	0.490	0.133	0.133	-0.118	0.420	0.995
xty	10	-0.205	0.114	0.282	0.282	-0.152	0.892	0.404
yty	10	-0.334	0.305	0.134	0.133	-0.134	0.425	0.994

注：①分布测试为正态分布；②从数据计算；③变量名的命名规则：首字母说明变量是 x 还是 y，后面字母是区域拼音缩写，例如 xnc 是南昌的科技发展程度。

表 4-20 中，variable 为变量，N 为检验观测量，Normal Parameters 为正态参数，包括均值与标准偏差，Most Extreme Differences 为最大差值，包括最大绝对差值、最大正差值和最大负差值。K-S Z 为 Kolmogorov-Smirnov 检验 Z 值，Asymp. Sig.（2-tailed）为 Kolmogorov-Smirnov 检验的显著性水平。

一般取显著性水平 $\alpha = 0.05$，即如果观察到的显著性水平①大于 0.05，表明不能拒绝原假设，从而该变量被认为服从正态分布。从表 4-20 中可见，2000—2009 年中部六省会城市的科技发展和社会发展都呈现出正态性。

图 4-5 至图 4-10 是各样本的正态概率分布图，它们直观反映了 x 与 y 的正态分布特征。

---

① 即表 4-20 中 Asymp. Sig.（2-tailed）栏。

图 4-5　南昌 x 与 y 正态概率分布图

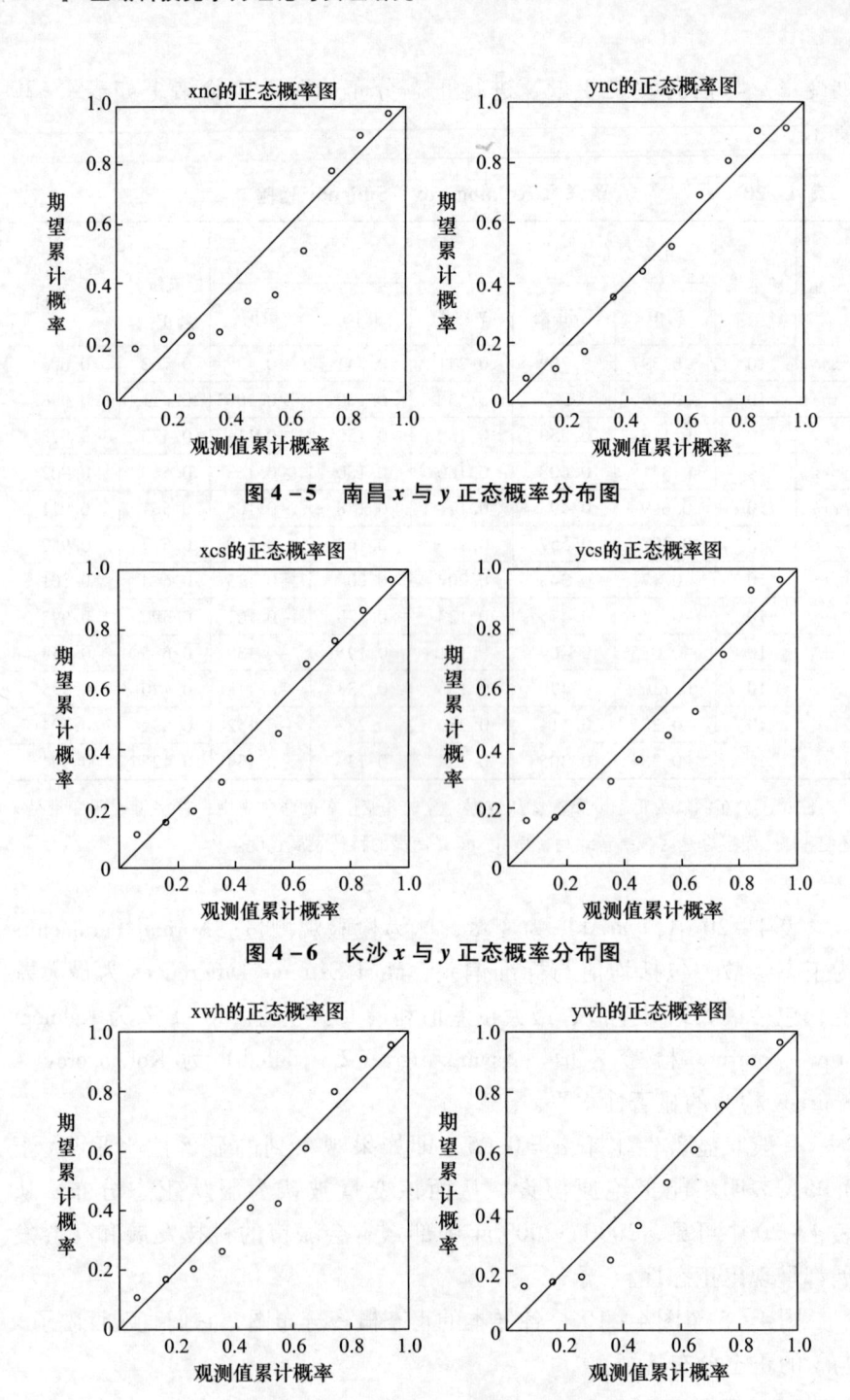

图 4-6　长沙 x 与 y 正态概率分布图

图 4-7　武汉 x 与 y 正态概率分布图

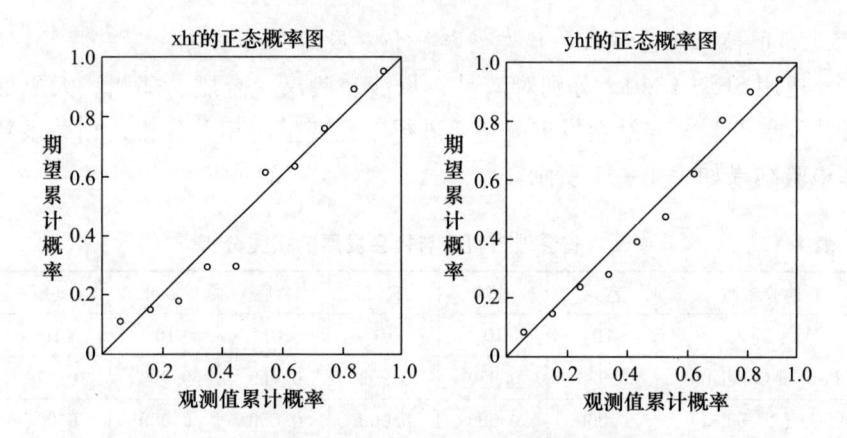

图4-8 合肥 x 与 y 正态概率分布图

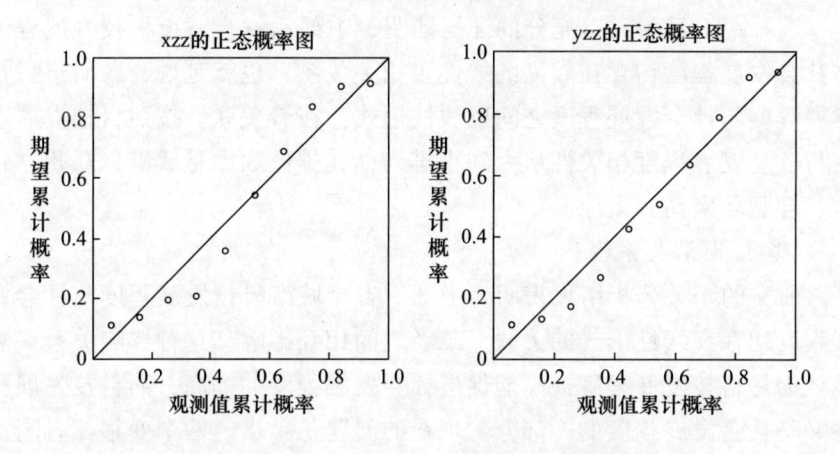

图4-9 郑州 x 与 y 正态概率分布图

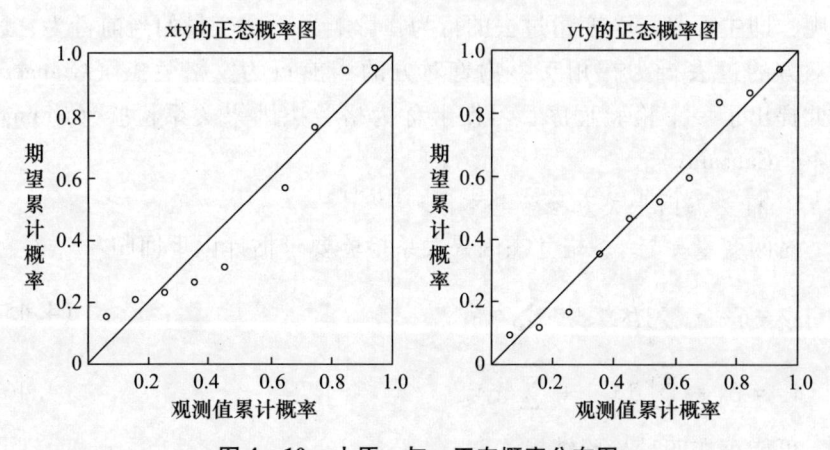

图4-10 太原 x 与 y 正态概率分布图

2. 中部六省会城市科技发展与社会发展的相关系数

运用 SPSS 13.0，分别对南昌、长沙、武汉、合肥、郑州、太原的科技发展变量 x 与社会发展变量 y 进行二元变量的相关分析，相关系数和检验结果如表 4-21 所示。

表 4-21　　中部六省会城市科技与社会发展的相关分析

检验参数	南昌	长沙	武汉	合肥	郑州	太原
N	10	10	10	10	10	10
Pearson Correlation	0.923	0.979	0.992	0.969	0.990	0.878
Sig.（2-tailed）	0.000	0.000	0.000	0.000	0.000	0.001

表 4-21 显示，有充分的证据证明，中部六省会城市科技发展程度与社会发展程度均存在较高的线性正相关关系，也就是说，各城市科技发展程度与社会发展程度之间以线性形式存在着关联。按照科技发展程度与社会发展程度相关性从大到小排列，其排位顺序是武汉、郑州、长沙、合肥、南昌、太原。

（二）因果关系检验

前文的相关分析结果表明，中部六省会城市科技发展程度与社会发展程度均存在线性形式的关联，二者之间相互影响，这种影响关系一般被认为是科技发展程度提高能促进社会发展程度的提高，而科技发展程度又是社会发展程度的一部分。现在的问题是：当这两个变量在时间上有着先导—滞后关系时，能否从统计上考察这种关系是单向的还是双向的呢？即主要是一个变量过去的行为在影响另一个变量的当前行为，还是双方的过去行为在相互影响着对方的当前行为？格兰杰（Granger）对此提出了一个检验程序，习惯上称为格兰杰因果关系检验（Granger Test of Causality）。

1. 格兰杰因果关系检验基本原理[112][113]

对两变量 x 与 y，格兰杰因果关系检验要求估计以下回归：

$$y_t = \beta_0 + \sum_{i=1}^{m}\beta_i y_{t-i} + \sum_{i=1}^{m}\alpha_i x_{t-i} \tag{4.45}$$

$$x_t = \delta_0 + \sum_{i=1}^{m}\delta_i x_{t-i} + \sum_{i=1}^{m}\lambda_i y_{t-i} \tag{4.46}$$

可能存在四种检验结果：

(1) x 对 y 有单向影响,表现为式(4.45)中 x 各滞后项前的参数整体不为零,而 y 各滞后项前的参数整体为零。

(2) y 对 x 有单向影响,表现为式(4.46)中 y 各滞后项前的参数整体不为零,而 x 各滞后项前的参数整体为零。

(3) x 与 y 间存在双向影响,表现为 x 与 y 各滞后项前的参数均整体不为零。

(4) x 与 y 间不存在影响,表现为 x 与 y 各滞后项前的参数均整体为零。

格兰杰检验是通过受约束的 F 检验完成的。如针对 x 不是 y 的格兰杰原因这一假设,即针对式(4.45)中 x 各滞后项前的参数整体为零的假设,分别做包含与不包含 x 各滞后项的回归,记前者的残差平方和为 RSS_U,后者的残差平方和为 RSS_R,再计算 F 统计量:

$$F = \frac{(RSS_R - RSS_U)/m}{RSS_U/(n-k)} \quad (4.47)$$

式中:m 为 x 的滞后项的个数;n 为样本容量,k 为包含可能存在的常数项及其他变量在内的无约束回归模型的待估计参数的个数。

如果计算的 F 值大于给定显著性水平 α 下 F 分布的相应临界值 $F_\alpha(m, n-k)$,则拒绝原假设,认为 x 是 y 的格兰杰原因。这个检验的思路是,如果考虑 x 的情况下的残差平方和显著地小于没有 x 的情况下的残差平方和,就认为 x 的存在显著提高了对 y 的预测精度,x 对 y 就有因果性。

2. 中部六省会城市科技发展程度与社会发展程度的格兰杰因果关系检验

使用 Eviews 3.1 分别对中部六省会城市 2000—2009 年科技发展程度与社会发展程度进行格兰杰因果关系检验,得到如表 4-22 所示结果。从表中可以看出,在一阶滞后检验中,在 10% 的显著性水平下:长沙 x 与 y 互相构成对方的格兰杰原因,武汉 x 构成 y 的格兰杰原因,合肥 y 构成 x 的格兰杰原因;在二阶滞后检验中,同样在 10% 的显著性水平下:长沙 x 构成 y 的格兰杰原因。也就是说,在现有的证据下可以推断:长沙科技发展程度与社会发展程度互为格兰杰因果关系;武汉科技发展程度是社会发展程度的格兰杰原因;合肥社会发展程度是科技发展程度的格兰杰原因;不能够确认其他城市的格兰杰原因。

表 4-22　中部六省会城市科技与社会发展的格兰杰因果关系检验

检验参数			南昌	长沙	武汉	合肥	郑州	太原
一阶滞后	$x \xrightarrow{\times} y$	Obs	9	9	9	9	9	9
		F	0.84452	5.71518	7.80855	1.84896	1.43097	0.22808
		P	0.39355	0.05398*	0.03140*	0.22278	0.27673	0.64985
	$y \xrightarrow{\times} x$	Obs	9	9	9	9	9	9
		F	2.79544	4.44458	1.99116	24.2422	0.10436	1.50779
		P	0.14556	0.07957*	0.20791	0.00265*	0.75762	0.26546
二阶滞后	$x \xrightarrow{\times} y$	Obs	8	8	8	8	8	8
		F	0.17043	9.71787	1.56229	5.45733	0.81376	0.06026
		P	0.85093	0.04890*	0.34282	0.10011	0.52199	0.94263
	$y \xrightarrow{\times} x$	Obs	8	8	8	8	8	8
		F	2.37446	1.33291	0.77384	2.35712	0.08861	0.61692
		P	0.24089	0.38529	0.53579	0.24252	0.91751	0.59646

注：*表示在10%的显著性水平下拒绝不构成格兰杰原因的原假设。

综合上述检验结果可以发现，在确认的因果关系中，有科技发展程度是社会发展程度的原因，也有社会发展程度是科技发展程度的原因，还有科技发展程度与社会发展程度互为因果，从而可以推断，在科技发展程度与社会发展程度之间，确实存在互为因果的关系。虽然根据当前的数据，没能在六省会城市中都确认这种互为因果的关系，但是这很大程度上是因为该研究时间序列期数太短、样本容量太小而造成自由度不够，如果能够得到足够大样本容量的时间序列，应能在六省会城市的格兰杰因果检验中均确认科技发展程度与社会发展程度之间的因果关系。结合科技发展与社会发展的实际情况，有理由相信，科技发展程度与社会发展程度构成互为因果的关系。

四　中部六省会城市区域科技与社会发展的关联形式分析

前文的分析表明，中部六省会城市科技发展程度与社会发展程度之间存在线性的关联形式，构成了互为因果的关系。现在问题随之而来：各城市科技发展程度与社会发展程度之间关联的具体形式是怎样的？能否用一个或若干具体模型来表达这种关系？由于已经知道各城市科技发展程度与社会发展程度之间简单线性相关，因此下面通过一元线性回归模型来表达这一关联关系。

（一）一元线性回归模型

一元线性回归模型包括总体回归函数和样本回归函数[114][115]。

1. 总体回归函数

假定 y 主要受自变量 x 的影响，它们之间存在着线性函数关系，即：

$$y_i = a + bx_i + u_i \qquad (4.48)$$

式中：y_i 为 y 的第 i 次观测值；a、b 为待估计参数，又叫回归系数；x_i 为 x 的第 i 次观测值；u_i 为随机误差项，又称随机干扰项，它是一个特殊的随机变量，反映未列入方程式的其他各种因素对 y 的影响。

式（4.48）被称为总体回归函数，它是总体回归函数的个别值表示方式，亦称随机设定形式。

2. 样本回归函数

总体回归函数中的 a、b 理论上是总体的回归参数，但其值实际上无法确定，通常只能利用变量 (x_i, y_i) 的样本数据，依照某种准则，得到它们的估计量 $\hat{a}$、$\hat{b}$ 值，从而估计总体回归函数。可以模仿总体回归函数的形式定义样本回归函数：

$$y_i = \hat{a} + \hat{b}x_i + \varepsilon_i \qquad (4.49)$$

式中：y_i 为与 x_i 相对应的 y 的观测值；$\hat{a}$ 为 a 的估计量；$\hat{b}$ 为 b 的估计量；ε_i 为残差项，可看成是 u_i 的估计量。

或写成：

$$\hat{y}_i = \hat{a} + \hat{b}x_i \qquad (4.50)$$

式中：$\hat{y}_i$ 为与 x_i 相对应的 y 的样本条件期望。

3. 检验

一元线性回归分析的检验主要是模型的拟合优度检验和变量的显著性检验，分别通过可决系数和 t 统计量进行：

$$R^2 = \frac{ESS}{TSS} = 1 - \frac{RSS}{TSS} \qquad (4.51)$$

式中：R^2 为可决系数；ESS 为回归平方和；TSS 为总离差平方和；RSS 为残差平方和。

可决系数越接近 1，模型的拟合优度越高。

$$t_a = \frac{\hat{a} - a^*}{se(\hat{a})} \tag{4.52}$$

式中：t_a 为参数 a 的显著性检验 t 统计量；$\hat{a}$ 为参数 a 的估计量；a^* 为参数 a 的假设真值，一般取 0；$se(\hat{a})$ 为估计量 $\hat{a}$ 的标准差。

$$t_b = \frac{\hat{b} - b^*}{se(\hat{b})} \tag{4.53}$$

式中：t_b 为参数 b 的显著性检验 t 统计量；$\hat{b}$ 为参数 b 的估计量；b^* 为参数 b 的假设真值，一般取 0；$se(\hat{b})$ 为估计量 $\hat{b}$ 的标准差。

（二）一元线性回归分析

前文揭示了中部六省会城市科技发展程度与社会发展程度之间存在着较高的线性正相关，并通过先导—滞后关系在一定程度上发现了两者的相互因果联系。为了能够得到两者关联的具体形式，作者使用 Eviews 3.1 软件分别对中部六省会城市的科技发展程度与社会发展程度进行了一元线性回归分析，现以南昌为例说明分析过程。

（1）以社会发展程度为因变量 y，以科技发展程度为自变量 x，建立社会发展程度对科技发展程度的一元线性回归模型：

$$y_i = a + bx_i + u_i \tag{4.54}$$

式中：y_i 为第 i 年的社会发展程度；x_i 为第 i 年的科技发展程度；a、b 为待估计参数；u_i 为随机误差项。

通过对 2000—2009 年的样本数据进行分析，得到如表 4-23 所示结果。

表 4-23　南昌社会发展程度对科技发展程度的一元线性回归分析

变量	系数	标准差	t 统计量	概率值
c	1.7087	0.2517	6.7873	0.0001
x	0.3692	0.1117	3.3056	0.011
R^2（可决系数）	0.8520	因变量均值		-0.3087
调整的 R^2（可决系数）	0.8335	因变量标准差		0.3875
回归标准误	0.1581	赤池信息量准则		-0.6745
残差平方和	0.1999	施瓦兹准则		-0.6140
对数似然函数值	5.3726	F 统计量		46.0677
杜宾·瓦森统计量	0.6372	概率值（F 统计量）		0.0001

注：使用最小二乘法估计回归系数。

回归系数栏显示，$\hat{a}$ 为 1.7087，$\hat{b}$ 为 0.3692，两回归系数的显著性检验 t_a 和 t_b 分别为 6.7873 和 3.3056，均通过了显著性水平为 0.05 的变量显著性检验；调整的可决系数为 0.8335，表明模型的拟合效果还不错。基于以上结果，可以得到南昌市社会发展程度对科技发展程度的一元线性回归的样本回归函数：

$$\hat{y}_i = 1.7087 + 0.3692 x_i \tag{4.55}$$

表明南昌科技发展程度每提高 1%，社会发展程度将提高 0.3692%。

（2）以科技发展程度为因变量 y，以社会发展程度为自变量 x，建立科技发展程度对社会发展程度的一元线性回归模型：

$$y_i = a + b x_i + u_i \tag{4.56}$$

式中：y_i 为第 i 年的科技发展程度；x_i 为第 i 年的社会发展程度；a、b 为待估计参数；u_i 为随机误差项。

通过对 2000—2009 年的样本数据进行分析，得到如表 4 - 24 所示结果。

表 4 - 24　南昌科技发展程度对社会发展程度的一元线性回归分析

变量	系数	标准差	t 统计量	概率值
c	- 0.2428	0.0353	- 6.8849	0.0001
x	0.4987	0.0735	6.7873	0.0001
R^2（可决系数）	0.8520		因变量均值	- 0.3967
调整的 R^2（可决系数）	0.8335		因变量标准差	0.2093
回归标准误	0.0854		赤池信息量准则	- 1.9061
残差平方和	0.0583		施瓦兹准则	- 1.8456
对数似然函数值	11.5304		F 统计量	46.0677
杜宾·瓦森统计量	0.7036		概率值（F 统计量）	0.0001

注：使用最小二乘法估计回归系数。

回归系数栏显示，$\hat{a}$ 为 - 0.2428，$\hat{b}$ 为 0.4987，两回归系数的显著性检验 t_a 和 t_b 分别为 - 6.8849 和 6.7873，均通过了显著性水平为 0.05 的变量显著性检验；调整的可决系数为 0.8335，表明模型的拟合效果还不错。基于以上结果，可以得到南昌科技发展程度对社会发展程度的一元线性回归的样本回归函数：

$$\hat{y}_i = -0.2428 + 0.4987x_i \tag{4.57}$$

表明南昌社会发展程度每提高1%，科技发展程度将提高0.4987%。

类似地，可以得到其他5个省会城市一元线性回归的样本回归函数（具体分析结果见附录C），为便于比较，最终分析结果列于表4-25中。

表4-25　　　中部六省会城市一元线性回归的样本回归函数

区域	社会发展程度对科技发展程度的回归	科技发展程度对社会发展程度的回归
南昌	$\hat{y}_i = 1.7087 + 0.3692x_i$	$\hat{y}_i = -0.2428 + 0.4987x_i$
长沙	$\hat{y}_i = 1.7485x_i$	$\hat{y}_i = 0.5480x_i$
武汉	$\hat{y}_i = -0.4406 + 1.1171x_i$	$\hat{y}_i = 0.3991 + 0.8802x_i$
合肥	$\hat{y}_i = 0.1128 + 1.3249x_i$	$\hat{y}_i = -0.090 + 0.7087x_i$
郑州	$\hat{y}_i = 0.1752 + 1.1849x_i$	$\hat{y}_i = -0.1461 + 0.8280x_i$
太原	$\hat{y}_i = 1.7887x_i$	$\hat{y}_i = -0.0947 + 0.3291x_i$

回归函数的斜率可以看成自变量对因变量的作用强度，表4-25显示，根据2000—2009年研究样本数据，社会发展程度对科技发展程度作用强度大小的排序依次是太原、长沙、合肥、郑州、武汉、南昌；科技发展程度对社会发展程度作用强度大小的排序依次是武汉、郑州、合肥、长沙、南昌、太原。

第三节　本章小结

马克思的技术发展理论最早对科技与社会发展的关联做出比较全面的阐述，之后，国内外学者对两者的关联进行了大量的研究。科技与社会发展关联的研究核心与重点是科技与经济的关联，尤其是对科技促进经济增长作用的测度，各国学者提出了生产函数法、索洛余值法、CES生产函数法、丹尼森因素分析法、超越对数生产函数法等多种方法。也有一些学者从历史的、哲学的视角对科技与社会发展之间的关系进行分析，认为科技与社会发展之间存在着关联。为验证区域科技与社会发展的关联，本章对中部六省会城市科技与社会发展的关联分三个阶段进行了实证研究。首先,对城市科技发展程度与社会发展程度,分别选取评价指标,并利用因子分析法,得到 2000—2009 年中部六省会城市的科技发展程度与社会发展程度;其次,进行两者关系相关分析和因果关系检验,发现了两者之间的线性相关性与因果关系,从而验证了它们之间的关联;最后,根据它们的线性相关性与因果关系,进行一元线性回归分析,分别得到了中部六省会城市社会发展程度对科技发展程度、科技发展程度对社会发展程度的样本回归函数,进一步揭示了中部六省会城市科技发展与社会发展相关联的具体形式。

第五章　区域科技竞争力现状综合评价

在前面章节中,通过区域科技竞争力概念的"钻石"模型提出及其形成机理的分析,揭示了区域科技竞争力的存在及其形成的内在规律;而通过区域科技与社会发展的关联,证实了区域科技竞争力"促进力"和"亲和力"两个构成的存在,从而为区域科技竞争力概念的"钻石"模型及区域科技竞争力的存在提供了有力的补充。接下来的问题是:如何认识当前区域科技竞争力水平并进行不同区域的比较?本章通过构建区域科技竞争力评价指标体系,综合运用灰色关联分析和层次分析法建立区域科技竞争力综合评价模型,并对中部六省会城市2000—2009年科技竞争力现状进行综合评价。

第一节　区域科技竞争力评价意义

科技竞争力评价研究,就是要把区域科技发展过程中复杂的问题、因素简单化,使其以数量的形式表现出来,从而为区域的科技现状和发展方向提供依据和指导。具体而言,对区域科技竞争力进行评价具有以下意义:

1. 评价区域科技竞争力发展的总体水平

通过在区域科技竞争力指标体系构建的基础上,运用科学的评价方法对区域科技竞争力现状水平进行综合评价,可了解当前区域科技竞争力发展的总体水平。这也是区域科技竞争力评价的直接功能。

2. 进行不同区域或不同时期科技竞争力的比较,发现科技竞争力发展的区域差距和发展趋势,明确局部优势和问题

通过横向比较和纵向比较,对同一时期不同地区和同一地区不同时期的科技竞争力进行比较分析,发现区域科技发展的区域差距和发展趋

势。而通过对区域科技竞争力构成进行评价，有利于发现区域科技竞争力的局部优势和问题所在。这是区域科技竞争力评价功能的深化。

3. 决策功能

区域科技竞争力评价的根本目的就是通过综合评价、横向比较和纵向比较、构成分析等途径，了解区域科技竞争力的总体水平，发现区域差距和发展趋势，明确自身优势和问题，为区域科技管理相关部门制定和调整政策提供理论依据。这是区域科技竞争力评价的根本功能。

第二节 区域科技竞争力评价指标体系构建

一 区域科技竞争力评价指标体系构建思路

根据前文的分析，区域科技竞争力是区域科技作为竞争主体所具有的由实力、产出力、竞争效率、促进力及亲和力构成的有机统一体，区域科技竞争力水平就是区域科技的实力、产出力、竞争效率、促进力及亲和力水平的综合，因此，对区域科技竞争力的评价应围绕它的五个构成要素选取评价指标并采用科学的评价方法。综合区域科技竞争力形成（见图3-7）和区域科技发展程度评价思路（见图4-2），本书认为，科技发展程度评价的四个方面即科技投入力度、投入产出效率、科技产出能力、获得支持程度，分别与区域科技的实力、竞争效率、产出力、亲和力四个方面的意义相同（如图5-1），据此，在表4-2显示的区域科技发展程度评价指标体系中，用实力代替科技投入力度，用竞争效率代替投入产出效率，用产出力代替科技产出能力，用亲和力代替获得支持程度，得到区域科技实力、竞争效率、产出力、亲和力的评价指标。

从图5-1来看，可以发现科技促进效应没有被纳入科技发展程度的评价，原因在前文建立科技发展程度的评价指标体系时已进行了阐述，即主要是因为它不属于描述科技本身发展程度的范畴；但它是对区域科技竞争力构成要素之一的促进力描述，因此促进力应就科技发展对社会的促进效应进行评价，选择能体现科技对社会的促进效应的相关指标。根据前文对科技创新的社会功能的分析和我国统计的实践，本文从经济改善、能源节约和环境保护三个方面，选择了"地区生产总值增长率""第三产业所占比重""全社会劳动生产率""农林牧渔业增加值率""规模以上工业增加值率""单位 GDP 能耗""工业废水排放达标率""工业固体废物综合利用率"八项指标来测度区域科技的促进力[116]。

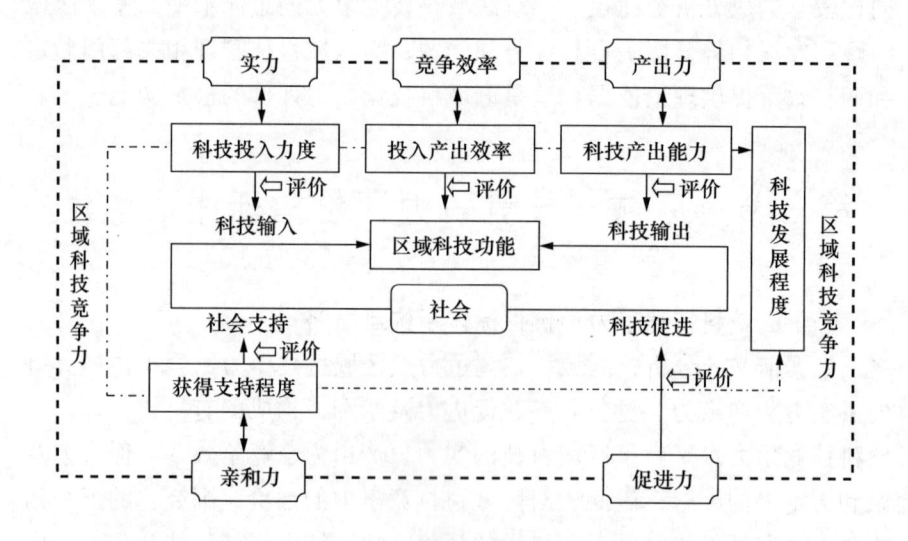

图 5-1　区域科技竞争力评价指标体系构建思路

至此，对于区域科技竞争力的五项构成要素即实力、竞争效率、产出力、促进力及亲和力均设置了评价指标，可以看出，本书设置的区域科技竞争力评价指标体系其实就是在前文建立的区域科技发展程度评价指标体系的基础之上，添加区域科技对社会促进效应的评价指标之后形成的，这和国内外研究对区域科技竞争力的第二类界定（见 3.1.1.1 对区域科技竞争力的不同认识），即认为区域科技竞争力是区域科技体系自身发展和区域科技对社会、经济作用的统一的观点相吻合。

为使区域科技竞争力评价指标体系的层次逻辑更加流畅，在科技发展程度评价指标体系的科技投入力度、投入产出效率、科技产出能力、获得支持程度分别被区域科技的实力、竞争效率、产出力、亲和力代替以后，对部分指标的名称进行了变更，一共有三处：一是原科技投入力度下的二级指标"人力投入力度""机构投入力度"和"财力投入力度"分别更名为"人力""机构"和"财力"；二是原投入产出效率下的二级指标"人力投入产出效率"和"资金投入产出效率"分别更名为"人力使用竞争效率"和"资金使用竞争效率";三是原"科技产出能力"下的二级指标"科技直接产出能力"和"科技间接产出能力"分别更名为"直接产出"和"间接产出"。其他则保持不变。另外,区域科技竞争力评价指标体系按实力、产出力、竞争效率、促进力、亲和力的顺序排列。

二 区域科技竞争力评价指标体系

根据前文的评价指标体系构建思路,建立区域科技竞争力评价指标体系,如表5-1所示。

表5-1 区域科技竞争力(代号为I)评价指标体系

一级指标	代号	二级指标	代号	三级指标	代号
实力	$I1$	人力	$I11$	科技活动人员数	$I111$
				科学家和工程师占科技人员比重	$I112$
		机构	$I12$	省级工程技术中心、重点实验室、企业技术中心数	$I121$
				国家级工程技术中心、重点实验室、企业技术中心数	$I122$
				大中型工业企业科技机构数	$I123$
				普通高等院校数	$I124$
		财力	$I13$	R&D经费支出	$I131$
				R&D经费支出占地区GDP比重	$I132$
产出力	$I2$	直接产出	$I21$	SCI收录论文数	$I211$
				专利授权量	$I212$
				授权专利中发明所占比率	$I213$
				省级以上科技成果奖	$I214$
		间接产出	$I22$	技术市场成交额	$I221$
				高新技术产业总产值	$I222$
				高等院校毕业生数	$I223$
竞争效率	$I3$	人力使用竞争效率	$I31$	万名科技活动人员平均SCI收录论文数	$I311$
				万名科技活动人员平均专利授权量	$I312$
				万名科技活动人员平均省级以上科技成果奖	$I313$
				高等院校专任教师平均负担学生数	$I314$
		资金使用竞争效率	$I32$	技术市场成交额与R&D经费支出比	$I321$
				高新技术产业增加值与R&D经费支出比	$I322$

续表

一级指标	代号	二级指标	代号	三级指标	代号
促进力	$I4$	经济改善	$I41$	地区生产总值增长率	$I411$
				第三产业所占比重	$I412$
				全社会劳动生产率	$I413$
				农林牧渔业增加值率	$I414$
				规模以上工业增加值率	$I415$
		能源节约	$I42$	单位 GDP 能耗	$I421$
		环境保护	$I43$	工业废水排放达标率	$I431$
				工业固体废物综合利用率	$I432$
亲和力	$I5$	公众支持	$I51$	万名人口平均科技活动人员数	$I511$
		财政支持	$I52$	财政支出中科学技术支出所占比重	$I521$
		企业支持	$I53$	大中型工业企业科技机构设置率	$I531$

注：三级指标解释见附录 A。

第三节　区域科技竞争力的综合评价模型构建

在科技竞争力综合评价方法上，目前使用较广泛的有专家咨询法、德尔菲法、主成分分析法、因子分析法、数据包络分析法、模糊综合评价法、神经网络分析法、聚类分析法、TOPSIS 法和层次分析法等。由于科技系统是一个多变量、高阶次、多回路的复杂巨系统，影响一个地区科技竞争力水平的因素错综复杂，其中，可能有些因素之间的作用机理比较清楚，但大部分影响因素之间的相互作用关系并不十分明确。因此在进行评价时，只能选取有限的主要指标来进行分析，具有"灰色"信息的特点。据此，笔者认为运用灰色系统理论中的灰色关联分析进行区域科技竞争力综合评价是比较合适的。然而，运用灰色关联理论原理计算灰色关联度是取关联系数的算术平均值，这对于评价对象的考察属性较少且同层各属性重要程度差异不大的情况是适用的，但本文构建的区域科技竞争力评价指标体系包括了五个一级指标、十三个二级指标和三十二个三级指标，指标多，且同层各指标对区域科技竞争力水平测度的重要程度是有较大差异的。因此，必须区分各指标的计算权重，再乘以关联系数得到加权关联度。在指标权重的确定方法中，层次分析法既能考虑专家对指标重要性的主观判断，又能够将专家的判断定量转化成指标的权值，是一种较好的指标权重的确定方法。

基于上述理由，本书综合选用灰色关联分析和层次分析法两种方法建立区域科技竞争力综合评价模型进行研究，用灰色关系分析将各评价指标的原始数据转化为灰色关联系数，用层次分析法确定评价指标的权值。在此基础上，计算评价对象的加权灰色关系度来测度评价对象的区域科技竞争力。

一　灰色关联分析和层次分析法的基本原理

（一）灰色关联基本原理

华中理工大学邓聚龙教授于1982年正式提出灰色系统理论，该理论中的灰色关联分析法可以定量分析两个因素之间相互关联的程度。灰色关联分析的本质是数据序列曲线间的几何形状的分析比较，认为几何形状越相似，则发展态势就越接近，关联程度也越大；反之则相反。灰色关联分析基本步骤如下[117]：

假设灰色系统 S 中具有 m（$m>1$）个参评单元，每个单元具有 n（$n>1$）个指标属性，我们定义参评单元的下标集合 $\theta_1 = \{1, 2, \cdots, m\}$，指标属性的下标集合 $\theta_2 = \{1, 2, \cdots, n\}$。

1. 确定参考序列

$X_0 = \{X_0(k)\}$，$k \in \theta_2$

参考序列元素 $X_0(k)$ 的取值取决于所要研究的具体问题，该序列一般由系统 S 中具有最优性质的单元的属性值构成。

2. 确定比较序列

$X_i = \{X_i(k)\}$，$i \in \theta_1$，$k \in \theta_2$

比较序列 X_i 就是系统 S 中的第 i 个参评单元。

3. 计算关联系数

$$\xi_{0i}(k) = \frac{\Delta_{\min} + \rho \cdot \Delta_{\max}}{\Delta_{0i}(k) + \rho \cdot \Delta_{\max}}, \quad i \in \theta_1, \quad k \in \theta_2 \tag{5.1}$$

式中，$\Delta_{0i}(k) = |X_0(k) - X_i(k)|$ 为比较序列 X_i 与参考序列 X_0 在第 k 个指标属性上的绝对差值；$\Delta_{\min} = \min_k \min_i \Delta_{0i}(k)$ 为比较序列 X_i 与参考序列 X_0 的各属性绝对差值的最小值；$\Delta_{\max} = \max_k \max_i \Delta_{0i}(k)$ 为比较

序列 X_i 与参考序列 X_0 的各属性绝对差值的最大值；ρ 为分辨系数，$0 \leq \rho \leq 1.0$，一般采用 $\rho = 0.5$；$\xi_{0i}(k)$ 随 ρ 的增大而增大，ρ 越大，分辨率就越高。

4. 计算关联度 R_{0i}。

对于同一比较序列 X_i 的不同指标数值，由式（5.1）可以算出与参考序列 X_0 相关的指标关联系数 $\xi_{0i}(k)$，显然，这样的信息过于分散，也不便于比较。为了从整体上表述比较序列 X_i 对参考序列 X_0 的关联程度，邓聚龙教授定义灰色关联度 R_{0i} 如下：

$$R_{0i} = \frac{1}{n}\sum_{k=1}^{n}\xi_{0i}(k) \tag{5.2}$$

R_{0i} 值越大，比较序列 X_i 与参考序列 X_0 的关联性越好，关联程度就越大。

5. 依据各个比较序列的关联度 R_{0i} 的大小排序

（二）层次分析法基本原理

层次分析法（Analytic Hierarchy Process，AHP）是由美国匹兹堡大学教授 Saaty 于 1971 年在美国国防部负责规划工程时，所发展出的一套复杂系统的决策模式[118]。它是对方案的多指标系统进行分析的一种层次化、结构化决策方法，将决策者对复杂系统的决策思维过程模型化、数量化。应用这种方法，决策者通过将复杂问题分解为若干层次和若干因素，在各因素之间进行判断并将之量化，就可以得出各层因素的权重。

二 基于灰色关联分析和层次分析法的综合评价模型

设共有 $m(m>1)$ 个实际参评对象，设 i 为所有参评对象的序号，我们定义 $i \in \theta_1 = \{1, 2, \cdots, m\}$，再设评价区域科技竞争力水平的指标共有 $n(n>1)$ 个，k 为评价指标的序号，定义评价指标序号下标集合为 $k \in \theta_2 = \{1, 2, \cdots, n\}$，$v_{ik}$ 为第 $i(i \in \theta_1)$ 个省份的第 $k(k \in \theta_2)$ 个指标属性的评价值，则建立区域科技竞争力综合评价模型[119][120]的步骤如下：

1. 对于一个有 m 个参评对象、n 个评价指标的系统，建立初始评价矩阵 V

$$V = (v_{ik})_{m \times n} = \begin{bmatrix} v_{11} & v_{12} & \cdots & v_{1n} \\ v_{21} & v_{22} & \cdots & v_{2n} \\ \vdots & \vdots & \ddots & \vdots \\ v_{m1} & v_{m2} & \cdots & v_{mn} \end{bmatrix} \tag{5.3}$$

2. 确定参考序列 V_0,并组成评价增广矩阵 V'

首先,取每个指标的最佳值 $v_{0k} = Optimum\ (v_{ik})$,$i \in \theta_1$,$k \in \theta_2$,即由正向指标的最大值和负向指标的最小值组成参考序列:

$$V_0 = \{v_{01},\ v_{02},\ \cdots,\ v_{0n}\} \tag{5.4}$$

其次,把参考序列 V_0 和原始评价值矩阵 V 组成评价增广矩阵 V':

$$V' = (v_{ik})_{(m+1) \times n} = \begin{bmatrix} v_{01} & v_{02} & \cdots & v_{0n} \\ v_{11} & v_{12} & \cdots & v_{1n} \\ \vdots & \vdots & \ddots & \vdots \\ v_{m1} & v_{m2} & \cdots & v_{mn} \end{bmatrix} \tag{5.5}$$

3. 形成规格化评价增广矩阵 X

为了使各指标之间可以比较,需要对式(5.5)中各指标值进行消除量纲的规格化处理。对于越大越好的正向指标,规格化公式使用式(5.6),对于越小越好的负向指标,规格化公式使用式(5.7):

$$x_{ik} = \frac{v_{ik} - \min\limits_{i} v_{ik}}{\max\limits_{i} v_{ik} - \min\limits_{i} v_{ik}} \tag{5.6}$$

$$x_{ik} = \frac{\max\limits_{i} v_{ik} - v_{ik}}{\max\limits_{i} v_{ik} - \min\limits_{i} v_{ik}} \tag{5.7}$$

经过规格化处理,得到规格化评价增广矩阵 X:

$$X = (x_{ik})_{(m+1) \times n} = \begin{bmatrix} x_{01} & x_{02} & \cdots & x_{0n} \\ x_{11} & x_{12} & \cdots & x_{1n} \\ \vdots & \vdots & \ddots & \vdots \\ x_{m1} & x_{m2} & \cdots & x_{mn} \end{bmatrix} \tag{5.8}$$

4. 计算关联系数,形成关联系数矩阵 E

把规格化后的序列 $X_0 = \{x_{01},\ x_{02},\ \cdots,\ x_{0n}\}$ 作为参考序列,$X_i = \{x_{i1},\ x_{i2},\ \cdots,\ x_{in}\}$,$i \in \theta_1$ 作为比较序列,利用式(5.1)计算关联系数 $\xi_{0i}(k)$,从而得到关联系数矩阵 E:

$$E = (\xi_{0i}(k))_{m \times n} = \begin{bmatrix} \xi_{01}(1) & \xi_{01}(2) & \cdots & \xi_{01}(n) \\ \xi_{02}(1) & \xi_{02}(2) & \cdots & \xi_{02}(n) \\ \vdots & \vdots & \ddots & \vdots \\ \xi_{0m}(1) & \xi_{0m}(2) & \cdots & \xi_{0m}(n) \end{bmatrix} \tag{5.9}$$

式中：$\xi_{0i}(k)$ 为第 i 个参评对象在第 k 项指标属性上与参考序列的关联系数。

5. 运用层次分析法确定各评价指标 $I_k(k \in \theta_2 = \{1, 2, \cdots, n\})$ 的权重

具体步骤如下：

(1) 建立评价指标体系的递阶层次结构。

层次分析法（AHP）的分层通常是通过建立一个递阶层次结构来完成的，它是一个由目标层、准则层和方案层组成的模型。

A. 目标层。

这一层次中只有一个元素，它一般是分析问题的预定目标或理想结果，是递阶层次结构的最高层次，也叫最高层。

B. 准则层。

这一层次是为实现目标所需考虑的准则、子准则，它可以由若干层次组成，它包括了为实现目标所涉及的中间环节，因此也叫中间层。

C. 方案层。

这一层次是为了实现目标可供选择的各种决策方案或措施，也叫措施层，它构成递阶层次结构的最低层次，因此也叫最低层。

综上所述，根据区域科技竞争力评价指标体系的结构特点，可建立区域科技竞争力评价指标体系的递阶层次结构，如图 5-2 所示。

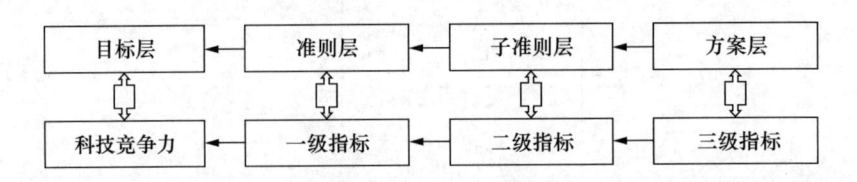

图 5-2　区域科技竞争力评价指标体系的递阶层次结构示意图

(2) 指标重要性的成偶比对评估。

分别对准则层、子准则层和方案层的同层各指标的重要性进行两两比较，并根据如表表 5-2 所示规则进行判断。

在进行成偶比对时，一般是汇集学者、专家的意见，经反复讨论和群体评估，以取得一致性的评估观点；若有相异观点存在而无法达成共识时，则可将评估结果用几何平均法进行综合。

表 5-2　　　　　　　　　成偶比对评估标度规则

标度	含义
1	表示两个指标相比，具有同等重要性
3	表示两个指标相比，前者比后者稍重要
5	表示两个指标相比，前者比后者明显重要
7	表示两个指标相比，前者比后者强烈重要
9	表示两个指标相比，前者比后者极端重要
2、4、6、8	表示上述相邻判断的中间值
1—9 数字的倒数	若指标 i 与指标 j 重要性比较结果为 a_{ij}，那么指标 j 与指标 i 的重要性比较结果则为 $a_{ji} = \dfrac{1}{a_{ij}}$

（3）建立成偶比对矩阵。

设某一指标下有 n 个子指标，则将 n 个子指标的成偶比对评估结果所产生的 $C_n^2 = \dfrac{n(n-1)}{2}$ 个评估值 a_{ij} 置于某矩阵 $A_{n \times n}$ 中主对角线右上方相应位置，并将右上方元素值的倒数置于主对角线左下方的相对位置，将主对角线上的元素数值均设为 1，则可得到完整的成偶比对矩阵 $A_{n \times n}$。

令：

$$a_{ij} = \frac{w_i}{w_j}, \ i \in (1, 2\cdots, n), \ j \in (1, 2, \cdots, n) \tag{5.10}$$

式中：w_1，w_2，$\cdots$，w_n 为各要素对于上一层次中某要素的相对权数。

此时矩阵有两个特点：一是层次分析法的成偶对比矩阵为正倒数矩阵；二是若专家评比时的判断均非常完美精确，此时矩阵为一致性矩阵。

（4）计算各比对矩阵的优先向量及最大特征值。

由于 A 为正倒数矩阵，因此

$$Aw = \lambda w \tag{5.11}$$

$A = (a_{ij})_{n \times n}$，$w = (w_1, w_2, \cdots, w_n)^T$

根据矩阵理论，λ 是矩阵 A 的特征值，而 w 为矩阵 A 的特征向量，在层次分析法中又称为优先向量,代表各要素间的相对权数,当矩阵 A 具有一致性时,其最大特征值 λ_{max} 为 n,其余特征值均为零。虽然在主观的比对过程中有稍许误差存在,最大特征值亦将有微量变动,但只要矩阵 A 的一致性不差,则其最大特征值仍会趋近于 n。至于误差在什么范围之内可以不影响结果的正确性,则须由一致性指标及一致性比例加以检验。

(5)进行各判断矩阵的一致性检验。

在进行成偶评估比对时,如果专家对于评估指标间的重要性认识无法完全一致,则必须检验误差大小,观察其是否在可忍受的误差范围内,不会影响决策的优先级结果。Satty 将最大特征值 λ_{max} 与 n 之间的差异值转化为一致性指标,以用来评价一致性的高低,作为是否接受比对矩阵的参考。其数学式为:

$$C.I. = (\lambda_{max} - n)/(n-1) \tag{5.12}$$

此外,随机产生的正倒值矩阵的一致性指标称为随机指标 $R.I.$(Random index),而 $R.I.$ 值随着矩阵阶数 n 的增加而增加,如表 5-3 所示。

表 5-3　　　　　　n 阶正倒值矩阵的随机指标值

n	$R.I.$	n	$R.I.$	n	$R.I.$	n	$R.I.$	n	$R.I.$
1	0.00	4	0.89	7	1.36	10	1.49	13	1.56
2	0.00	5	1.12	8	1.41	11	1.52	14	1.58
3	0.52	6	1.26	9	1.46	12	1.54	15	1.59

注:表中 $R.I.$ 值是 1000 个样本的平均值。

利用上述一致性指标及随机指标,便可求得各比对矩阵的一致性比例,即:

$$C.R._j^{(k)} = C.I._j^{(k)} / R.I._j^{(k)} \tag{5.13}$$

式中:$C.R._j^{(k)}$ 为以 $k-1$ 层上元素 j 为准则的一致性比例;$C.I._j^{(k)}$ 为以 $k-1$ 层上元素 j 为准则的一致性指标;$R.I._j^{(k)}$ 为以 $k-1$ 层上元素 j 为准则的随机指标;$j=1, 2, \cdots, n_{k-1}$。

Saaty 认为,若 $C.R._j^{(k)} \leq 0.1$,则判断矩阵的一致性检验通过;否则需要重新评估修正以改善一致性比例。

（6）计算方案层指标集相对于最高层次的总优先向量，进行整体一致性检验。

上面得到的是一组元素对其上一层中某元素的优先向量。最终要得到各元素，特别是最低层中各元素对于目标的排序权重，即所谓总排序权重，从而进行方案的选择。总排序权重要自上而下地将单准则下的权重进行合成，并逐层进行总的判断一致性检验。

假定已经计算出第 $k-1$ 层上 n_{k-1} 个元素相对于总目标的排序权重向量 $\omega = (w_1^{k-1}, w_2^{k-1}, \cdots, w_{n_{k-1}}^{k-1})^T$，第 k 层 n_k 个元素以 $k-1$ 层第 j 个元素为准则的排序权重向量设为 $P_j^{(k)} = (p_{1j}^{(k)}, p_{2j}^{(k)}, \cdots, p_{n_kj}^{(k)})$，其中不受 j 支配的元素的权重为零。令 $P^{(k)} = (P_1^{(k)}, P_2^{(k)}, \cdots, P_{n_{k-1}}^{(k)})$，为 $n_k \times n_{k-1}$ 阶矩阵，表示第 k 层元素对第 $k-1$ 层各元素权重的排序，那么第 k 层元素对总目标的合成权重向量 $w^{(k)}$ 为：

$$w^{(k)} = (w_1^{(k)}, w_2^{(k)}, \cdots, w_{n_k}^{(k)})^T$$
$$= P^{(k)} w^{(k-1)} \tag{5.14}$$

或：

$$w_j^{(k)} = \sum_{j=1}^{n_{k-1}} P_j^{(k)} w_j^{(k-1)} \tag{5.15}$$

并且一般来说有：

$$w^{(k)} = P^{(k)} P^{(k-1)} \cdots P^{(2)} \tag{5.16}$$

根据上述方法，可求出子准则层以下各层相对于总目标的合成权重向量。特别地，方案层指标集 $\{I_1^{(p)}, I_2^{(p)}, \cdots, I_n^{(p)}\}$ 相对于目标层指标 (I) 的整体层次的总优先向量为：

$$W_k^{(p)} = (w_1^{(p)}, w_2^{(p)}, \cdots, w_n^{(p)}) \tag{5.17}$$

式中：$\sum_{k=1}^{n} w_k^{(p)} = 1$。

从上到下逐层进行整体一致性检验。根据上面计算出的合成权重向量，并结合式（5.13）可计算出各判断矩阵的 $C.I._j^k$、$R.I._j^k$，然后进行子准则层以下各层的整体一致性检验。k 层的整体一致性指标和随机指标分别为：

$$C.I.H.^{(k)} = (C.I._1^{(k)}, \cdots, C.I._{n_{k-1}}^{(k)}) \times (W^{(k-1)})^T \tag{5.18}$$

式中：$C.I.H.^{(k)}$ 为 k 层的整体一致性指标；$C.I._j^k$ 为以 $k-1$ 层上元素 j 为准则的一致性指标（$j = 1, 2, \cdots, n_{k-1}$）；$W^{(k-1)}$ 为 $k-1$ 层相对

于总目标的合成权重向量。

$$R.I.H.^{(k)} = (R.I._j^{(k)}, \cdots, R.I._{n_{k-1}}^{(k)}) \times (W^{(k-1)})^T \quad (5.19)$$

式中：$R.I.H.^{(k)}$为 k 层的整体平均随机指标；$R.I._j^{(k)}$为以 $k-1$ 层上元素 j 为准则的平均随机指标（$j=1, 2, \cdots, n_{k-1}$）；$W^{(k-1)}$为 $k-1$ 层相对于总目标的合成权重向量。

$$C.R.H.^{(k)} = \frac{C.I.H.^{(k)}}{R.I.H.^{(k)}} \quad (5.20)$$

式中：$C.R.H.^{(k)}$为 k 层的整体层次的一致性比例。

当 $C.R.H.^{(k)} < 0.1$ 时，认为递阶层次结构在 k 层的所有判断具有整体满意的一致性。

AHP 流程一般如图 5-3 所示[121]。

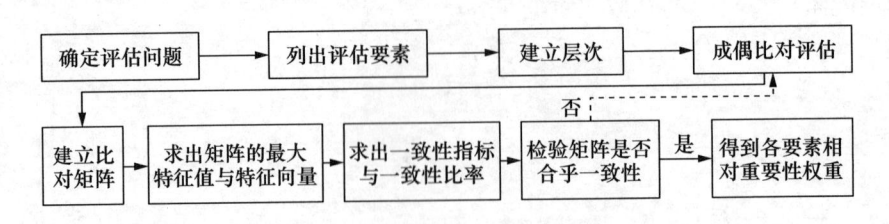

图 5-3　层次分析法步骤示意图

6. 计算加权关联度向量

以层次分析法计算的总优先向量为权重，计算加权灰色关联度向量，其计算公式为：

$$\begin{aligned}
R_{root} &= (r_{0i})_{m \times 1} \\
&= \xi_{0i}(k)_{m \times n} \times (W_k^h)^T \\
&= \begin{bmatrix} \xi_{01}(1) & \xi_{01}(2) & \cdots & \xi_{01}(n) \\ \xi_{02}(1) & \xi_{02}(2) & \cdots & \xi_{02}(n) \\ \vdots & \vdots & \ddots & \vdots \\ \xi_{0m}(1) & \xi_{0m}(2) & \cdots & \xi_{0m}(n) \end{bmatrix} \times (w_1^{(p)}, w_2^{(p)}, \cdots, w_n^{(p)})^T
\end{aligned}$$

$$(5.21)$$

这样就得到了各个参评对象在方案层指标集相对于最高层指标（I）上的加权关联度向量。依据关联度向量 R_{root} 中各分量的大小进行排序，关联度的大小顺序即为各参评对象区域科技竞争力程度的比较序列。

第四节 中部六省会城市区域科技竞争力综合评价

省会城市是全省的政治中心，通常也是全省的经济、科技、文化和信息中心，以及高等学校、科研院所、高新技术企业和人才的聚集地，因此，从某种程度上来说，省会城市的科技竞争力可以视为全省科技竞争力缩影。运用区域科技竞争力评价体系，对南昌、长沙、武汉、合肥、郑州、太原六省会城市科技竞争力进行综合评价，其研究结果不但对六个省会城市自身，而且对中部六省的科技竞争力发展都具有参考价值。

一 评价过程

根据区域科技竞争力的综合评价模型，以 2009 年为例，中部六省会城市区域科技竞争力评价主要过程可简述如下：

1. 构建评价增广矩阵 V'

根据区域科技竞争力综合评价模型建立步骤（1）、步骤（2）（详见 5.3.2），按公式（5.3）、公式（5.4）和公式（5.5），分别取 2000—2009 年中部六省会城市的各指标最佳值集合为参考序列 V_0，得到规格化评价增广矩阵，为便于显示，矩阵转置后的元素列于表 5-4 中。

2. 形成规格化评价增广矩阵 X

根据综合评价模型建立步骤（3），对各指标值进行消除量纲的规格化处理：$I421$（单位 GDP 能耗）为负向指标，按式（5.7）处理；其余均为正向指标，按式（5.6）处理（各指标最大值和最小值确定范围为 2000—2009 年的六省会数据）。得到规格化评价增广矩阵 X，矩阵转置后的元素列于表 5-5 中。

3. 计算关联系数，形成关联系数矩阵 E

根据综合评价模型建立步骤（4），利用式（5.1）计算关联系数 $\xi_{0i}(k)$，从而得到关联系数矩阵 E，矩阵转置后的元素列于表 5-6 中。

表 5-4 2009 年中部六省会城市科技竞争力评价增广矩阵转置后数据

指标	参考序列	南昌	长沙	武汉	合肥	郑州	太原
$I111$	81194	45233	78192	75000	42500	60000	45600
$I112$	79.8%	64.5%	74.6%	64.8%	64.0%	55.2%	62.2%
$I121$	223	104	98	223	145	67	85
$I122$	54	6	27	54	16	11	8
$I123$	166	59	98	166	70	102	36
$I124$	78	44	48	78	43	50	36
$I131$	105.0	37.8	70.0	105.0	48.5	44.8	46.6
$I132$	3.01%	2.06%	1.87%	2.27%	2.31%	1.35%	3.01%
$I211$	7271	1027	3730	7271	3761	1354	1124
$I212$	6853	1156	3756	6853	2304	3808	1748
$I213$	83.6%	23.6%	33.6%	18.4%	17.8%	12.9%	8.0%
$I214$	354	50	182	209	101	37	146
$I221$	70.22	8.43	35.02	70.22	25.15	38.05	3.11
$I222$	2055.0	674.0	1483.0	2055.0	1445.6	1665.5	360.8
$I223$	234896	205700	131000	221708	83940	192437	92359
$I311$	1509	227	477	969	885	226	246
$I312$	914	256	480	914	542	635	383
$I313$	104.86	11.05	23.28	27.87	23.76	6.17	32.02
$I314$	24.45	17.78	16.83	16.83	18.35	24.05	14.40
$I321$	1.67	0.22	0.50	0.67	0.52	0.85	0.07
$I322$	15.41	5.27	6.47	6.77	9.07	11.73	2.52
$I411$	37.0%	10.7%	24.8%	12.3%	26.3%	10.1%	1.3%
$I412$	55.2%	38.6%	44.6%	50.4%	40.0%	42.3%	54.4%
$I413$	98736	64975	91692	98736	68472	74315	92347
$I414$	66.9%	58.6%	60.9%	59.2%	58.5%	56.0%	56.8%
$I415$	36.2%	29.3%	35.0%	28.6%	27.7%	29.5%	30.0%
$I421$	0.811	0.855	0.846	1.118	0.811	1.115	1.830
$I431$	100.0%	94.1%	90.0%	99.1%	96.4%	99.2%	97.3%
$I432$	101.6%	96.3%	90.6%	90.9%	98.7%	82.6%	48.6%
$I511$	124.9	91.0	120.0	89.8	86.5	79.8	124.9
$I521$	3.88%	1.80%	3.88%	1.43%	3.58%	1.56%	2.33%
$I531$	76.0%	51.6%	53.6%	56.1%	39.5%	30.2%	35.0%

注：参考序列为 2000—2009 年中部六省会城市的各指标最佳值集合。

表 5-5　　2009 年中部六省会城市科技竞争力规格化评价增广矩阵转置后数据

指标	参考序列	南昌	长沙	武汉	合肥	郑州	太原
$I111$	1.000	0.450	0.954	0.905	0.408	0.676	0.455
$I112$	1.000	0.580	0.858	0.588	0.569	0.327	0.518
$I121$	1.000	0.466	0.439	1.000	0.650	0.300	0.381
$I122$	1.000	0.111	0.500	1.000	0.296	0.204	0.148
$I123$	1.000	0.175	0.477	1.000	0.262	0.508	0.000
$I124$	1.000	0.485	0.545	1.000	0.470	0.576	0.364
$I131$	1.000	0.338	0.655	1.000	0.444	0.407	0.425
$I132$	1.000	0.592	0.513	0.684	0.699	0.294	1.000
$I211$	1.000	0.131	0.507	1.000	0.512	0.177	0.145
$I212$	1.000	0.146	0.536	1.000	0.318	0.544	0.235
$I213$	1.000	0.229	0.357	0.162	0.155	0.091	0.028
$I214$	1.000	0.136	0.511	0.588	0.281	0.099	0.409
$I221$	1.000	0.104	0.490	1.000	0.347	0.534	0.027
$I222$	1.000	0.315	0.716	1.000	0.698	0.807	0.160
$I223$	1.000	0.871	0.539	0.942	0.331	0.812	0.368
$I311$	1.000	0.138	0.306	0.637	0.580	0.137	0.151
$I312$	1.000	0.235	0.496	1.000	0.568	0.676	0.383
$I313$	1.000	0.105	0.222	0.266	0.227	0.059	0.305
$I314$	1.000	0.538	0.473	0.473	0.578	0.973	0.305
$I321$	1.000	0.098	0.271	0.376	0.282	0.489	0.000
$I322$	1.000	0.220	0.313	0.336	0.513	0.717	0.009
$I411$	1.000	0.264	0.658	0.308	0.699	0.248	0.000
$I412$	1.000	0.006	0.369	0.716	0.090	0.230	0.957
$I413$	1.000	0.594	0.915	1.000	0.636	0.706	0.923
$I414$	1.000	0.338	0.524	0.388	0.332	0.132	0.194
$I415$	1.000	0.436	0.900	0.372	0.305	0.453	0.491
$I421$	1.000	0.980	0.984	0.861	1.000	0.862	0.539
$I431$	1.000	0.900	0.831	0.985	0.938	0.987	0.955
$I432$	1.000	0.925	0.844	0.848	0.959	0.729	0.244
$I511$	1.000	0.624	0.946	0.610	0.574	0.500	1.000
$I521$	1.000	0.349	1.000	0.230	0.908	0.273	0.513
$I531$	1.000	0.589	0.622	0.665	0.387	0.229	0.310

表 5-6 2009 年中部六省会城市科技竞争力关联系数矩阵转置后数据

指标	南昌	长沙	武汉	合肥	郑州	太原
$I111$	0.476	0.916	0.841	0.458	0.606	0.479
$I112$	0.544	0.779	0.549	0.537	0.426	0.509
$I121$	0.431	0.419	1.000	0.536	0.366	0.395
$I122$	0.347	0.486	1.000	0.402	0.372	0.357
$I123$	0.377	0.489	1.000	0.404	0.504	0.333
$I124$	0.493	0.524	1.000	0.485	0.541	0.440
$I131$	0.430	0.592	1.000	0.473	0.458	0.465
$I132$	0.551	0.507	0.613	0.625	0.415	1.000
$I211$	0.365	0.504	1.000	0.506	0.378	0.369
$I212$	0.369	0.519	1.000	0.423	0.523	0.395
$I213$	0.393	0.437	0.374	0.372	0.355	0.340
$I214$	0.367	0.506	0.548	0.410	0.357	0.458
$I221$	0.358	0.495	1.000	0.433	0.517	0.339
$I222$	0.422	0.638	1.000	0.623	0.721	0.373
$I223$	0.794	0.520	0.895	0.428	0.726	0.442
$I311$	0.367	0.419	0.580	0.544	0.367	0.371
$I312$	0.395	0.498	1.000	0.536	0.606	0.448
$I313$	0.359	0.391	0.405	0.393	0.347	0.419
$I314$	0.520	0.487	0.487	0.542	0.948	0.418
$I321$	0.357	0.407	0.445	0.411	0.495	0.333
$I322$	0.391	0.421	0.430	0.506	0.638	0.335
$I411$	0.404	0.594	0.420	0.625	0.400	0.333
$I412$	0.335	0.442	0.637	0.355	0.394	0.920
$I413$	0.552	0.855	1.000	0.579	0.630	0.867
$I414$	0.430	0.512	0.450	0.428	0.365	0.383
$I415$	0.470	0.833	0.443	0.418	0.477	0.496
$I421$	0.961	0.969	0.782	1.000	0.784	0.520
$I431$	0.833	0.748	0.971	0.890	0.975	0.917
$I432$	0.869	0.762	0.767	0.924	0.649	0.398
$I511$	0.571	0.902	0.562	0.540	0.500	1.000
$I521$	0.434	1.000	0.394	0.845	0.407	0.507
$I531$	0.549	0.570	0.599	0.449	0.393	0.420

4. 运用层次分析法确定各评价指标权重

根据区域科技竞争力综合评价模型，运用层次分析法确定各评价指标权重，具体步骤如下：

（1）建立区域科技竞争力评价指标体系的递阶层次结构。

根据评价指标体系各层次的组成及附属关系，区域科技竞争力评价指标体系的递阶层次结构如图5-4所示。

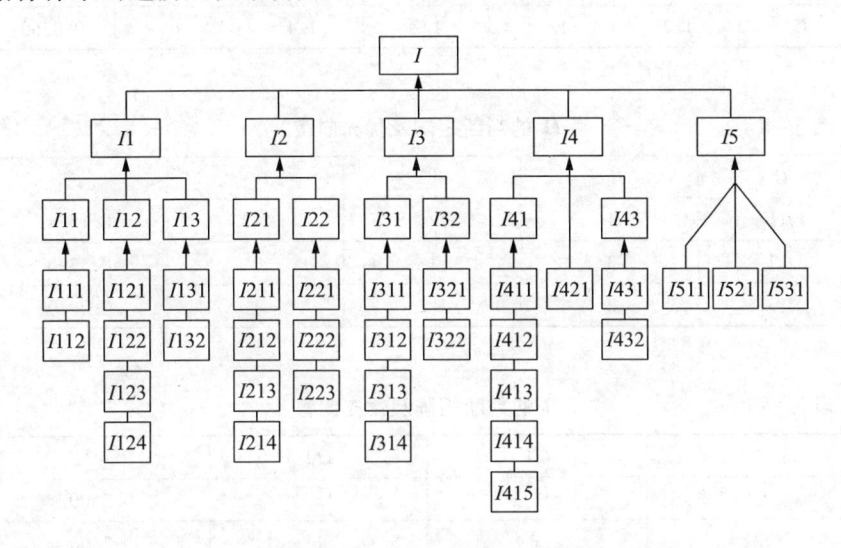

图5-4 区域科技竞争力评价指标体系的递阶层次结构

（2）进行成偶对比评估，建立成偶对比矩阵。

首先，分别对准则层、子准则层和方案层的同层各指标的重要性进行两两比较，再进行成偶对比评估。根据前文建立的区域科技竞争力评价指标体系的递阶层次结构，制作了区域科技竞争力评价指标成偶比对调查问卷，以实地访问或电子邮件、QQ等方式，分别向高等院校学者、科技局专家、统计局专家和企业科技活动人员共18位进行了调研，并运用德尔菲法形成综合判断意见。根据专家的综合判断意见，建立了成偶比对矩阵。

其次，运用层次分析法软件 yaahp 计算各矩阵的优先向量和总优先向量，并进行各矩阵的一致性检验，结果如表5-7至表5-22所示①。

---

① 矩阵采用1—9标注法。

表 5-7　　　　　　　　I 的判断矩阵及优先向量

I	$I1$	$I2$	$I3$	$I4$	$I5$	$w^{(r)}$
$I1$	1	1/2	1	1/2	2	0.1538
$I2$	2	1	2	1	4	0.3077
$I3$	1	1/2	1	1/2	2	0.1538
$I4$	2	1	2	1	4	0.3077
$I5$	1/2	1/4	1/2	1/4	1	0.0769

表 5-8　　　　　　　　$I1$ 的判断矩阵及优先向量

$I1$	$I11$	$I12$	$I13$	$w_1^{(s)}$
$I11$	1	1/3	1/2	0.1634
$I12$	3	1	2	0.5396
$I13$	2	1/2	1	0.2970

表 5-9　　　　　　　　$I2$ 的判断矩阵及优先向量

$I2$	$I21$	$I22$	$w_2^{(s)}$
$I21$	1	1/3	0.2500
$I22$	3	1	0.7500

表 5-10　　　　　　　　$I3$ 的判断矩阵及优先向量

$I3$	$I31$	$I32$	$w_3^{(s)}$
$I31$	1	2	0.6667
$I32$	1/2	1	0.3333

表 5-11　　　　　　　　$I4$ 的判断矩阵及优先向量

$I4$	$I41$	$I421$	$I43$	$w_4^{(s)}$
$I41$	1	3	5	0.6483
$I421$	1/3	1	2	0.2297
$I43$	2	1/2	1	0.1220

表 5 – 12　　　　　　　　$I5$ 的判断矩阵及优先向量

$I5$	$I511$	$I521$	$I531$	$w_4^{(s)}$
$I511$	1	1/3	1/6	0.0953
$I521$	3	1	1/3	0.2499
$I531$	6	3	1	0.6548

表 5 – 13　　　　　　　　$I11$ 的判断矩阵及优先向量

$I11$	$I111$	$I112$	$w_1^{(p)}$
$I111$	1	3	0.7500
$I112$	1/3	1	0.2500

表 5 – 14　　　　　　　　$I12$ 的判断矩阵及优先向量

$I12$	$I121$	$I122$	$I123$	$I124$	$w_2^{(p)}$
$I121$	1	1/4	1/2	3	0.1444
$I122$	4	1	3	7	0.5588
$I123$	2	1/3	1	4	0.2359
$I124$	1/3	1/7	1/4	1	0.0610

表 5 – 15　　　　　　　　$I13$ 的判断矩阵及优先向量

$I13$	$I131$	$I132$	$w_3^{(p)}$
$I131$	1	3	0.7500
$I132$	1/3	1	0.2500

表 5 – 16　　　　　　　　$I21$ 的判断矩阵及优先向量

$I21$	$I211$	$I212$	$I213$	$I214$	$w_4^{(p)}$
$I211$	1	1/2	2	1/4	0.1424
$I212$	2	1	3	1/2	0.2651
$I213$	1/2	1/3	1	1/5	0.0861
$I214$	4	2	5	1	0.5065

表 5-17　　　　　　　　$I22$ 的判断矩阵及优先向量

$I22$	$I221$	$I222$	$I223$	$w_5^{(p)}$
$I221$	1	1/2	7	0.3458
$I222$	2	1	9	0.5969
$I223$	1/7	1/9	1	0.0572

表 5-18　　　　　　　　$I31$ 的判断矩阵及优先向量

$I31$	$I311$	$I312$	$I313$	$I314$	$w_6^{(p)}$
$I311$	1	1/3	1/4	4	0.1360
$I312$	3	1	1/2	6	0.3099
$I313$	4	2	1	8	0.5061
$I314$	1/4	1/6	1/8	1	0.0481

表 5-19　　　　　　　　$I32$ 的判断矩阵及优先向量

$I32$	$I321$	$I322$	$w_7^{(p)}$
$I321$	1	1/2	0.3333
$I322$	2	1	0.6667

表 5-20　　　　　　　　$I41$ 的判断矩阵及优先向量

$I41$	$I411$	$I412$	$I413$	$I414$	$I415$	$w_8^{(p)}$
$I411$	1	2	1/5	1/3	1/4	0.0763
$I412$	1/2	1	1/6	1/4	1/5	0.0504
$I413$	5	6	1	3	2	0.4258
$I414$	3	4	1/3	1	1/2	0.1731
$I415$	4	5	1/2	2	1	0.2744

表 5-21　　　　　　　　$I43$ 的判断矩阵及优先向量

$I43$	$I431$	$I432$	$w_9^{(p)}$
$I431$	1	3	0.7500
$I432$	1/3	1	0.2500

表 5-22　　各判断矩阵的一致性指标、随机指标和一致性比例

矩阵	I	$I1$	$I2$	$I3$	$I4$	$I5$	$I11$	$I12$	$I13$	$I21$	$I22$	$I31$	$I32$	$I41$	$I43$
C. I.	0.00	0.01	0.00	0.00	0.00	0.02	0.00	0.02	0.00	0.01	0.02	0.03	0.00	0.02	0.00
R. I.	1.12	0.52	0.00	0.00	0.52	0.52	0.00	0.89	0.00	0.89	0.52	0.89	0.00	1.12	0.00
C. R.	0.00	0.02	0.00	0.00	0.00	0.04	0.00	0.02	0.00	0.01	0.04	0.03	0.00	0.02	0.00

由表 5-22 可见，各矩阵一致性比例都小于 0.1，通过了一致性检验。

3）计算方案层指标集相对于最高层次的总优先向量，进行整体一致性检验。

根据式（5.14）、式（5.15）和式（5.16），可求得方案层指标集相对于目标层的总优先向量（合成权重），其各分量值如表 5-23 所示。

表 5-23　　方案层指标集相对于目标层的总优先向量

指标	$w_k^{(p)}$	指标	$w_k^{(p)}$	指标	$w_k^{(p)}$	指标	$w_k^{(p)}$
$I111$	0.019	$I211$	0.011	$I312$	0.032	$I414$	0.035
$I112$	0.006	$I212$	0.020	$I313$	0.052	$I415$	0.055
$I121$	0.012	$I213$	0.007	$I314$	0.005	$I421$	0.071
$I122$	0.046	$I214$	0.039	$I321$	0.017	$I431$	0.028
$I123$	0.020	$I221$	0.080	$I322$	0.034	$I432$	0.009
$I124$	0.005	$I222$	0.138	$I411$	0.015	$I511$	0.007
$I131$	0.034	$I223$	0.013	$I412$	0.010	$I521$	0.019
$I132$	0.011	$I311$	0.014	$I413$	0.085	$I531$	0.050

考察判断矩阵的整体一致性，经计算可得整体一致性指标、整体随机指标和整体一致性比例如表 5-24 所示。

表 5-24　　整体一致性

项目	C. I. H.	R. I. H.	C. R. H.
子准则层	0.0027	0.2800	0.0096
方案层	0.0147	0.3536	0.0416

由表 5-24 可见，子准则层和方案层整体一致性比例都小于 0.1，通过了整体一致性检验。

（5）计算加权关联度向量。

结合已得到的关联系数矩阵 E 和总优先向量，按式（5.21）计算加权灰色关联度向量，即为 2009 年六省会城市的综合评价值，如表 5-25 所示。

表 5-25　2009 年中部六省会城市科技竞争力综合评价结果

区域	南昌	长沙	武汉	合肥	郑州	太原
评价值	0.485	0.627	0.783	0.549	0.550	0.479
排位	5	2	1	4	3	6

类似地，可得到 2000—2008 年中部六省会城市科技竞争力的综合评价结果（2000—2008 年原始数据参见附录 A），如表 5-26 所示。

表 5-26　2000—2008 年中部六省会城市科技竞争力综合评价结果

年份	南昌		长沙		武汉		合肥		郑州		太原	
	评价值	排位	评价值	排位	评价值	排位	评价值	排位	评价值	排位	评价值	排位
2000	0.418	4	0.469	2	0.472	1	0.433	3	0.412	5*	0.412	6*
2001	0.424	5	0.472	2	0.488	1	0.443	3	0.421	6	0.431	4
2002	0.434	4	0.486	2	0.489	1	0.454	3	0.421	6	0.423	5
2003	0.462	3	0.501	1	0.493	2	0.450	4	0.444	5	0.414	6
2004	0.451	4	0.510	2	0.514	1	0.461	3	0.446	5	0.425	6
2005	0.446	5	0.517	2*	0.517	1*	0.505	3	0.451	4	0.430	6
2006	0.454	5	0.554	1	0.545	2	0.485	3	0.469	4	0.440	6
2007	0.465	5	0.548	2	0.615	1	0.500	3	0.504	3	0.457	6
2008	0.486	5	0.565	2	0.681	1	0.520	4	0.543	3	0.472	6

注：2000 年郑州评价值为 0.4123，太原为 0.4117，因此该年郑州第 5，太原第 6；2005 年，武汉评价值为 0.5171，长沙为 0.5166，因此该年武汉第 1，长沙第 2。

二　评价结果分析

（一）中部六省会城市科技竞争力总体发展水平分析

图 5-5 直观地反映了 2000—2009 年中部六省会城市科技竞争力总

体发展情况。

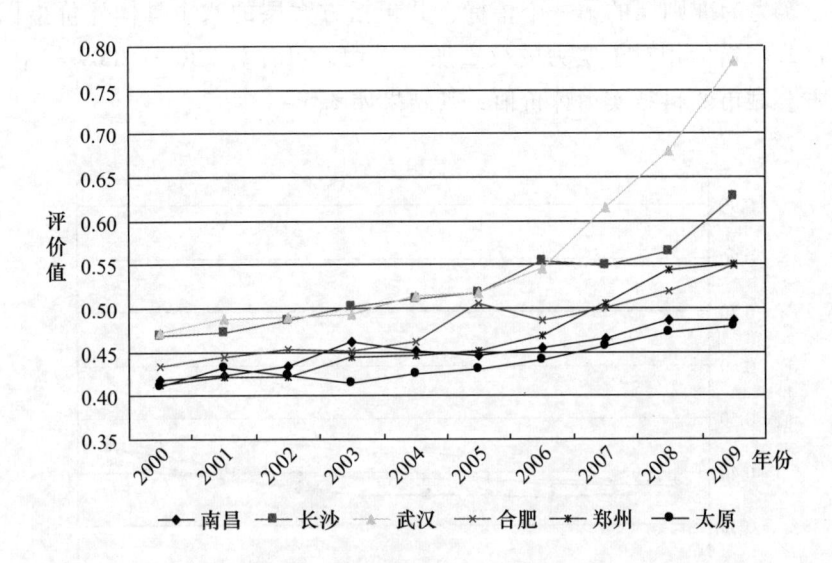

图 5-5 2000—2009 年中部六省会城市科技竞争力发展态势图

从图中可以看出，中部六省会城市的科技竞争力发展基本可以分为两个集团：武汉、长沙的科技竞争力发展一直处在领先地位，它们是第一集团；其余四个省会城市相对落后于武汉、长沙，它们为第二集团。然而，第二集团的四个省会城市科技竞争力也在逐渐分化，其中，郑州、合肥在逐渐和南昌、太原拉开距离，向武汉、长沙追赶，而南昌有逐渐被郑州、合肥甩开而沦为第三集团的趋势。另外，从动态发展情况来看，六个省会城市的科技竞争力都在提高，但是，它们提高的速度有较大的差距：武汉、长沙、郑州、合肥四个城市的科技竞争力提高速度相对南昌、太原要快很多，导致上述科技竞争力发展态势集团化现象的形成；在提高速度较快的四个城市中，武汉和郑州分别是第一集团和第二集团科技竞争力发展速度的领头羊。

（一）中部六省会城市区域科技竞争力构成分析

如前文所述，区域科技竞争力由区域科技实力、产出力、竞争效率、促进力及亲和力五个方面构成，下面将从这五个方面分别对中部六省会城市进行分析。

1. 中部六省会城市科技实力分析

实力为准则层的第一个指标，共包括方案层的八个具体评价指标。以这八个指标相对于实力的权重加权平均，可计算 2000—2009 年中部六省会城市的科技实力评价值，其结果如图 5-6 所示。

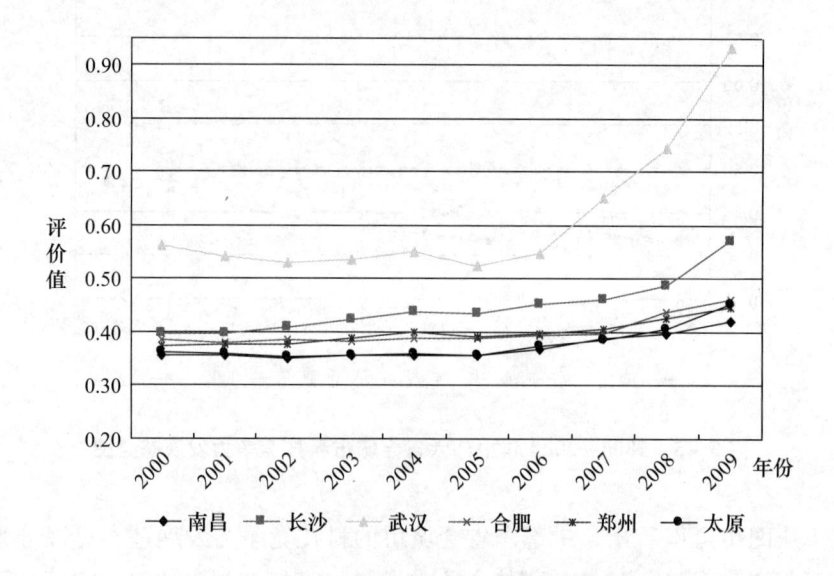

图 5-6　2000—2009 年中部六省会城市科技实力

图 5-6 显示，从科技实力横向比较来看，中部六省会城市中，武汉一直领先，并且这种领先优势呈现扩大趋势；长沙紧随其后；合肥、郑州、太原和南昌则相对落后，四省会城市之间相差不大。从科技实力的动态发展来看，中部六省会城市的科技投入力度基本都在不断提高，其中，武汉的科技投入力度的提高速度是最快的，其他五个省会城市提高速度变化呈现三个阶段：2000—2006 年是第一阶段，长沙拉开了和其他四个城市的距离；2006—2008 年是第二阶段，在长沙保持领先优势的情况下，五个省会城市均稳定提高；2009 年是第三阶段，长沙的投入力度再次提高，继续拉大与其他四个省会城市的差距。

下面以 2009 年为例对科技实力的评价指标进行分析。图 5-7 显示的是 2009 年中部六省会城市科技实力的评价指标的关联度。从图中可以看出，武汉在 I_{121}（省级工程技术中心、重点实验室、企业技术中心数）、I_{122}（国家级工程技术中心、重点实验室、企业技术中心数）、

$I123$（大中型工业企业科技机构数）、$I124$（普通高等院校数）和 $I131$（R&D 经费支出）五个指标上的投入都遥遥领先于其他城市，长沙在 $I111$（科技活动人员数）、$I112$（科学家和工程师占科技人员比重）上取得领先，太原则在 $I132$（R&D 经费支出占地区 GDP 比例）上获得领先。综上所述，在科技实力方面，武汉科技机构投入和 R&D 经费的绝对投入高，长沙投入的科技人员数量和质量高，太原则是 R&D 经费的相对投入高。从落后者的角度来看，合肥在 $I111$ 上最低，郑州在 $I112$、$I121$、$I132$ 上最低，南昌在 $I122$、$I131$ 上最低，太原在 $I123$、$I124$ 上最低。

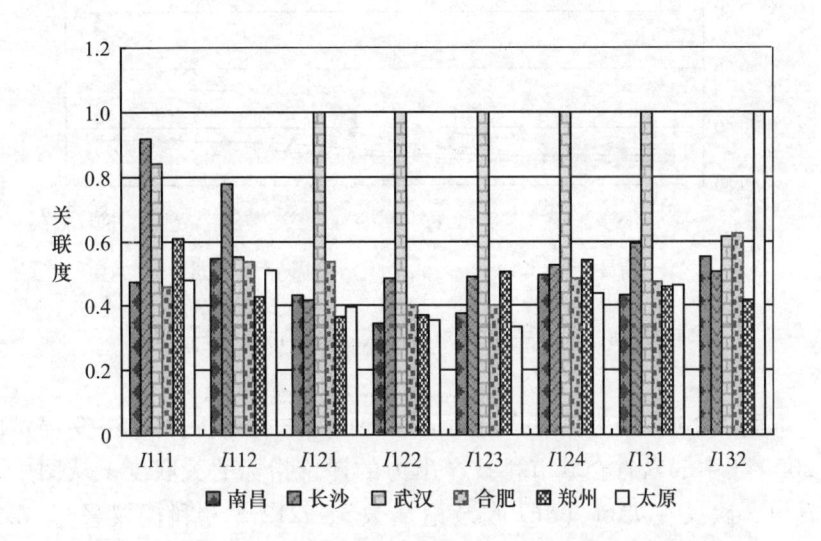

图 5-7　2009 年中部六省会城市科技实力的评价指标的关联度

2. 中部六省会城市科技产出力分析

产出力为准则层的第二个指标，共包括方案层的七个具体评价指标。以这七个指标相对于产出力的权重加权平均，可计算出 2000—2009 年中部六省会城市的科技产出力评价值，其结果如图 5-8 所示。

图 5-8 显示，从科技产出力横向比较来看，中部六省会城市中，武汉全程领先，并且这种领先优势呈现扩大趋势；其余五个省会城市相对落后，它们的发展呈现分化趋势：郑州、长沙、合肥后半程开始发力，取得明显提高，渐渐和南昌、太原拉开距离。从科技产出力的动态

发展来看，从2003年开始，中部六省会城市科技产出能力的提高速度开始出现分化，武汉迅速提高，郑州、长沙、合肥也有较快提高，南昌、太原则提高缓慢。

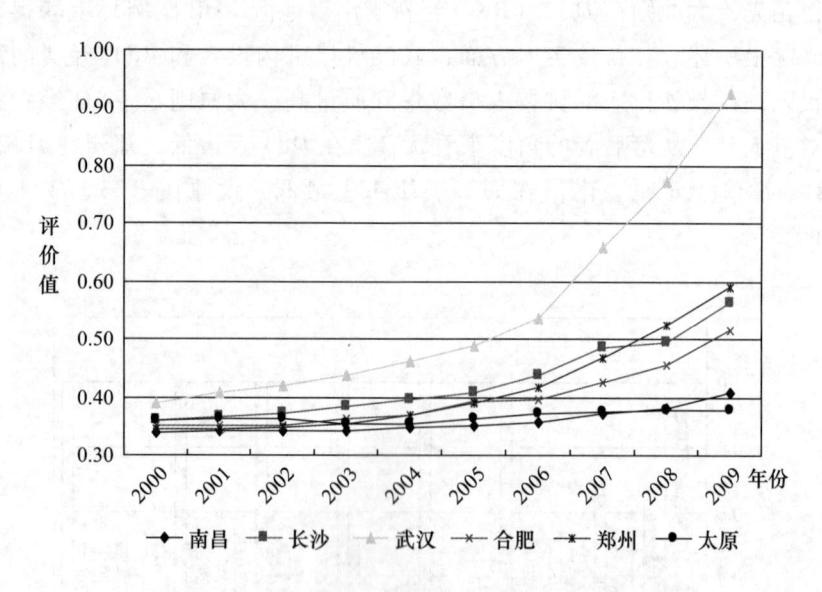

图5-8 2000—2009年中部六省会城市科技产出力

下面以2009年为例对产出力的评价指标进行分析。图5-9显示的是2009年中部六省会城市科技产出力的评价指标的关联度。从图中可以看出，武汉在$I211$（SCI收录论文数）、$I212$（专利授权量）、$I214$（省级以上科技成果奖）、$I221$（技术市场成交额）、$I222$（高新技术产业总产值）和$I223$（高等院校毕业生数）六个指标上的产出都领先于其他城市，在科技产出力方面的指标中几乎全面胜出，其中，在$I211$、$I212$、$I221$、$I222$这四个指标上占有绝对的优势；唯一在$I213$（授权专利中发明所占比率）指标上落后于长沙和南昌。除武汉以外，长沙和郑州在多个指标上紧随武汉。从落后者的角度来看，南昌在$I211$、$I212$上相对较低，太原在$I213$、$I221$、$I222$上相对较低，郑州在$I214$上相对较低，合肥在$I223$上相对较低。综合上述分析，可大致概括出中部六省会城市科技产出力的特点：武汉几乎全面占有优势，长沙、郑州也相对较强和全面，南昌研究与试验发展能力相对较弱，太原技术性成果研发、科技成果推广与转化能力相对较弱，郑州研究成果质量有待于提高，合肥则需加强教育与培训能力。

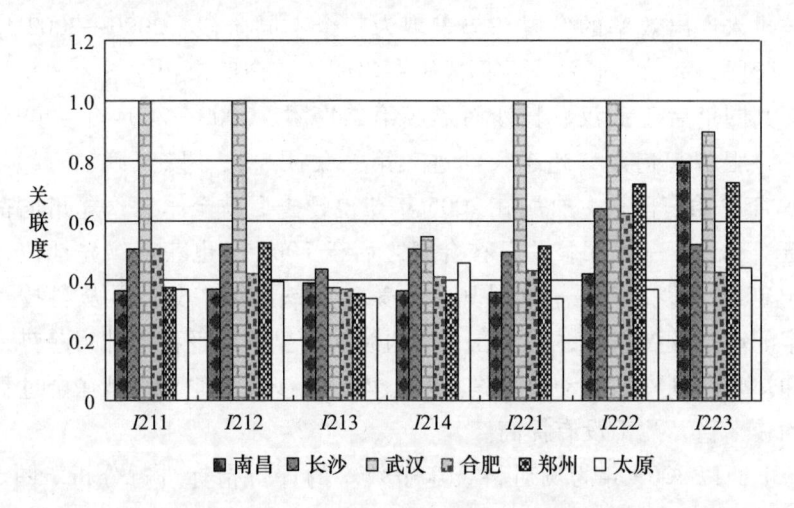

图 5-9　2009 年中部六省会城市科技产出力的评价指标的关联度

3. 中部六省会城市科技竞争效率分析

竞争效率为准则层的第三个指标，共包括方案层的六个具体评价指标。以这六个指标相对于科技竞争效率的权重加权平均，可计算出 2000—2009 年中部六省会城市的科技竞争效率评价值，其结果如图 5-10 所示。

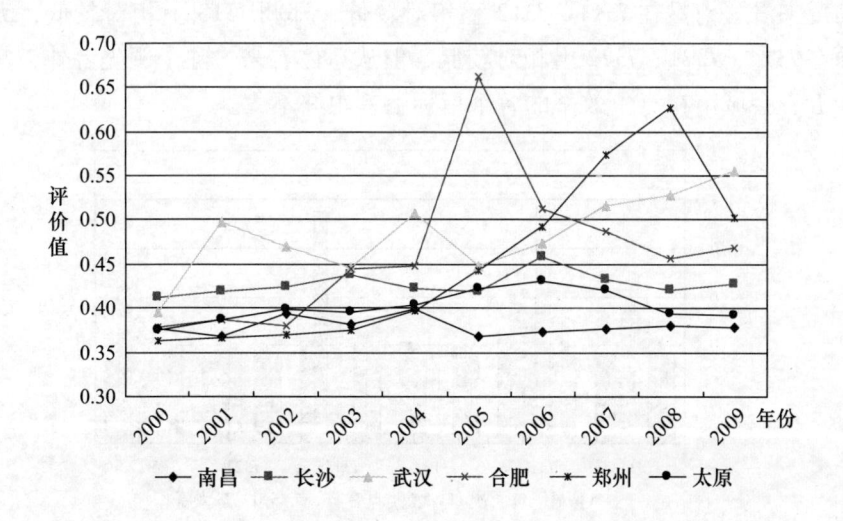

图 5-10　2000—2009 年中部六省会城市科技竞争效率

图 5-10 显示，从横向比较来看，2000—2009 年中部六省会城市科技投入产出效率的发展态势表现为三个不同阶段：2000—2002 年是第一阶段，武汉、长沙领跑形成第一集团，其余四市相差不大，互相追赶，共同落后于武汉、长沙而形成第二集团。2003—2004 年是第二阶段，合肥奋起追赶，超越长沙进入第一集团，长沙跌至第三。2005—2009 年是第三阶段，合肥在 2005 年获得领先后跌至第三；郑州也奋起追赶，进入第一集团，并且在合肥之后于 2006 年也获得领先地位，随后于 2009 年跌至第二；长沙则跌至第四，跌入第二集团。从科技竞争效率的动态发展来看，武汉在一定的波动中显示出平稳上升的趋势，合肥和郑州在剧烈的波动中也呈上升态势，长沙、太原和南昌在全过程发展均较平稳，几乎没有提高。

下面以 2009 年为例对科技竞争效率的评价指标进行分析。图 5-11 显示的是 2009 年中部六省会城市科技竞争效率的评价指标的关联度。从图中可以看出，武汉在 $I311$（万名科技活动人员平均 SCI 收录论文数）、$I312$（万名科技活动人员平均专利授权量）上领先于其他城市，郑州在 $I314$（高等院校专任教师平均负担学生数）、$I321$（技术市场成交额与 R&D 经费支出比）、$I322$（高新技术产业增加值与 R&D 经费支出比）这三个指标上领先于其他城市，太原在 $I313$（万名科技活动人员平均获省级以上科技成果奖）上以微弱优势领先。从落后者的角度来看，南昌在 $I311$、$I312$ 上相对较低，郑州 $I313$ 上相对较低，太原在 $I314$、$I321$、$I322$ 上相对较低，但从总体看来，除了领先者外，其他五省会城市在竞争效率的各个指标上差距并不大。

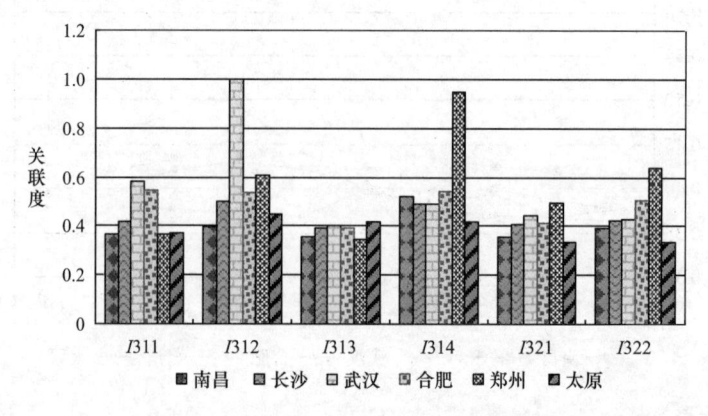

图 5-11 2009 年中部六省会城市科技竞争效率的评价指标的关联度

4. 中部六省会城市科技促进力分析

促进力为准则层的第四个指标，共包括方案层的八个具体评价指标。以这八个指标相对于科技促进力的权重加权平均，可计算出2000—2009年中部六省会城市的科技促进力评价值，其结果如图5-12所示。

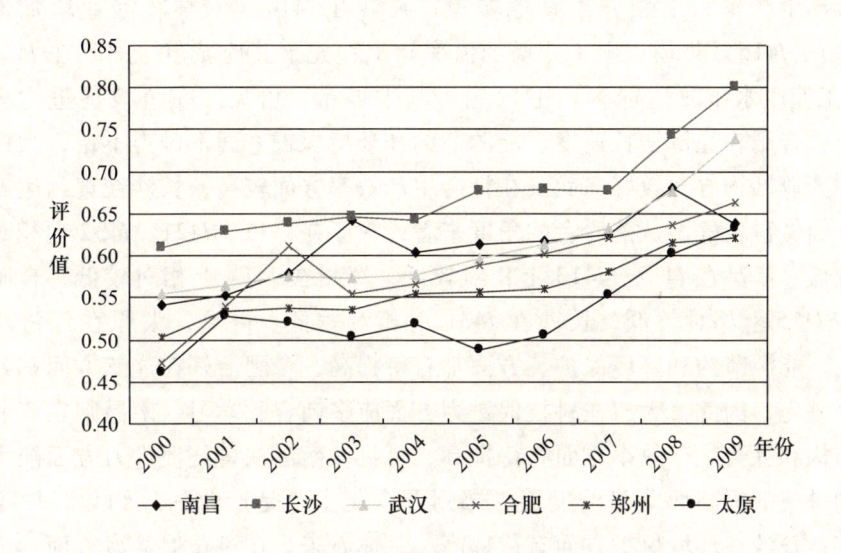

图 5-12　2000—2009 年中部六省会城市科技促进力

图 5-12 显示，从横向比较来看，2000—2009 年中部六省会城市科技促进力的发展基本分为两个集团：长沙"一枝独秀"，全程领跑，形成第一集团；其他五个省会城市互相追赶，但基本未拉开差距而共同落后于长沙，形成第二集团。然而，促进力发展的两个集团并不完全稳定。一是南昌及合肥的促进力发展表现虽然大起大落，但总体上升势头很猛，其中，南昌在 2003 年曾经拉开与第二集团其他省会城市的距离，非常逼近长沙；二是武汉在 2009 年与第二集团其他省会城市迅速拉开距离，有向长沙靠拢的趋势。从落后者的角度来看，太原几乎全程落后，唯独在 2009 年超过了郑州；另外，郑州在研究期间也基本都处于倒数第二的位置，只在 2000 年高于合肥处在倒数第三。从促进力的动态发展来看，武汉、长沙、郑州都在稳定中不断提高，南昌、合肥、太原则在相对较大的波动中经常有较大的提升。

下面以 2009 年为例对科技促进力的评价指标进行分析。图 5-13

显示的是 2009 年中部六省会城市科技促进力的评价指标的关联度。从图中可以看出，合肥在 $I411$（地区生产总值增长率）、$I421$（单位 GDP 能耗）、$I432$（工业固体废物综合利用率）上领先于其他城市，太原在 $I412$（第三产业所占比重）上领先于其他城市，武汉在 $I413$（全社会劳动生产率）上领先于其他城市，长沙在 $I414$（农林牧渔业增加值率）、$I415$（规模以上工业增加值率）上领先于其他城市，郑州在 $I431$（工业废水排放达标率）上领先于其他城市。可见，在科技促进力方面，合肥在经济增长速度、能源节约和环境保护方面都做得不错，太原在产业结构方面较好，武汉在社会生产效率方面较高，长沙在集约生产方面做得较好。从落后者的角度来看，太原在 $I411$、$I421$、$I432$ 上相对较低，南昌在 $I412$、$I413$ 上相对较低，郑州在 $I414$ 上相对较低，合肥在 $I415$ 上相对较低，长沙在 $I431$ 上相对较低。可见，太原在经济增长、能源节约和环境保护三方面都有待提高，合肥恰好在这三方面都处于领先，因此，太原在科技促进力方面应多向合肥学习；南昌则在产业结构和社会生产效率方面有待提高，可见，南昌在科技促进力方面缺少的是质的提高而非量的发展；郑州及合肥主要是产业的集约化程度不够；长沙在环境保护方面有待提高。总体看来，在科技促进力方面，中部六省会城市没有哪个城市在多个指标上均具有绝对的优势，也都存在自己相对的薄弱环节，这也间接反映了科技促进力竞争的激烈性，证明了科技促进力是区域科技竞争力的直接交锋领域。

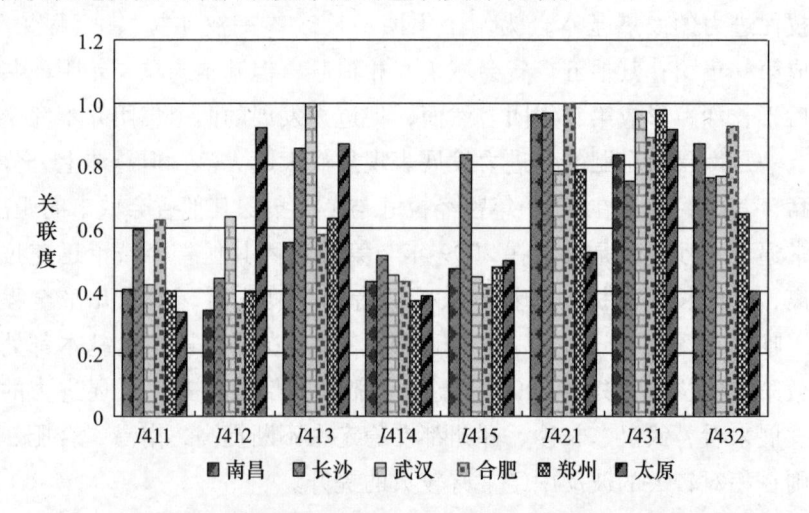

图 5-13 2009 年中部六省会城市科技促进力的评价指标的关联度

5. 中部六省会城市科技亲和力分析

亲和力为准则层的第五个指标，共包括方案层的三个具体评价指标。以这三个指标相对于科技亲和力的权重加权平均，可计算出 2000—2009 年中部六省会城市的科技亲和力评价值，其结果如图 5-14 所示。

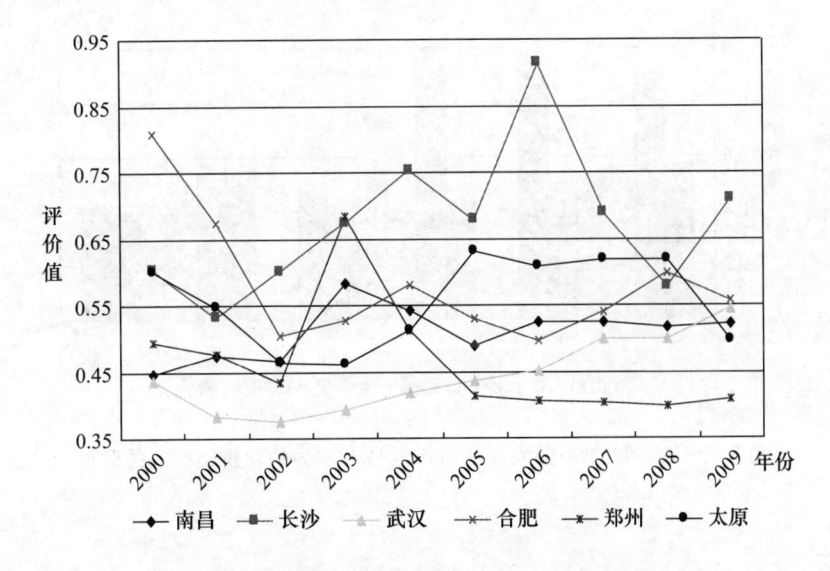

图 5-14　2000—2009 年中部六省会城市科技亲和力

图 5-14 显示，从横向比较来看，2000—2009 年中部六省会城市科技亲和力的发展基本表现为一种犬牙交错的态势，各有领先、相互超越；总体来看，长沙、合肥、太原的亲和力在较长时间表现较好，郑州、武汉则在较长时间落后，南昌则基本维持在中游。除武汉平稳上升以外，其他五个省会城市都表现为一种大起大落的状态，郑州甚至呈下降趋势，南昌则有一定的上升，而长沙、太原、合肥趋势不明朗。

下面以 2009 年为例对科技亲和力的评价指标进行分析。图 5-15 显示的是 2009 年中部六省会城市科技亲和力的评价指标的关联度。从图中可以看出，太原、长沙和武汉分别在 $I511$（万名人口平均科技活动人员数）、$I521$（财政支出中科学技术支出所占比重）和 $I531$（大中型工业企业科技机构设置率）上领先，说明太原、长沙和武汉分别在公众支持、财政支持和企业支持方面给予的力度最大。在这三个指标上落后的分别是郑州、武汉、郑州，郑州在公众支持力和企业支持力方面均最低，在财政支持力方面也是倒数第二，这不免造成了郑州的亲和力的落后；武汉的财政支持力虽然落后，但和郑州、南昌、太原都相差不大，因其财政基数较大，因此并不会对武汉的科技发展产生很大影响。

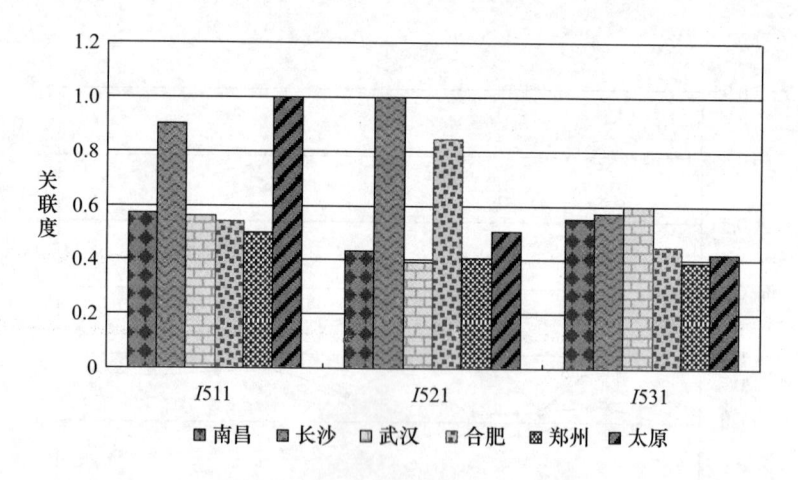

图 5-15　2009 年中部六省会城市科技亲和力的评价指标的关联度

第五节　本章小结

区域科技竞争力评价的根本目的就是通过综合评价、横向比较和纵向比较、构成分析等途径，了解区域科技竞争力的总体水平，发现区域差距和发展趋势，明确自身优势和问题，为区域科技管理相关部门制定和调整政策提供理论依据。根据区域科技竞争力的内涵，本章围绕区域科技竞争力的实力、竞争效率、产出力、促进力及亲和力五项构成要素选取评价指标，最终建立了一个由五个一级指标、十三个二级指标和三十二个三级指标构成的区域科技竞争力评价指标体系。并通过灰色关联分析和层次分析法的综合运用，建立了一个区域科技竞争力的综合评价模型。在评价指标体系和评价模型的基础上，本章对 2000—2009 年中部六省会城市区域科技竞争力进行了综合评价。综合评价结果表明，无论是综合水平还是发展速度，武汉、长沙都比其他四个省会城市要高，形成"两个集团"的发展态势；2009 年中部六省会城市区域科技竞争力评价值从高到低排序依次是：武汉、长沙、郑州、合肥、南昌、太原。随后，本章进一步从区域科技竞争力的构成对中部六省会城市进行了分析，发现了六个省会城市区域科技竞争力发展各自局部的优劣势所在。

第六章 区域科技竞争力未来发展系统动力学仿真评价

通过区域科技竞争力的综合评价，可了解区域科技竞争力发展的历史水平和现状，在区域科技与经济社会发展战略与政策制定过程中做到扬长避短；通过对区域科技竞争力的未来发展进行预测，有利于识别区域科技竞争力的未来发展水平和趋势，在区域科技与经济社会发展战略与政策制定过程中做到趋利避害，对于区域科技竞争力的发展具有重要的意义。本章运用系统动力学流率基本入树建模方法，构建中部六省会城市科技竞争力仿真模型，对中部六省会城市区域科技竞争力的未来发展进行仿真评价，旨在为中部六省会城市制定有效的科技竞争力发展政策提供依据，亦是对区域科技竞争力预测方法的一种探索。

第一节 区域科技竞争力未来发展系统动力学仿真评价任务及建立仿真模型的主要步骤

一 区域科技竞争力未来发展系统动力学仿真评价任务

（1）设中部六省会城市科技竞争力分别按现行态势综合持续发展，分别建立仿真模型，仿真未来发展变化。

基于2000—2009年中部六省会城市科技竞争力各评价指标的数据，进行了历史现状科技竞争力发展综合评价，揭示了各省会城市的定量结构关系，由此建立持续发展的回归方程。设六省会城市科技竞争力在各原结构基础上持续发展，分别建立仿真方程，仿真各省会城市科技竞争力发展变化。

（2）设中部六省会城市科技竞争力分别按其"十二五"科技发展

规划发展，建立对应的仿真模型调控方程，仿真其发展变化。

在本书的研究过程中，结合"中部六省会城市科技进步比较研究"课题研究，至六省会城市进行调查，在调查发展现状数据的同时，进行了"十二五"科技发展规划调查研究，基于"十二五"科技发展规划调查信息，建立对应的仿真模型的调控方程，仿真其至2020年的发展变化。

（3）基于中部六省会城市各未来发展的仿真结果，进行六省会城市科技竞争力未来发展评价。

基于科技竞争力各指标未来发展的仿真结果，比较中部六省会城市科技竞争力的未来发展，并进行六省会城市科技竞争力未来发展评价。

六 建立区域科技竞争力未来发展系统动力学仿真模型的主要步骤

区域科技竞争力未来发展系统动力学仿真模型的建立分四个主要步骤：一是根据区域科技竞争力构成建立流位流率系；二是基于区域科技竞争力构成之间关系建立流位流率对二部分有向图；三是基于区域科技竞争力评价指标体系和历史数据与"十二五"科技发展规划建立流率基本入树；四是联合流率基本入树建立网络流图。

（一）建立流位流率系

根据区域科技竞争力构成确定流位和相应流率，建立流位流率系。根据前文提出的区域科技竞争力概念的"钻石模型"，区域科技竞争力是区域科技实力、产出力、竞争效率、促进力和亲和力五项要素构成的统一体，根据上述区域科技竞争力五项构成，本模型建立如下五个流位和相应的五个流率。

1. 流位

五个流位分别为：

（1）实力 $L1(t)$；

（2）产出力 $L2(t)$；

（3）竞争效率 $L3(t)$；

（4）促进力 $L4(t)$；

（5）亲和力 $L5(t)$。

2. 流率

由各流位的含义及对建模有关问题的考虑，确定了对应的五个

流率:

(1) 实力变化量 R1(t)。

是对应于实力 L1(t) 流位的流率,反映实力的变化量。

(2) 产出力变化量 R2(t)。

是对应于产出力 L2(t) 流位的流率,反映产出力的变化量。

(3) 竞争效率变化量 R3(t)。

是对应于竞争效率 L3(t) 流位的流率,反映竞争效率的变化量。

(4) 促进力变化量 R4(t)。

是对应于促进力 L4(t) 流位的流率,反映促进力的变化量。

(5) 亲和力变化量 R5(t)。

是对应于亲和力 L5(t) 流位的流率,反映亲和力的变化量。

需要特别指出的是,按区域科技竞争力构成确定五个流位和相应的五个流率,而不是从将区域科技竞争力作为流位变量出发确定流率和建立模型,即可降低流率基本入树建立的复杂程度,并符合区域科技竞争力的系统性。

(二) 建立流位流率对二部分有向图

基于前文中区域科技竞争力概念的"钻石模型"对五项构成要素之间关系的分析,并结合模型的需要[122],分别对上述五个流位支配流率的关系进行进一步分析,从而建立了流位流率对二部分有向图,如图 6-1 所示。

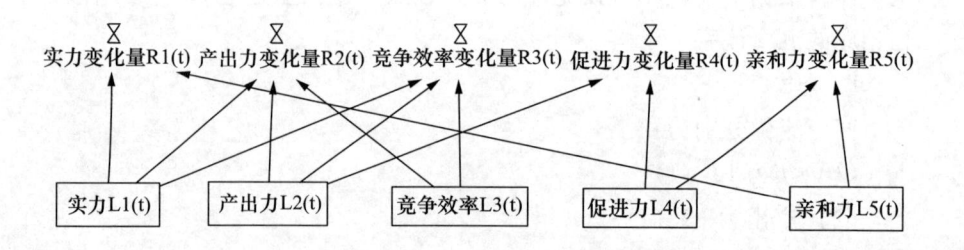

图 6-1 区域科技竞争力流位流率对二部分有向图

图 6-1 是区域科技竞争力流位流率对二部分有向图 $G_1(t)$,由流率变量顶点子集 $V_{11}(t)$、流位变量顶点子集 $V_{12}(t)$ 和有向关系弧组成,

其中，流率变量顶点子集 $V_{11}(t)$ 依次画在图上部分，流位变量顶点子集 $V_{12}(t)$ 依次画在图下半部分，有向关系弧 $X(t)$ 由流位变量指向流率变量，表示流位对流率的控制关系。

（1）实力 L1（t）控制着实力变化量 R1（t）、产出力变化量 R2（t）和竞争效率变化量 R3（t）。

（2）产出力 L2（t）控制着产出力变化量 R2（t）、竞争效率变化量 R3（t）和促进力变化量 R4（t）。

（3）竞争效率 L3（t）控制着产出力变化量 R2（t）、竞争效率变化量 R3（t）。

（4）促进力 L4（t）控制着促进力变化量 R4（t）和亲和力变化量 R5（t）。

（5）亲和力 L5（t）控制着亲和力变化量 R5（t）和实力变化量 R1（t）。

至此，完成了为建立流率基本入树准备的流位流率对二部分有向图。

（三）建立流率基本入树

为了使区域科技竞争力的系统动力学仿真模型既能够仿真区域科技竞争力的总体发展情况，又能体现区域科技竞争力的评价指标发展情况及构成关系，本章基于前文建立的区域科技竞争力评价指标体系（见表5-1）与"十二五"科技发展规划，建立流率基本入树。基于区域科技竞争力评价指标体系，建立区域科技竞争力系统动力学仿真模型，有利于全面反映区域科技竞争力及其构成的发展演变和预测。其总体思想是：

首先，分别以实力变化量 R1（t）、产出力变化量 R2（t）、竞争效率变化量 R3（t）、促进力变化量 R4（t）、亲和力变化量 R5（t）为树根开始建立五棵树 $T_1(t)$、$T_2(t)$、$T_3(t)$、$T_4(t)$ 和 $T_5(t)$。

其次，引入瞬间实力 A1、瞬间产出力 A2、瞬间竞争效率 A3、瞬间促进力 A4 和瞬间亲和力 A5 五个辅助变量，并且有：

瞬间实力 A1 = 实力 L1（t）+ 实力变化量 R1（t）　　　（6.1）

瞬间产出力 A2 = 产出力 L2（t）+ 产出力变化量 R2（t）　　（6.2）

瞬间竞争效率 A3 = 竞争效率 L3（t）+ 竞争效率变化量 R3（t）

（6.3）

瞬间促进力 A4 = 促进力 L4（t）+ 促进力变化量 R4（t）　　（6.4）
瞬间亲和力 A5 = 亲和力 L5（t）+ 亲和力变化量 R5（t）　　（6.5）

从而有：

实力变化量 R1（t）= 瞬间实力 A1 – 实力 L1（t）　　（6.6）
产出力变化量 R2（t）= 瞬间产出力 A2 – 产出力 L2（t）　　（6.7）
竞争效率变化量 R3（t）= 瞬间竞争效率 A3 – 竞争效率 L3（t）

（6.8）

促进力变化量 R4（t）= 瞬间促进力 A4 – 促进力 L4（t）　　（6.9）
亲和力变化量 R5（t）= 瞬间亲和力 – A5 亲和力 L5（t）　　（6.10）

因此，树 T_1（t）由实力变化量 R1（t）分出瞬间实力 A1 和实力 L1（t）两根树枝；树 T_2（t）由产出力变化量 R2（t）分出瞬间产出力 A2 和产出力 L2（t）两根树枝；树 T_3（t）由竞争效率变化量 R3（t）分出瞬间竞争效率 A3 和竞争效率 L3（t）两根树枝；树 T_4（t）由促进力变化量 R4（t）分出瞬间促进力 A4 和促进力 L4（t）两根树枝；树 T5（t）由亲和力变化量 R5（t）分出瞬间亲和力和 A5 亲和力 L_5（t）两根树枝。

再次，按区域科技竞争力评价指标体系中实力、产出力、竞争效率、促进力和亲和力下的指标及其构成关系，分别从瞬间实力 A1、瞬间产出力 A2、瞬间竞争效率 A3、瞬间促进力 A4 和瞬间亲和力 A5 五个辅助变量开始延伸树枝，一直到具体评价指标（三级指标），并根据前文层次分析法得到的各层指标对上层指标的相对权重和灰色关联分析过程确定指标间的计算关系。

最后，结合前面章节对 2000—2009 年中部六省会城市科技竞争力评价的结果及指标的原始数据与科技发展相应规划，分别为树 T_1（t）、T_2（t）、T_3（t）、T_4（t）和 T_5（t）中最尾梢的每一个具体评价指标找到它受流位、同级评价指标或其他变量控制的关系。这一过程需要注意以下三个关键点：

（1）在模型的构建过程中，发现"人口数"和"GDP"（Gross Domestic Product，地区生产总值）对模型中较多变量都具有重要的影响作用，因此，引入"人口数"和"GDP"作为外生变量，在模型中直接受时间变量（Time）控制。

（2）这一层级确定变量关系的方法主要有表函数、斜坡函数

(RAMP 函数)、选择函数(IF THEN ELSELSE 函数)和基于 SPSS 分析的多元线性回归、一元线性回归、曲线回归(二次函数、三次函数、幂函数、对数函数、生长函数等)多种方法,通过比较多种方法的分析结果,选择最符合历史数据的形式。

(3)实力 L1(t)、产出力 L2(t)、竞争效率 L3(t)、亲和力 L5(t)、促进力 L4(t)和"人口数""GDP"(地区生产总值)两个外生变量对具体评价指标(区域科技竞争力评价指标体系的 32 个底层指标)的支配关系需要构成一种错位控制,这种错位支配的思想就是前一年的实力 L1(t)、产出力 L2(t)、竞争效率 L3(t)、促进力 L4(t)、亲和力 L5(t)和"人口数""GDP"的值控制后一年的具体评价指标值,因而在相关的回归函数与表函数构建过程中,需要注意指标数据值之间的错位,但具体评价指标之间不需要错位。

由于在这一层中,中部六省会城市的变量之间的关系并不相同,因此,需要分别对中部六省会城市构建区域科技竞争力流率基本入树并确定变量方程。

(四)形成网络流图

在分别构建完成实力变化量 R1(t)、产出力变化量 R2(t)、竞争效率变化量 R3(t)、促进力变化量 R4(t)、亲和力变化量 R5(t)五棵流率基本入树的基础上,引入辅助变量"科技竞争力 KJJZL",并分别从五棵流率基本入树树根处的流位变量引出箭头指向该辅助变量,从而将五棵流率基本入树联合起来,形成区域科技竞争力未来发展评价网络流图。

对于变量"科技竞争力 KJJZL"和五个流位变量的关系,根据前面章节中对区域科技竞争力评价指标体系的层次分析结果,实力、产出力、竞争效率、促进力和亲和力对科技竞争力的权重分别为 0.1538、0.3077、0.1538、0.3077 和 0.0769,因此"科技竞争力 KJJZL"与"实力 L1(t)""产出力 L2(t)""竞争效率 L3(t)""促进力 L4(t)""亲和力 L5(t)"的关系如式(6.11)所示。

科技竞争力 $KJJZL = 0.1538 \times 实力 L1(t) + 0.3077 \times 产出力 L2(t) + 0.1538 \times 竞争效率 L3(t) + 0.3077 \times 促进力 L4(t) + 0.0769 \times 亲和力 L5(t)$

(6.11)

第二节 中部六省会城市科技竞争力未来发展系统动力学仿真模型

根据上述区域科技竞争力未来发展系统动力学仿真模型构建思路，使用 Vensim PLE（5.1 版）软件，建立中部六省会城市科技竞争力未来发展系统动力学仿真模型，并进行仿真评价。

一 南昌市模型

以南昌市为例，说明在 Vensim PLE（5.1 版）软件中建立区域科技竞争力未来发展系统动力学仿真模型的过程。

（一）模型的控制语句

设定模型的控制语句。由于模型的建立需要基于 2000—2009 年的历史数据，并对 2010—2020 年发展进行仿真，因此首先设立模型的控制语句（见图 6-2）如下：仿真初始时间（INITIAL TIME）为 2000，仿真结束时间（FINAL TIME）为 2020①，步长（TIME STEP）为 1，时间单位（Units for Time）为年（Year）。

（二）流率基本入树和变量数学方程

分别建立五棵流率基本入树及其相应的变量数学方程。根据上述区域科技竞争力未来发展系统动力学仿真模型构建思路，分别建立南昌市区域科技竞争力发展系统动力学仿真模型的五棵流率基本入树及其变量数学方程。

1. 建立实力变化量 R1（t）流率基本入树 T_1（t）

南昌市实力变化量 R1（t）流率基本入树 T_1（t）如图 6-3 所示。

从树根到树尾，从左到右，各变量的数学方程分别如下：

(1) "实力变化量 R1（t）" = 瞬间实力 A1 - "实力 L1（t）"

(6.12)

单位：无量纲。

(2) "实力 L1（t）" = INTEG（"实力变化量 R1（t）", 0.3553）

(6.13)

单位：无量纲。

---

① 考虑模型的预测能力和胡锦涛同志提出中国在 2020 年建成创新型国家的目标，将中部六省会城市科技竞争力系统动力学模型仿真结束时间都定为 2020 年。

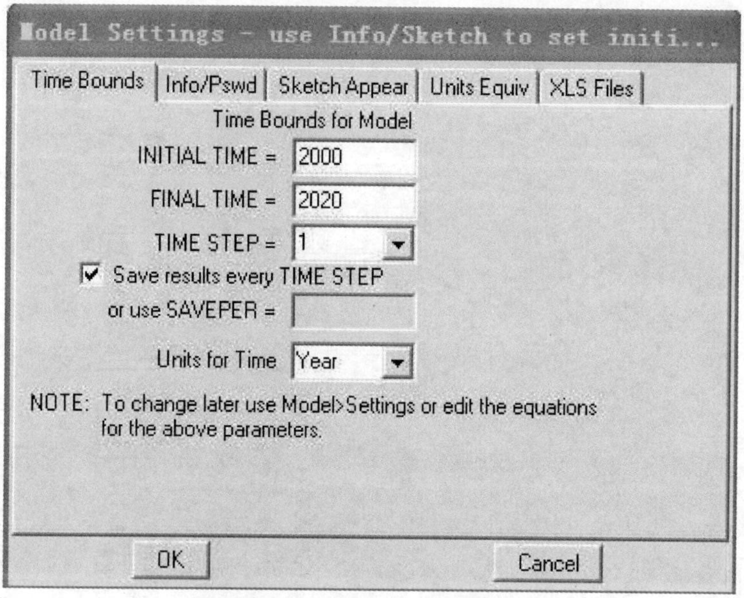

图 6-2 模型的控制语句

INTEG（R，N）函数表示积分，用来刻画流位变量"实力 L1（t）"的累积效应；其中，R 表示流率，此处是"实力变化量 R1（t）"；N 是流位变量的初始值，2000 年南昌实力评价值为 0.3553，设为"实力 L1（t）"初始值。

（3）瞬间实力 A1 = 0.163 × 人力 A11 + 0.540 × 机构力 A12 + 0.297 × 财力 A13 　　　　　　　　　　　　　　　　　　　　　　　　　　　　　　(6.14)

单位：无量纲。

根据前面章节层次分析法分析结果，"人力""机构力"和"财力"对"实力"的权重分别为 0.163、0.540 和 0.297，"瞬间实力 A1"根据"人力""机构力"和"财力"对"实力"的权重加权计算得到。

（4）人力 A11 = IF THEN ELSE（科技活动人员数 A111 < 81194），(0.5/(ABS((科技活动人员数 A111 - 15862)/(81194 - 15862) - 1) + 0.5))，((科技活动人员数 A111 - 15862)/(81194 - 15862))) × 0.75 + IF THEN ELSE((科学家和工程师占科技人员比重 A112 < 0.798)，(0.5/(ABS((科学家和工程师占科技人员比重 A112 - 0.433)/(0.798 - 0.433) - 1) + 0.5))，((科学家和工程师占科技人员比重 A112 - 0.433)/(0.798 - 0.433))) × 0.25 　　　　　　　　　(6.15)

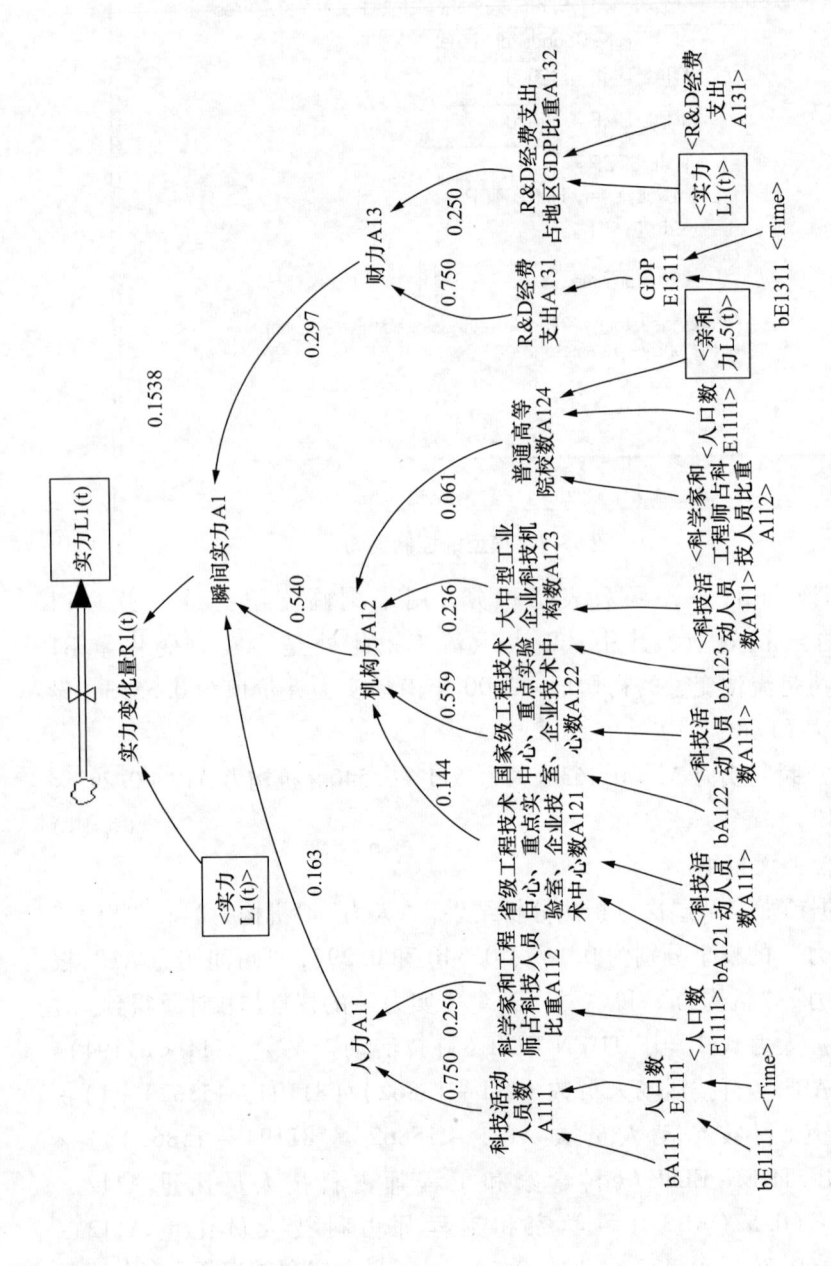

图 6-3 南昌市实力变化量 $R_1(t)$ 流率基本入树 $T_1(t)$

注：箭头旁边标注的数值是下层变量对上层变量的权重；0.1538 为实力 L1(t) 对区域科技竞争力的权重。

单位：无量纲。

根据前面章节区域科技竞争力的评价过程，由具体评价指标计算区域科技竞争力需要规格化、转化成灰色关联系数并层层加权，式（6.15）同时包含这三个过程：

（科技活动人员数 A111 - 15862）/（81194 - 15862） (6.16)

（科学家和工程师占科技人员比重 A112 - 0.433）/（0.798 - 0.433） (6.17)

式（6.16）和式（6.17）都是根据式（5.7）进行规格化的过程，15862 和 81194 分别为 2000—2009 年中部六省会城市"科技活动人员数"指标的最小值和最大值；0.433 和 0.798 则是 2000—2009 年中部六省会城市"科学家和工程师占科技人员比重"指标的最小值和最大值。

0.5/(ABS((科技活动人员数 A111 - 15862)/(81194 - 15862) - 1) + 0.5) (6.18)

0.5/(ABS((科学家和工程师占科技人员比重 A112 - 0.433)/(0.798 - 0.433) - 1) + 0.5) (6.19)

式（6.18）和式（6.19）则是根据式（5.1）计算灰色关联系数的过程，"ABS（x）"为取绝对值函数。特别需要指出的是，本文在计算灰色关联系数过程中，比较序列 X_i 与参考序列 X_0 的各属性绝对差值的最小值都为 0，最大值都为 1，分辨系数 ρ 则为 0.5，因而有此公式。

"IF THEN ELSE ((cond)，(on ture)，(on false))"为选择函数，"(cond)"表示假设条件，例如"(科技活动人员数 A111 < 81194"和"科学家和工程师占科技人员比重 A112 < 0.798"；"(on ture)"表示假设条件为真的结果，例如"0.5/(ABS((科技活动人员数 A111 - 15862)/(81194 - 15862) - 1) + 0.5)"和"0.5/(ABS((科学家和工程师占科技人员比重 A112 - 0.433)/(0.798 - 0.433) - 1) + 0.5)"；"(on false)"表示假设条件为假的结果，例如"(科技活动人员数 A111 - 15862)/(81194 - 15862)"和"(科学家和工程师占科技人员比重 A112 - 0.433)/(0.798 - 0.433)"。之所以要在这里引进选择函数，是因为前面章节进行区域科技竞争力评价时是以 2000—2009 年中部六省会城市各指标的最佳值为参考序列计算灰色关联系数的，然而在进行仿真时，南昌或其他五个省会城市在 2009 年以后的发展很可能会超越这些最佳值，而当

某年有一指标值超越原最佳值时，如仍按式（6.18）或式（6.19）计算，会造成关联系数低估，因此出现此种情况时，就直接使用式（6.16）或式（6.17）计算其规格化值作为加权计算人力的无量纲化指标值。

式（6.15）中，0.75和0.25分别为"科技活动人员数A111"和"科学家和工程师占科技人员比重A112"对"人力A11"的权重。

（5）科技活动人员数 A111 = IF THEN ELSE（人口数 E1111 < 497.3），（bA111（人口数 E1111）），（45233 × (1 + RAMP((0.1515)，(2009)，(2020))))) (6.20)

单位：人。

式（6.20）同样使用了选择函数"IF THEN ELSE（(cond)，(on ture)，(on false))"确定"人口数 E1111"对"科技活动人员数 A111"的控制关系，包括两个过程：

第一，基于2000—2009年南昌市数据分别用相关变量对"科技活动人员数"进行回归分析，发现难以用线性或曲线回归方程来准确拟合，因此用于"人口数 E1111"为自变量的表函数 bA111 确定"科技活动人员数 A111"。

第二，为模拟2009年以后南昌市"科技活动人员数"的变化情况，根据2005—2009年南昌市"科技活动人员数"平均增长率15.15%，使用斜坡函数 RAMP（P，B，R）来确定科技活动人员数。"P"为斜坡斜率，此处按平均增长率定为0.1515；"B"为斜坡起始时间，此处为2009年；"R"为斜坡终止时间，根据模型需要确定终止时间，此处为2020年。

（6）表函数 bA111：

科技活动人员数 A111 = f_1（人口数 E1111） (6.21)

表6-1　　　　　　　　表函数 bA111

E1111	432.55	440.16	448.85	450.77	460.79	475.17	483.96	491.31	494.73
A111	39546	25732	27555	26688	25724	30386	37892	41400	45233

（7）人口数 E1111 = IF THEN ELSE（(Time < 2010)，(bA1111

(Time)),(497.3×(1+RAMP((0.01562),(2009),(2020)))))

(6.22)

单位：万人。

2000—2009 年南昌市人口数由自变量为 Time（时间）的表函数 bE1111 确定。2009 年南昌市人口数为 497.3 万人，2000—2009 年南昌市人口数平均增长率为 1.562%，因此对 2009 年至 2020 年南昌市人口数发展变化，使用起点为 497.3，斜率为 0.01562 的斜坡函数进行模拟。

（8）表函数 bE1111：

人口数 E1111 = f_2（Time） (6.23)

表6-2　　　　　　表函数 bE1111

Time	2000 年	2001 年	2002 年	2003 年	2004 年	2005 年	2006 年	2007 年	2008 年	2009 年
E1111	432.55	440.16	448.85	450.77	460.79	475.17	483.96	491.31	494.73	497.30

（9）科学家和工程师占科技人员比重 A112 = IF THEN ELSE((-0.61617 + 0.002539 × 人口数 E1111 < 0.8)，(-0.61617 + 0.002539 × 人口数 E1111)，(0.8))

(6.24)

单位：%。

"科学家和工程师占科技人员比重 A112"的确定总体上亦分两步：

第一，基于 2000—2009 年南昌市数据分别用相关变量对"科学家和工程师占科技人员比重"进行回归分析，发现用自变量为"人口数 E1111"的回归函数方程式（6.25）可以较好拟合其变化；

科学家和工程师占科技人员比重 A112 = -0.6162 + 0.00254 × 人口数 E1111

(6.25)

第二，在采用第一步后，仿真会产生"科学家和工程师占科技人员比重 A112 > 1"的情况，这显然不符合常理，根据实际情况分析，应将该指标数据的上限定为 80%，因此使用选择函数 IF THEN ELSE((cond)，(on ture)，(on false))。

（10）机构力 A12 = IF THEN ELSE(省级工程技术中心、重点实验室、企业技术中心数 A121 < 223)，(0.5/(ABS(省级工程技术中心、重点实验室、企业技术中心数 A121 - 43)/(223 - 43) - 1) +

0.5)),((省级工程技术中心、重点实验室、企业技术中心 A121 − 43)/(223 − 43)))×0.144 + IF THEN ELSE(国家级工程技术中心、重点实验室、企业技术中心数 A122 < 54),(0.5/(ABS((国家级工程技术中心、重点实验室、企业技术中心数 A122 − 3)/(54 − 3) − 1) + 0.5)),((国家级工程技术中心、重点实验室、企业技术中心数 A122 − 3)/(54 − 3)))×0.559 + IF THEN ELSE((大中型工业企业科技机构数 A123 < 166),(0.5/(ABS((大中型工业企业科技机构数 A123 − 36)/(166 − 36) − 1) + 0.5)),((大中型工业企业科技机构数 A123 − 36)/(166 − 36)))×0.236 + IF THEN ELSE((普通高等院校数 A124 < 78),(0.5/(ABS((普通高等院校数 A124 − 12)/(78 − 12) − 1) + 0.5)),((普通高等院校数 A124 − 12)/(78 − 12)))×0.061
(6.26)

单位：无量纲。

"机构力 A12"数学方程与前文"人力 A11"的数学方程构成原理相同。

(11) 省级工程技术中心、重点实验室、企业技术中心数 A121 = IF THEN ELSE((科技活动人员数 A111 < 45233),(bA121(科技活动人员数 A111)),(104 × (1 + RAMP((0.1475),(2009),(2020)))))
(6.27)

单位：个。

2000—2008 年南昌市"省级工程技术中心、重点实验室、企业技术中心数 A121"，由自变量为"科技活动人员数 A111"的表函数 bA121 确定。2009 年南昌市"省级工程技术中心、重点实验室、企业技术中心数 A121"值为 104，2005—2009 年南昌市"省级工程技术中心、重点实验室、企业技术中心数 A121"平均增长率为 14.75%，因此对 2009—2020 年南昌市"省级工程技术中心、重点实验室、企业技术中心数 A121"发展变化，使用起点为 104，斜率为 0.1475 的斜坡函数进行模拟。

(12) 表函数 bA121：

省级工程技术中心、重点实验室、企业技术中心数 A121 = f_3（科技活动人员数 A111）
(6.28)

表 6-3　　　　　　　　　　表函数 bA121

A111	25724	25732	26688	27555	30386	37184	37892	39546	41400	45233
A121	60	79	86	82	80	77	88	77	96	104

（13）国家级工程技术中心、重点实验室、企业技术中心数 A122 = IF THEN ELSE（（科技活动人员数 A111 < 45233），（bA122（科技活动人员数 A111）），（6 × (1 + RAMP((0.1067),(2009),(2020)))))

(6.29)

单位：个。

2000—2008 年南昌市"国家级工程技术中心、重点实验室、企业技术中心数 A122"由自变量为"科技活动人员数 A111"的表函数 bA122 确定。2009 年南昌市"国家级工程技术中心、重点实验室、企业技术中心数 A121"值为 6，2005—2009 年南昌市"国家级工程技术中心、重点实验室、企业技术中心数 A121"平均增长率为 10.67%，因此对 2009—2020 年南昌市"国家级工程技术中心、重点实验室、企业技术中心数 A121"发展变化，使用起点为 6，斜率为 0.1067 的斜坡函数进行模拟。

（14）表函数 bA122：

国家级工程技术中心、重点实验室、企业技术中心数 $A122 = f_4$
（科技活动人员数 A111） (6.30)

表 6-4　　　　　　　　　　表函数 bA122

A111	25724	25732	26688	27555	30386	37184	37892	39546	41400	45233
A122	4	5	5	5	3	5	6	4	6	6

（15）大中型工业企业科技机构数 A123 = IF THEN ELSE（（科技活动人员数 A111 < 45233），（bA123（科技活动人员数 A111）），（59 × (1 + RAMP ((0.101),(2009),(2020)))))

(6.31)

单位：个。

2000—2008 年南昌市"大中型工业企业科技机构数 A123"由自变量为"科技活动人员数 A111"的表函数 bA123 确定。2009 年南昌市

"大中型工业企业科技机构数 A123"值为59,2005—2009年南昌市"大中型工业企业科技机构数 A123"平均增长率为10.10%,因此对2009—2020年南昌市"大中型工业企业科技机构数 A123"发展变化,使用起点为59,斜率为0.101的斜坡函数进行模拟。

(16) 表函数 bA123:

大中型工业企业科技机构数 $A123 = f_5$(科技活动人员数 A111)

(6.32)

表6-5　　　　　　　　表函数 bA123

A111	25724	25732	26688	27555	30386	37184	37892	39546	41400	45233
A123	40	51	44	46	46	46	46	47	52	59

(17) 普通高等院校数 A124 = -385.95 - 306.325 × 科学家和工程师占科技人员比重 A112 + 1.16911 × 人口数 E1111 + 101.707 × "亲和力 L5(t)"

(6.33)

单位:所。

基于2000—2009年南昌市数据分别用相关变量对"普通高等院校数 A124"进行回归分析,确定了式(6.33)。

(18) 财力 A13 = IF THEN ELSE((R&D 经费支出 A131 < 105),(0.5/(ABS((R&D 经费支出 A131 - 3.46)/(105 - 3.46) - 1) + 0.5)),((R&D 经费支出 A131 - 3.46)/(105 - 3.46))) × 0.75 + IF THEN ELSE((R&D 经费支出占地区 GDP 比重 A132 < 0.0301),(0.5/(ABS((R&D 经费支出占地区 GDP 比重 A132 - 0.0066)/(0.0301 - 0.0066) - 1) + 0.5)),((R&D 经费支出占地区 GDP 比重 A132 - 0.0066)/(0.0301 - 0.0066))) × 0.25

(6.34)

单位:无量纲。

"财力 A13"数学方程与前文"人力 A11"的数学方程构建原理相同。

(19) R&D 经费支出 A131 = -11.118 + 0.027541 × GDP E1311

(6.35)

单位:亿元。

基于2000—2009年南昌市数据分别用相关变量对"R&D经费支出A131"进行回归分析，发现用自变量为国内生产总值"GDP E1311"的线性函数式（6.35）拟合效果较好。

（20）GDP E1311 = IF THEN ELSE（（Time < 2010），（bE1311（Time）），（1837.5 × (1 + RAMP((0.1649)，(2009)，(2020)))））

(6.36)

单位：亿元。

2000—2009年地区生产总值"GDP E1311"由自变量为Time（时间）的表函数bE1311确定。2009年南昌市地区生产总值（GDP）为1837.5亿元，2000—2009年南昌市GDP平均增长率为16.49%，因此对2009—2020年南昌市地区生产总值（GDP）的发展变化，使用起点为1837.5，斜率为0.1649的斜坡函数进行模拟。

（21）表函数bE1311：

$$GDP\ E1311 = f_6(Time) \qquad (6.37)$$

表6-6　　　　　　　　表函数bE1311

Time	2000年	2001年	2002年	2003年	2004年	2005年	2006年	2007年	2008年	2009年
E1311	465.1	524.6	602	705.4	851.1	1007.7	1183.9	1389.9	1660.1	1837.5

（22）R&D经费支出占地区GDP比重A132 = IF THEN ELSE（（−0.046185 + 0.0005441 × R&D经费支出A131 − 0.11594 × "实力L1（t）" < 0.05），（0.046185 + 0.0005441 × R&D经费支出A131 − 0.11594 × "实力L1（t）"），(0.05)）

(6.38)

单位：%。

基于2000—2009年南昌市数据，用相关变量对"R&D经费支出占地区GDP比重A132"进行回归分析，发现用"R&D经费支出A131"和"实力L1（t）"为自变量的多元线性函数式（6.39）拟合"R&D经费支出占地区GDP比重A132"的变化情况效果很好：

R&D经费支出占地区GDP比重A132 = −0.046185 + 0.0005441 × R&D经费支出A131 − 0.11594 × "实力L1（t）"

(6.39)

考虑国内外区域科技竞争力的实际发展情况，"R&D经费支出占地区GDP比重"或称为"R&D投入强度"一般都不会超过5%，因而此处采用选择函数IF THEN ELSE（(cond)，(on ture)，(on false)），把

"R&D 经费支出占地区 GDP 比重 A132"仿真取值上限确定为 5%。

至此，南昌市实力变化量 R1（t）流率基本入树 $T_1(t)$ 构建完成。

2. 建立产出力变化量 R2（t）流率基本入树 $T_2(t)$

南昌市产出力变化量 R2（t）流率基本入树 $T_2(t)$ 如图 6-4 所示。

从树根到树尾，从左到右，各变量的数学方程分别如下：

(1)"产出力变化量 R2（t）"= 瞬间产出力 A2 - "产出力 L2（t）"　　　　　　　　　　　　　　　　　　　　　　(6.40)

单位：无量纲。

(2)"产出力 L2（t）"= INTEG（"产出力变化量 R2（t）"，0.3395）　　　　　　　　　　　　　　　　　　　　　　(6.41)

单位：无量纲。

INTEG（R，N）函数表示积分，用来刻画流位变量"产出力 L2（t）"的累积效应；其中，R 表示流率，此处是"产出力变化量 R2（t）"；N 是流位变量的初始值，2000 年南昌产出力评价值为 0.3395，设为"产出力 L2（t）"初始值。

(3) 瞬间产出力 A2 = 0.25 × 直接产出力 A21 + 0.75 × 间接产出力 A22　　　　　　　　　　　　　　　　　　　　　　(6.42)

单位：无量纲。

根据前面章节层次分析法分析结果，"直接产出力"和"间接产出力"对"产出力"的权重分别为 0.25 和 0.75，"瞬间产出力 A2"则根据"直接产出力"和"间接产出力"对"产出力"的权重加权得到。

(4) 直接产出力 A21 = IF THEN ELSE((SCI 收录论文数 A211 < 7271), (0.5/(ABS((SCI 收录论文数 A211 - 82)/(7271 - 82) - 1) + 0.5)), ((SCI 收录论文数 A211 - 82)/(7271 - 82))) × 0.142 + IF THEN ELSE((专利授权量 A212 < 6853), (0.5/(ABS((专利授权量 A212 - 179)/(6853 - 179) - 1) + 0.5)), ((专利授权量 A212 - 179)/(6853 - 179))) × 0.265 + IF THEN ELSE((授权专利中发明所占比率 A213 < 0.836), (0.5/(ABS((授权专利中发明所占比率 A213 - 0.058)/(0.836 - 0.058) - 1) + 0.5)), ((授权专利中发明所占比率 A213 - 0.058)/(0.836 - 0.058))) × 0.086 + IF THEN ELSE((省级以上科技成果奖 A214 < 354), (0.5/(ABS((省级以上科技成果奖 A214 - 2)/(354 - 2) - 1) + 0.5)), ((省级以上科技成果奖 A214 - 2)/(354 - 2))) × 0.507　　　(6.43)

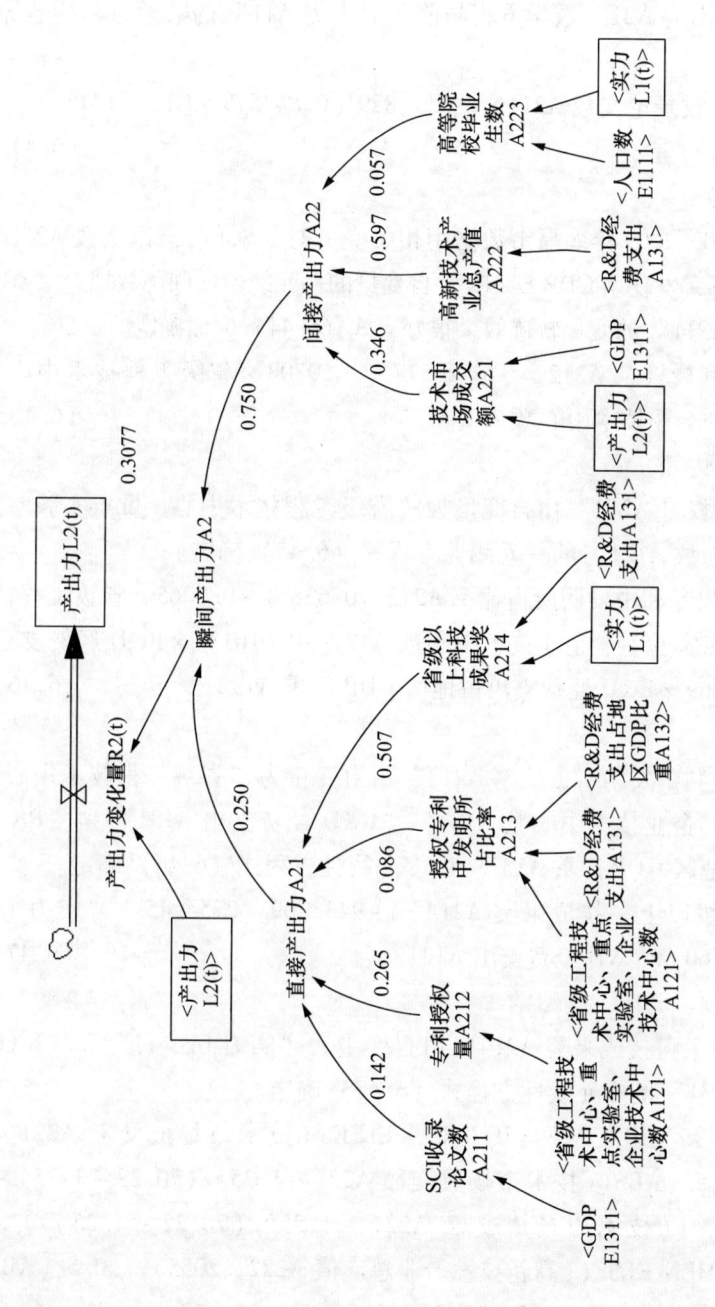

图 6-4 南昌市产出力变化量 R2（t）流率基本入树 T_2（t）

注：箭头旁边标注的数值是下层变量对上层变量的权重；0.3077 为产出力 L2（t）对区域科技竞争力的权重。

单位：无量纲。

"直接产出力 A21"数学方程与前文"人力 A11"的数学方程构建原理相同。

(5) SCI 收录论文数 A211 = − 311.829 + 0.843579 × GDP E1311

(6.44)

单位：篇。

基于 2000—2009 年南昌市数据用相关变量对"SCI 收录论文数 A211"进行回归分析，发现用 GDP E1311 为自变量的一元线性回归函数拟合"SCI 收录论文数 A211"的变化轨迹效果很好，式（6.44）因而确定。

(6) 专利授权量 A212 = − 682.577 + 16.9708 × 省级工程技术中心、重点实验室、企业技术中心数 A121 (6.45)

单位：项。

"专利授权量 A212"由自变量为"省级工程技术中心、重点实验室、企业技术中心数 A121"的一元线性方程式（6.45）确定。

(7) 授权专利中发明所占比率 A213 = 0.63891 − 0.0065 × 省级工程技术中心、重点实验室、企业技术中心数 A121 + 0.016181 × R&D 经费支出 A131 − 17.0069 × R&D 经费支出占地区 GDP 比重 A132 (6.46)

单位：%。

"授权专利中发明所占比率 A213"由自变量为"省级工程技术中心、重点实验室、企业技术中心数 A121""R&D 经费支出 A131"和"R&D 经费支出占地区 GDP 比重 A132"的多元线性方程式（6.46）确定。

(8) 省级以上科技成果奖 A214 = − 943.709 + 2754.45 × "实力 L1 (t)" − 2.45609 × R&D 经费支出 A131 (6.47)

单位：项。

"省级以上科技成果奖 A214"由自变量为"实力 L1（t）"和"R&D 经费支出 A131"的多元线性方程式（6.47）确定。

(9) 间接产出力 A22 = IF THEN ELSE((技术市场成交额 A221 < 70.22)，(0.5/(ABS((技术市场成交额 A221 − 1.25)/(70.22 − 1.25) − 1) + 0.5))，((技术市场成交额 A221 − 1.25)/(70.22 − 1.25))) × 0.346 + IF THEN ELSE((高新技术产业总产值 A222 < 2055)，(0.5/(ABS((高新技术产业总产值 A222 − 38.9)/(2055 − 38.9) − 1) + 0.5))，((高新技术产业总产值 A222 − 38.9)/(2055 − 38.9))) × 0.597 + IF THEN

ELSE((高等院校毕业生数 A223 < 234896),(0.5/(ABS((高等院校毕业生数 A223 − 9368)/(234896 − 9368) − 1) + 0.5)),((高等院校毕业生数 A223 − 9368)/(234896 − 9368)))×0.057 (6.48)

单位：无量纲。

"间接产出力 A22"数学方程与前文"人力 A11"的数学方程构建原理相同。

(10) 技术市场成交额 A221 = IF THEN ELSE((GDP E1311 < 1837.5),(62.7546 + 0.0123511 × GDP E1311 − 195.148 × "产出力 L2(t)"),8.43 × (1 + RAMP((0.1092),(2009),(2020))))) (6.49)

单位：亿元。

GDP E1311 < 1837.5 亿元时，用自变量为"GDP E1311"和"产出力 L2(t)"的多元线性方程式(6.50)确定，当"GDP E1311"达到并超过 1837.5 亿元时，即在 2009—2020 年，使用起点为 8.43，斜率为 0.1092 的斜坡函数拟合"技术市场成交额 A221"的发展变化。

技术市场成交额 A221 = 62.7546 + 0.0123511 × GDP E1311 − 195.148 × "产出力 L2(t)" (6.50)

(11) 高新技术产业总产值 A222 = 37.0163 + 16.1406 × R&D 经费支出 A131 (6.51)

单位：亿元。

基于 2000—2009 年南昌市数据用相关变量对"高新技术产业总产值 A222"进行回归分析，发现用"R&D 经费支出 A131"为自变量的一元线性回归方程拟合"高新技术产业总产值 A222"的变化轨迹较好，式(6.51)得以确定。

(12) 高等院校毕业生数 A223 = 1451600 + 1811.5 × 人口数 E1111 + 1893360 × "实力 L1(t)" (6.52)

单位：人。

基于 2000—2009 年南昌市数据用相关变量对"高等院校毕业生数 A223"进行回归分析，发现用"人口数 E1111"和"实力 L1(t)"为自变量的多元线性方程拟合其发展变化效果显著，式(6.52)得以确定。

至此，南昌市产出力变化量 $R2(t)$ 流率基本入树 $T_2(t)$ 构建完成。

3. 建立竞争效率变化量 $R3(t)$ 流率基本入树 $T_3(t)$

南昌市竞争效率变化量 $R3(t)$ 流率基本入树 $T_3(t)$ 如图 6-5 所示。

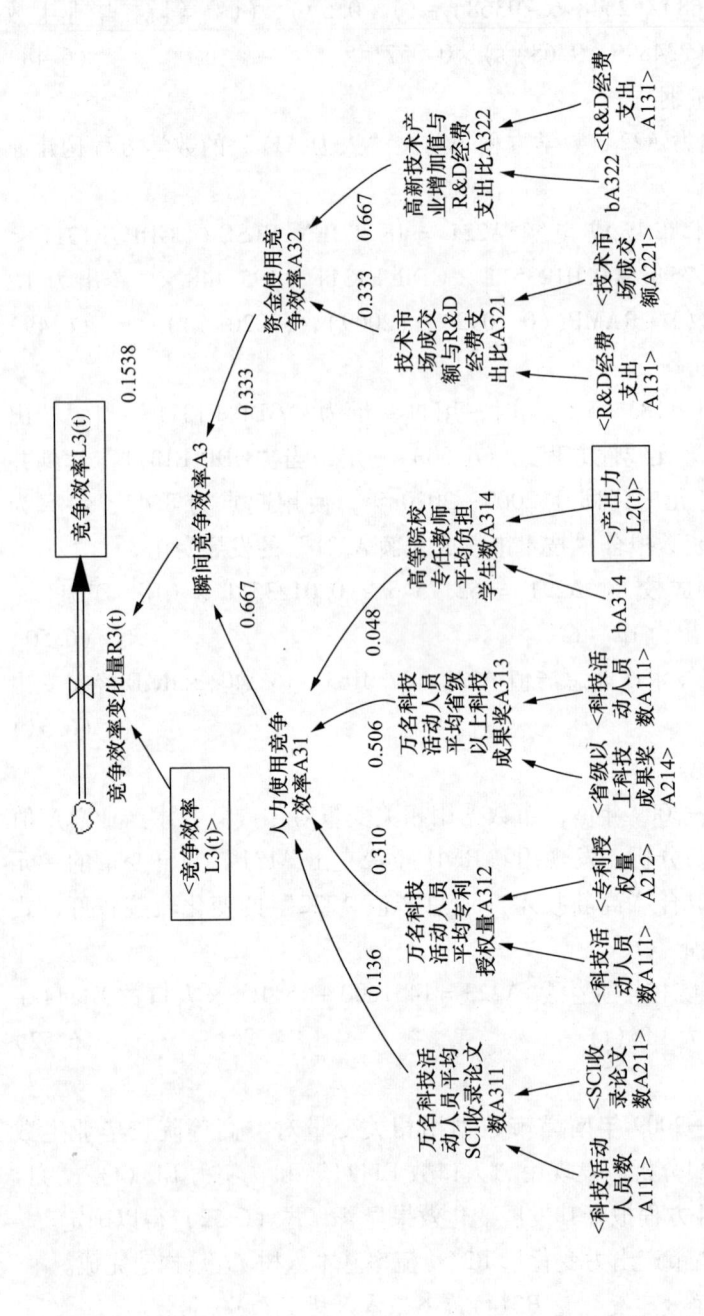

图 6−5 南昌市竞争效率变化量 $R_3(t)$ 流率基本入树 $T_3(t)$

注：箭头旁边标注的数值是下层变量对上层变量的权重；0.1538 为竞争效率 L3 对区域科技竞争力的权重。

从树根到树尾，从左到右，各变量的数学方程分别如下：

（1）"竞争效率变化量 R3（t）" = 瞬间竞争效率 A3 – "竞争效率 L3（t）" (6.53)

单位：无量纲。

（2）"竞争效率 L3（t）" = INTEG（"竞争效率变化量 R3（t）"，0.3768） (6.54)

单位：无量纲。

INTEG（R，N）函数表示积分，用来刻画流位变量"竞争效率 L3（t）"的累积效应；其中，R 表示流率，此处是"竞争效率变化量 R3（t）"；N 是流位变量的初始值，2000 年南昌竞争效率评价值为 0.3768，设为"竞争效率 L3（t）"初始值。

（3）瞬间竞争效率 A3 = 0.667 × 人力使用竞争效率 A31 + 0.333 × 资金使用竞争效率 A32 (6.55)

单位：无量纲。

根据前面章节层次分析法结果，"人力使用竞争效率"和"资金使用竞争效率"对"竞争效率"的权重分别为 0.667 和 0.333，"瞬间竞争效率 A3"按"人力使用竞争效率"和"资金使用竞争效率"对"竞争效率"的权重加权得到。

（4）人力使用竞争效率 A31 = IF THEN ELSE((万名科技活动人员平均 SCI 收录论文数 A311 < 1509)，(0.5/(ABS((万名科技活动人员平均 SCI 收录论文数 A311 – 21)/(1509 – 21) – 1) + 0.5))，((万名科技活动人员平均 SCI 收录论文数 A311 – 21)/(1509 – 21))) × 0.136 + IF THEN ELSE((万名科技活动人员平均专利授权量 A312 < 914)，(0.5/(ABS((万名科技活动人员平均专利授权量 A312 – 54)/(914 – 54) – 1) + 0.5))，((万名科技活动人员平均专利授权量 A312 – 54)/(914 – 54))) × 0.31 + IF THEN ELSE((万名科技活动人员平均省级以上科技成果奖 A313 < 104.86)，(0.5/(ABS((万名科技活动人员平均省级以上科技成果奖 A313 – 0.54)/(104.86 – 0.54) – 1) + 0.5))，((万名科技活动人员平均省级以上科技成果奖 A313 – 0.54)/(104.86 – 0.54))) × 0.506 + IF THEN ELSE((高等院校专任教师平均负担学生数 A314 < 24.45)，(0.5/(ABS((高等院校专任教师平均负担学生数 A314 – 10)/(24.45 – 10) – 1) + 0.5))，((高等院校专任教师平均负担学生数 A314 – 10)/(24.45 –

10)))×0.048 (6.56)

单位：无量纲。

"人力使用竞争效率A31"数学方程与前文"人力A11"数学方程构建原理相同。

（5）万名科技活动人员平均SCI收录论文数A311 = SCI收录论文数A211/科技活动人员数A111×10000 (6.57)

单位：篇/万人。

（6）万名科技活动人员平均专利授权量A312 = 专利授权量A212/科技活动人员数A111×10000 (6.58)

单位：项/万人。

（7）万名科技活动人员平均省级以上科技成果奖A313 = 省级以上科技成果奖A214/科技活动人员数A111×10000 (6.59)

单位：项/万人。

（8）高等院校专任教师平均负担学生数A314 = bA314（"产出力L2（t）"） (6.60)

单位：%。

"高等院校专任教师平均负担学生数A314"由自变量为"产出力L2（t）"的表函数bA314确定。

（9）表函数bA314：

高等院校专任教师平均负担学生数$A314 = f_7$（"产出力L2（t）"）

(6.61)

表6–7　　　　　　　　表函数bA314

L2（t）	0.3395	0.3407	0.3420	0.3432	0.3468	0.3503	0.3571	0.3708	0.3806
A314	13.04	14.03	14.49	16.97	17.23	17.01	16.65	16.74	16.83

（10）资金使用竞争效率A32 = IF THEN ELSE((技术市场成交额与R&D经费支出比A321 < 1.67)，(0.5/(ABS((技术市场成交额与R&D经费支出比A321 − 0.07)/(1.67 − 0.07) − 1) + 0.5))，((技术市场成交额与R&D经费支出比A321 − 0.07)/(1.67 − 0.07)))×0.333 + IF THEN ELSE((高新技术产业增加值与R&D经费支出比A322 < 15.41)，(0.5/(ABS((高新技术产业增加值与R&D经费支出比A322 − 2.4)/(15.41 −

2.4) −1) +0.5)),((高新技术产业增加值与R&D经费支出比A322 − 2.4)/(15.41 −2.4)))×0.667　　　　　　　　　　　　(6.62)

单位：无量纲。

"资金使用竞争效率A32"的数学方程与前文"人力A11"的数学方程构建原理相同。

(11) 技术市场成交额与R&D经费支出比A321 = 技术市场成交额A221/R&D经费支出A131　　　　　　　　　　　　　　　　　(6.63)

单位：%。

(12) 高新技术产业增加值与R&D经费支出比A322 = bA322(R&D经费支出A131)　　　　　　　　　　　　　　　　　　　　　　(6.64)

单位：%。

"高新技术产业增加值与R&D经费支出比A322"由自变量为"R&D经费支出A131"的表函数bA322确定。

(13) 表函数bA322：

高新技术产业增加值与R&D经费支出比A322 = f_8（R&D经费支出A131）　　　　　　　　　　　　　　　　　　　　　　(6.65)

表6−8　　　　　　　表函数bA322

A131	3.61	4.01	4.46	5.65	6.64	11.08	14.87	21.34	25.17	37.78
A322	3.61	4.68	6.06	7.68	5.86	4.96	4.7	6.28	5.09	5.27

至此，南昌市竞争效率变化量R3(t)流率基本入树$T_3(t)$构建完成。

4. 建立促进力变化量R4(t)流率基本入树$T_4(t)$

南昌市促进力变化量R4(t)流率基本入树$T_4(t)$如图6−6所示。

从树根到树尾，从左到右，各变量的数学方程分别如下：

(1) "促进力变化量R4(t)" = 瞬间促进力A4 − "促进力L4(t)"　　　　　　　　　　　　　　　　　　　　　　　　(6.66)

单位：无量纲。

(2) "促进力L4(t)" = INTEG("促进力变化量R4(t)", 0.5419)　　　　　　　　　　　　　　　　　　　　　　　　(6.67)

单位：无量纲。

图6-6 南昌市促进力变化量 $R_4(t)$ 流率基本入树 $T_4(t)$

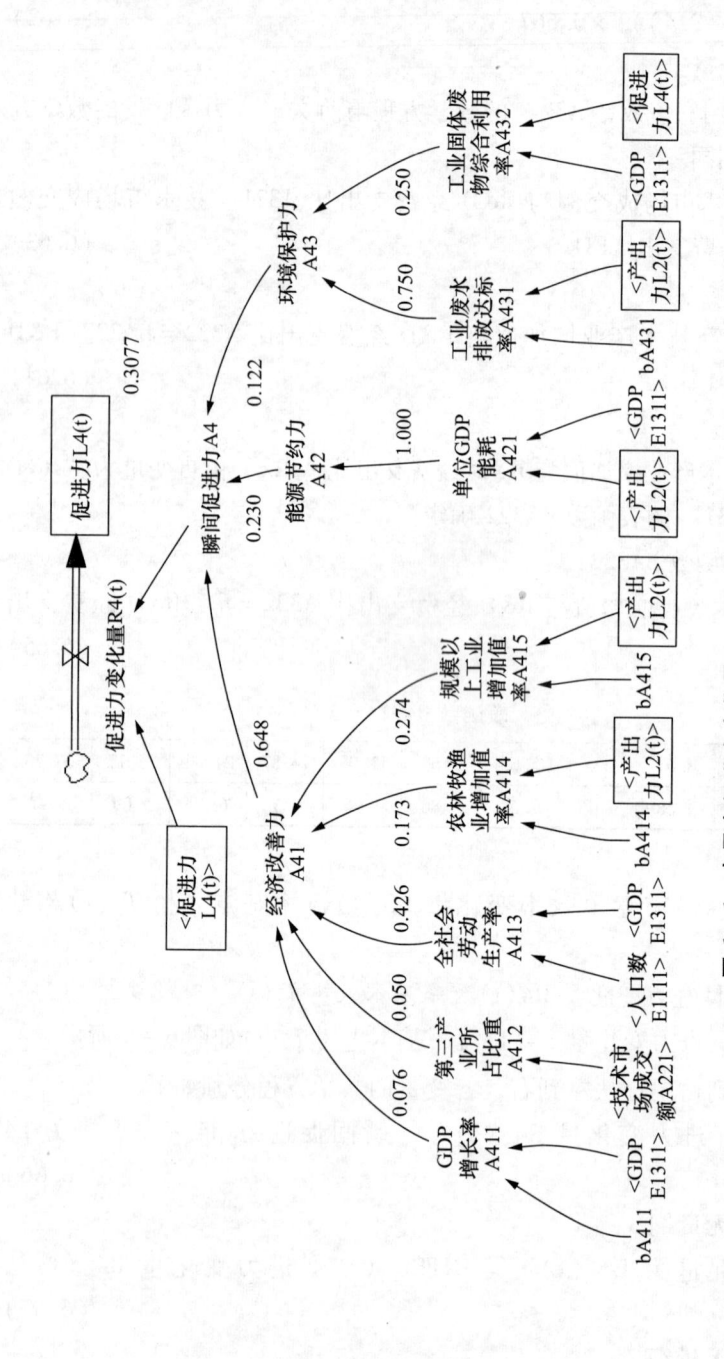

注：箭头旁边标注的数值是下层变量对上层变量的权重；0.3077 为促进力 $L_4(t)$ 对区域科技竞争力的权重。

INTEG（R，N）函数表示积分，用来刻画流位变量"促进力 L4（t）"的累积效应；其中，R 表示流率，此处是"促进力变化量 R4（t）"；N 是流位变量的初始值，2000 年南昌促进力评价值为 0.5419，设为"促进力 L4（t）"初始值。

（3）瞬间促进力 A4 = 0.648 × 经济改善力 A41 + 0.230 × 能源节约力 A42 + 0.122 × 环境保护力 A43 　　　　　　　　　　　　　（6.68）

单位：无量纲。

根据前面章节层次分析法分析结果，"经济改善力""能源节约力"和"环境保护力"对"促进力"的权重分别为 0.648、0.230 和 0.122，"瞬间促进力 A4"则根据"经济改善力""能源节约力"和"环境保护力"对"促进力"的权重加权得到。

（4）经济改善力 A41 = IF THEN ELSE((GDP 增长率 A411 < 0.37)，(0.5/(ABS((GDP 增长率 A411 − 0.013)/(0.37 − 0.013) − 1) + 0.5))，((GDP 增长率 A411 − 0.013)/(0.37 − 0.013))) × 0.076 + IF THEN ELSE((第三产业所占比重 A412 < 0.552)，(0.5/(ABS((第三产业所占比重 A412 − 0.385)/(0.552 − 0.385) − 1) + 0.5))，((第三产业所占比重 A412 − 0.385)/(0.552 − 0.385))) × 0.05 + IF THEN ELSE((全社会劳动生产率 A413 < 98736)，(0.5/(ABS((全社会劳动生产率 A413 − 15565)/(98736 − 15565) − 1) + 0.5))，((全社会劳动生产率 A413 − 15565)/(98736 − 15565))) × 0.426 + IF THEN ELSE((农林牧渔业增加值率 A414 < 0.669)，(0.5/(ABS((农林牧渔业增加值率 A414 − 0.543)/(0.669 − 0.543) − 1) + 0.5))，((农林牧渔业增加值率 A414 − 0.543)/(0.669 − 0.543))) × 0.173 + IF THEN ELSE((规模以上工业增加值率 A415 < 0.362)，(0.5/(ABS((规模以上工业增加值率 A415 − 0.24)/(0.362 − 0.24) − 1) + 0.5))，((规模以上工业增加值率 A415 − 0.24)/(0.362 − 0.24))) × 0.274 　　　　　　　　　　　　　（6.69）

单位：无量纲。

"经济改善力 A41"的数学方程与前文"人力 A11"的数学方程构建原理相同。

（5）GDP 增长率 A411 = bA411（GDP E1311） 　　　　（6.70）

单位：无量纲。

"GDP 增长率 A411"由自变量为"GDP E1311"的表函数 bA411 确定。

(6) 表函数 bA411：

GDP 增长率 A411 = f_9（GDP E1311） (6.71)

表 6-9　　　　　　　　　表函数 bA411

E1311	465.1	524.6	602.0	705.4	851.1	1007.1	1183.9	1389.9	1660.1
A411	0.128	0.148	0.172	0.206	0.184	0.175	0.174	0.194	0.107

(7) 第三产业所占比重 A412 = 0.454656 − 0.008375 × 技术市场成交额 A221 (6.72)

单位：%。

基于 2000—2009 年南昌市数据用相关变量对"第三产业所占比重 A412"进行回归分析，发现用"技术市场成交额 A221"为自变量的一元线性回归方程拟合"第三产业所占比重 A412"的变化轨迹较好，式 (6.72) 得以确定。

(8) 全社会劳动生产率 A413 = −51284.3 + 148.13 × 人口数 E1111 + 26.4331 × GDP E1311 (6.73)

单位：元/(人·年)。

基于 2000—2009 年南昌市数据用相关变量对"全社会劳动生产率 A413"进行回归分析，发现用"人口数 E1111"和"GDP E1311"为自变量的多元线性回归方程拟合"全社会劳动生产率 A413"的变化轨迹较好，式 (6.73) 得以确定。

(9) 农林牧渔业增加值率 A414 = bA414（"产出力 L2 (t)"）

(6.74)

单位：%。

"农林牧渔业增加值率 A414"由自变量为"产出力 L2 (t)"的表函数 bA414 确定。

(10) 表函数 bA414：

农林牧渔业增加值率 A414 = f_{10}（"产出力 L2 (t)"） (6.75)

表 6-10　　　　　　　　　表函数 bA414

L2 (t)	0.3395	0.3407	0.3420	0.3432	0.3468	0.3503	0.3571	0.3708	0.3806
A414	0.663	0.669	0.662	0.639	0.627	0.620	0.607	0.662	0.586

(11) 规模以上工业增加值率 A415 = bA415（"产出力 L2（t）"）

(6.76)

单位：%。

"规模以上工业增加值率 A415"由自变量为"产出力 L2（t）"的表函数 bA415 确定。

(12) 表函数 bA415：

规模以上工业增加值率 A415 = f_{11}（"产出力 L2（t）"） (6.77)

表 6–11　　　　　　　　表函数 bA415

L2（t）	0.3395	0.3407	0.3420	0.3432	0.3468	0.3503	0.3571	0.3708	0.3806
A415	0.306	0.327	0.325	0.310	0.318	0.318	0.317	0.305	0.293

(13) 能源节约力 A42 = IF THEN ELSE（（单位 GDP 能耗 A421 > 0.811），（0.5/(ABS((3.02 – 单位 GDP 能耗 A421)/(3.02 – 0.811) – 1) + 0.5)），((3.02 – 单位 GDP 能耗 A421)/(3.02 – 0.811)））×1

(6.78)

单位：无量纲。

"能源节约力 A42"的数学方程与前文"人力 A11"的数学方程构建原理相同。不过特别要指出的是，"单位 GDP 能耗"在评价区域科技竞争力体系中是唯一的负向指标，其价值判定和规格化公式和正向指标是不同的，具体可见前一章的区域科技竞争力综合评价过程。

(14) 单位 GDP 能耗 A421 = IF THEN ELSE（（GDP E1311 < 1837.5），（–0.905 – 0.0005575 × GDP E1311 + 7.0261 ×"产出力 L2（t）"），(0.855 × (1 + RAMP（（–0.05），(2009），(2020))))）

(6.79)

单位：吨标准煤/万元。

"单位 GDP 能耗 A421"数学方程的确定分两步：

首先，基于 2000—2009 年南昌市数据用相关变量对"单位 GDP 能耗 A421"进行回归分析，发现用"GDP E1311"和"产出力 L2（t）"为自变量的多元线性回归方程拟合"单位 GDP 能耗 A421"变化情况效果较好，因此在此期间用式（6.80）拟合"单位 GDP 能耗 A421"：

单位 GDP 能耗 A421 = – 0.905 – 0.0005575 × GDP E1311 +

$7.0261 \times$ "产出力 L2（t）" (6.80)

其次，发现采用式（6.80）按拟合"单位 GDP 能耗 A421"值，从 2009 年开始，按拟合值从下降开始转为一路上升，这不切合实际，因此引入选择函数 IF THEN ELSE((cond)，(on ture)，(on false))，对 2009—2020 年"单位 GDP 能耗 A421"发展变化拟合式进行调整。由于 2009 年南昌市"单位 GDP 能耗 A421"为 0.855，2005—2009 年南昌市"单位 GDP 能耗 A421"的平均增长率为 -5%，因此引入斜坡函数 RAMP（P，B，R），用起点为 0.855、斜率为 -0.05 的斜坡函数对 2009 年以后南昌市"单位 GDP 能耗 A421"发展变化进行拟合。

（15）环境保护力 A43 = IF THEN ELSE((工业废水排放达标率 A431 < 1)，(0.5/（ABS((工业废水排放达标率 A431 - 0.408) /（1 - 0.408) - 1) + 0.5))，((工业废水排放达标率 A431 - 0.408) /（1 - 0.408))) × 0.75 + IF THEN ELSE ((工业固体废物综合利用率 A432 < 1.106)，(0.5/（ABS((工业固体废物综合利用率 A432 - 0.315) /（1.016 - 0.315) - 1) + 0.5))，((工业固体废物综合利用率 A432 - 0.315) /（1.016 - 0.315))) × 0.25 (6.81)

单位：无量纲。

"环境保护力 A43"的数学方程与前文"人力 A11"的数学方程构建相同。

（16）工业废水排放达标率 A431 = bA431（"产出力 L2（t）"） (6.82)

单位：%。

"工业废水排放达标率 A431"由自变量为"产出力 L2（t）"的表函数 bA431 确定。

（17）表函数 bA431：

工业废水排放达标率 A431 $= f_{12}$（"产出力 L2（t）"） (6.83)

表 6-12　　　　　　　　　表函数 bA431

L2（t）	0.3395	0.3407	0.3420	0.3432	0.3468	0.3503	0.3571	0.3708	0.3806
A431	0.600	0.955	0.604	0.954	0.954	0.944	0.944	0.936	0.941

（18）工业固体废物综合利用率 A432 = 0.53828 + 5.20354 × 10^{-5} ×

GDP E1311 + 0.492055 × "促进力 L4（t）" （6.84）

单位：%。

基于 2000—2009 年南昌市数据，用相关变量对"工业固体废物综合利用率 A432"进行回归分析，发现用"GDP E1311"和"促进力 L4（t）"为自变量的多元线性回归方程拟合其变化的轨迹较好，式（6.84）得以确定。

至此，南昌市促进力变化量 R4（t）流率基本入树 $T_4(t)$ 构建完成。

5. 建立亲和力变化量 R5（t）流率基本入树 $T_5(t)$

南昌市亲和力变化量 R5（t）流率基本入树 $T_5(t)$ 如图 6-7 所示。

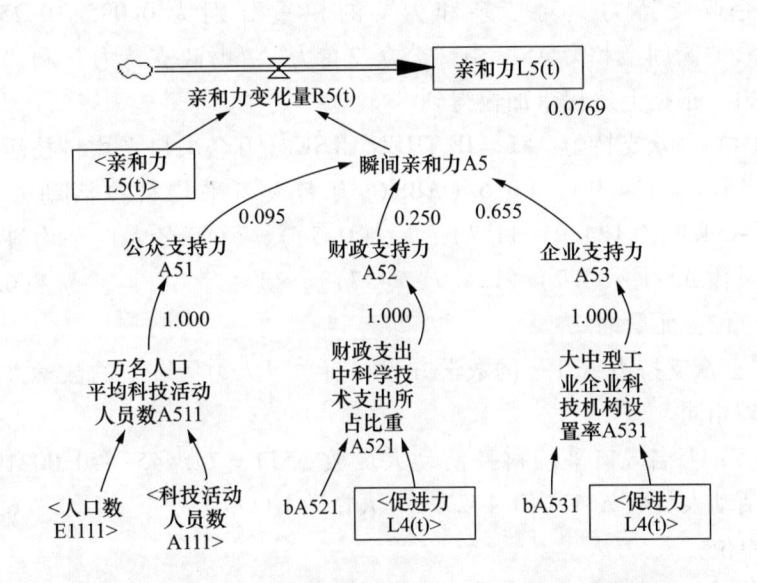

图 6-7 南昌市亲和力变化量 R5（t）流率基本入树 $T_5(t)$

注：箭头旁边标注的数值是下层变量对上层变量的权重；0.0769 为亲和力 L5（t）对区域科技竞争力的权重。

从树根到树尾，从左到右，各变量的数学方程分别如下：

（1）"亲和力变化量 R5（t）"= 瞬间亲和力 A5 - "亲和力 L5（t）"
（6.85）

单位：无量纲。

(2) "亲和力 L5(t)" = INTEG("亲和力变化量 R5(t)", 0.4465)
$$\tag{6.86}$$

单位：无量纲。

INTEG（R，N）函数表示积分，用来刻画流位变量"亲和力 L5(t)"的累积效应；其中，R 表示流率，此处是"亲和力变化量 R5(t)"；N 是流位变量的初始值，2000 年南昌亲和力评价值为 0.4465，设为"亲和力 L5（t）"初始值。

(3) 瞬间亲和力 A5 = 0.095 × 公众支持力 A51 + 0.25 × 财政支持力 A52 + 0.655 × 企业支持力 A53 　　　　　　　　　　(6.87)

单位：无量纲。

根据前面章节层次分析法分析结果，"公众支持力""财政支持力"和"企业支持力"对"亲和力"的权重分别为 0.095、0.250 和 0.655，"瞬间亲和力 A5"由"公众支持力""财政支持力"和"企业支持力"根据上述权重加权得到。

(4) 公众支持力 A51 = IF THEN ELSE((万名人口平均科技活动人员数 A511 < 124.9)，(0.5/(ABS((万名人口平均科技活动人员数 A511 − 34.7)/(124.9 − 34.7) − 1) + 0.5))，((万名人口平均科技活动人员数 A511 − 34.7)/(124.9 − 34.7))) × 1 　　(6.88)

单位：无量纲。

"公众支持力 A51"的数学方程与前文"人力 A11"的数学方程构建原理相同。

(5) 万名人口平均科技活动人员数 A511 = 77.4457 + 0.002198 × 科技活动人员数 A111 − 0.172728 × 人口数 E1111 　　　　(6.89)

单位：人/万人。

基于 2000—2009 年南昌市数据，用相关变量对"万名人口平均科技活动人员数 A511"进行回归分析，发现用"科技活动人员数 A111"和"人口数 E1111"为自变量的多元线性回归方程拟合其变化的轨迹较好，式（6.89）得以确定。

(6) 财政支持力 A52 = IF THEN ELSE((财政支出中科学技术支出所占比重 A521 < 0.0388)，(0.5/(ABS((财政支出中科学技术支出所占比重 A521 − 0.007)/(0.0388 − 0.007) − 1) + 0.5))，((财政支出中科学技术支出所占比重 A521 − 0.007)/(0.0388 − 0.007))) × 1 (6.90)

单位：无量纲。

"财政支持力 A52"的数学方程与前文"人力 A11"的数学方程构建原理相同。

（7）财政支出中科学技术支出所占比重 A521 = bA521（"促进力 L4（t）"） (6.91)

单位：%。

"财政支出中科学技术支出所占比重 A521"由自变量为"促进力 L4（t）"的表函数 bA521 确定。

（8）表函数 bA521：

财政支出中科学技术支出所占比重 A521 = f_{13}（"促进力 L4（t）"） (6.92)

表 6-13　　　　　　　　表函数 bA521

L4（t）	0.5419	0.5534	0.5800	0.6037	0.6128	0.6170	0.6258	0.6420	0.6809
A521	0.0119	0.0113	0.0148	0.0143	0.0138	0.0173	0.6258	0.0175	0.018

（9）企业支持力 A53 = IF THEN ELSE（（大中型工业企业科技机构设置率 A531 < 0.76），（0.5/(ABS((大中型工业企业科技机构设置率 A531 - 0.165)/(0.76 - 0.165) - 1) + 0.5)），((大中型工业企业科技机构设置率 A531 - 0.165)/(0.76 - 0.165))）×1 (6.93)

单位：无量纲。

"企业支持力 A53"的数学方程与前文"人力 A11"的数学方程构建原理相同。

（10）大中型工业企业科技机构设置率 A531 = bA531（"促进力 L4（t）"） (6.94)

单位：%。

"大中型工业企业科技机构设置率 A531"由自变量为"促进力 L4（t）"的表函数 bA531 确定。

（11）表函数 bA531：

大中型工业企业科技机构设置率 A531 = f_{14}（"促进力 L4（t）"） (6.95)

表 6-14　　　　　　　　　表函数 bA531

L4(t)	0.5419	0.5534	0.5800	0.6037	0.6128	0.6170	0.6258	0.6420	0.6809
A531	0.461	0.481	0.618	0.506	0.554	0.535	0.525	0.642	0.516

至此，亲和力变化量 R5（t）流率基本入树 $T_5(t)$ 构建完成。

（三）网络流图

在分别构建完成实力变化量 R1（t）、产出力变化量 R2（t）、竞争效率变化量 R3（t）、促进力变化量 R4（t）、亲和力变化量 R5（t）五棵流率基本入树的基础上，引入辅助变量"科技竞争力 KJJZL"，并分别从五棵流率基本入树树根处的流位变量引出箭头指向该辅助变量，从而将五棵流率基本入树联合起来，形成南昌市科技竞争力未来发展评价网络流图，如图 6-8 所示。"科技竞争力 KJJZL"与"实力 L1（t）""产出力 L2（t）""竞争效率 L3（t）""促进力 L4（t）""亲和力 L5（t）"的关系如式（6.11）所示。

二　长沙、武汉、合肥、郑州和太原五市模型

与南昌市科技竞争力未来发展系统动力学仿真模型建立过程相类似，可分别建立长沙、武汉、合肥、郑州和太原五市科技竞争力未来发展系统动力学仿真模型。

（一）长沙市模型

长沙市科技竞争力未来发展评价网络流图见图 6-9。长沙市与南昌市的科技竞争力未来发展评价网络流图结构基本相同，都是由实力变化量 R1（t）、产出力变化量 R2（t）、竞争效率变化量 R3（t）、促进力变化量 R4（t）、亲和力变化量 R5（t）五棵流率基本入树联合构成，且五棵流率基本入树都是基于区域科技竞争力评价指标体系构建的，因此，两者的各流率基本入树总体相同。不同之处在于各树中区域科技竞争力具体（三级）评价指标以下（树尾方向）的变量不完全相同，另外两市部分相同变量的数学方程也不同。因此长沙市和南昌市科技竞争力未来发展系统动力学仿真模型变量数学方程的不同，仅在于各流率基本入树中具体评价指标及其以下变量（见图 6-9 中虚线框中的变量）的不同，其余变量的方程均相同。以下仅列出长沙市与南昌市不同的变量数学方程。

第六章 区域科技竞争力未来发展系统动力学仿真评价 | 181

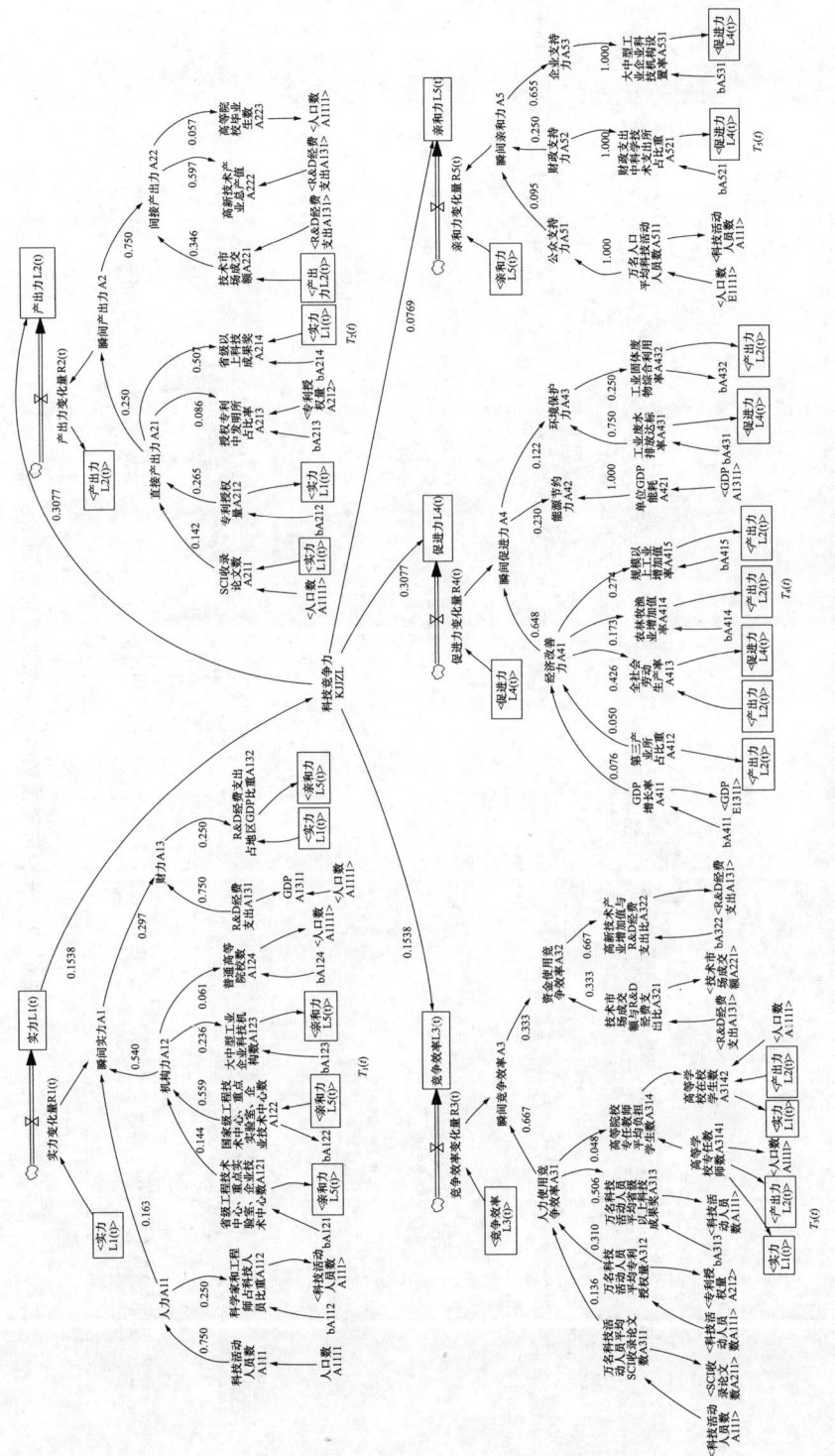

图 6-8 南昌市科技竞争力未来发展评价网络流图

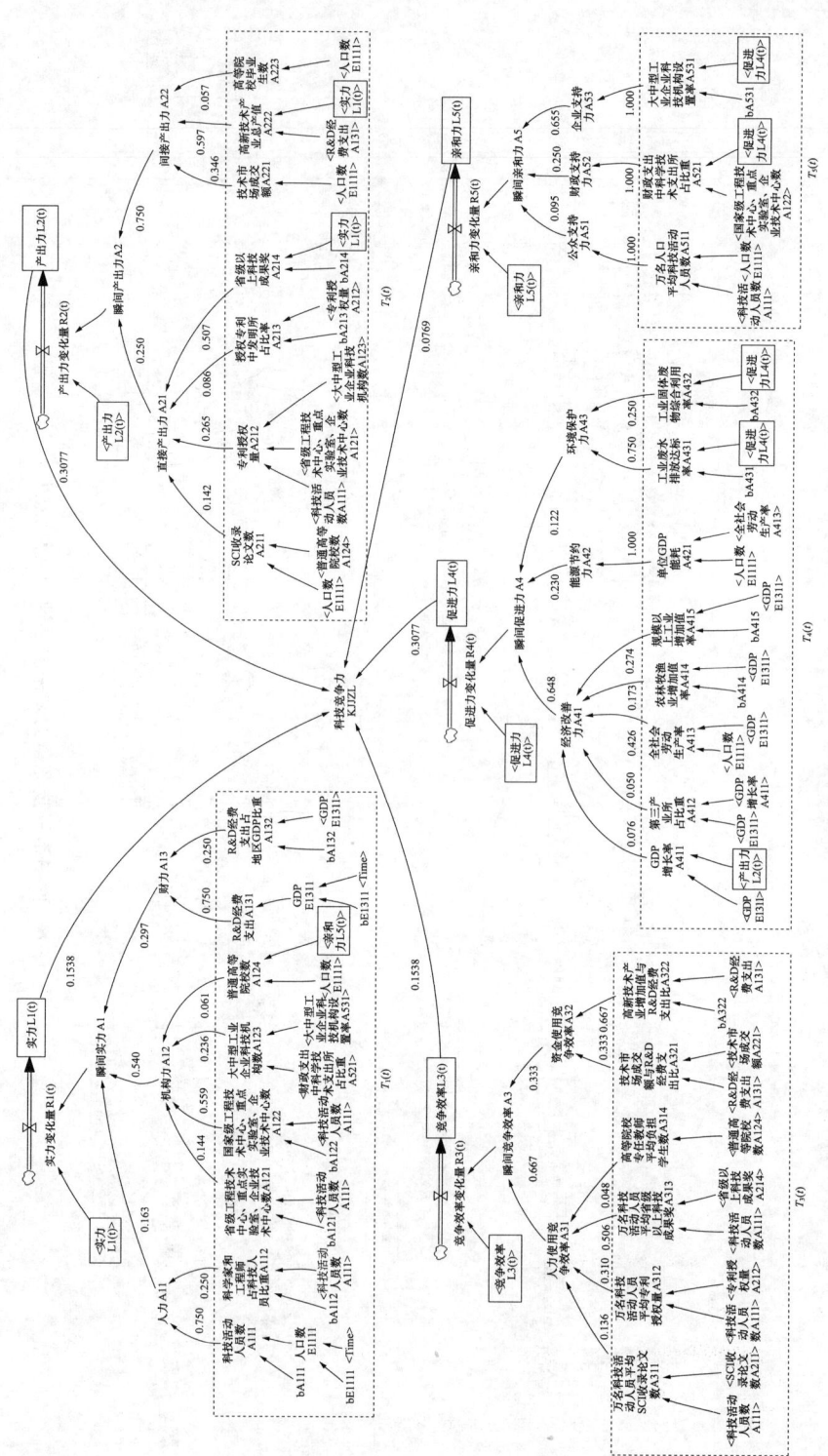

图 6-9 长沙市科技竞争力未来发展评价网络流图

（1）科技活动人员数 A111 = IF THEN ELSE((人口数 E1111 < 651.6)，(bA111(人口数 E1111)))，(78192×(1 + RAMP((0.1208)，(2009)，(2020))))) (6.96)

单位：人。

（2）表函数 bA111：科技活动人员数 A111 = f_1（人口数 E1111） (6.97)

表 6 – 15　　　　　　　表函数 bA111

E1111	583.2	587.1	595.5	601.8	610.4	620.9	631	637.4	641.7
A111	33925	31544	33668	44375	49550	52373	56024	60800	78192

（3）人口数 E1111 = IF THEN ELSE((Time < 2010)，(bE1111(Time)))，(651.6×(1 + RAMP((0.0124)，(2009)，(2020))))) (6.98)

单位：万人。

（4）bE1111：人口数 E1111 = f_2（Time） (6.99)

表 6 – 16　　　　　　　表函数 bE1111

Time	2000 年	2001 年	2002 年	2003 年	2004 年	2005 年	2006 年	2007 年	2008 年	2009 年
E1111	583.2	587.1	595.5	601.8	610.4	620.9	631.0	637.4	641.7	651.6

（5）科学家和工程师占科技人员比重 A112 = IF THEN ELSE((bA112（科技活动人员数 A111）<0.8)，(bA112（科技活动人员数 A111)))，(0.8)) (6.100)

单位：%。

（6）bA112：科学家和工程师占科技人员比重 A112 = f_3（科技活动人员数 A111） (6.101)

表 6 – 17　　　　　　　表函数 bA112

A111	31544	33668	33925	44375	45934	49550	52373	56024	60800	78192
A112	0.736	0.798	0.679	0.741	0.626	0.723	0.736	0.754	0.724	0.746

（7）省级工程技术中心、重点实验室、企业技术中心数 A121 = IF THEN ELSE((科技活动人员数 A111 < 78192)，(bA121(科技活动人员数 A111))，(98 × (1 + RAMP((0.1502)，(2009)，(2020)))))
$$(6.102)$$

单位：个。

（8）bA121：省级工程技术中心、重点实验室、企业技术中心数 A121 = f_4（科技活动人员数 A111） $\qquad(6.103)$

表6-18　　　　　　　　表函数 bA121

A111	31544	33668	33925	44375	45934	49550	52373	56024	60800	78192
A121	86	91	86	92	82	56	107	84	116	98

（9）国家级工程技术中心、重点实验室、企业技术中心数 A122 = IF THEN ELSE((科技活动人员数 A111 < 78192)，(bA122(科技活动人员数 A111))，(27 × (1 + RAMP((0.1226)，(2009)，(2020)))))
$$(6.104)$$

单位：个。

（10）bA122：国家级工程技术中心、重点实验室、企业技术中心数 A122 = f_5（科技活动人员数 A111） $\qquad(6.105)$

表6-19　　　　　　　　表函数 bA122

A111	31544	33668	33925	44375	45934	49550	52373	56024	60800	78192
A122	15	15	15	17	16	17	13	13	15	27

（11）大中型工业企业科技机构数 A123 = -5.7222 + 2110.93 × 财政支出中科学技术支出所占比重 A521 + 36.714 × 大中型工业企业科技机构设置率 A531 $\qquad(6.106)$

单位：个。

（12）普通高等院校数 A124 = -154.317 + 0.303484 × 人口数 E1111 + 14.4339 × "亲和力 L5（t）" $\qquad(6.107)$

单位：所。

(13) R&D 经费支出 A131 = -6.09014 + 0.0263773 × GDP E1311

(6.108)

单位：亿元。

(14) GDP E1311 = IF THEN ELSE ((Time < 2010), (bE1311 (Time)), (3744.8 × (1 + RAMP((0.2019), (2009), (2020)))))

(6.109)

单位：亿元。

(15) bE1311：GDP E1311 = f_6 (Time) (6.110)

表 6-20 表函数 bE1311

Time	2000	2001	2002	2003	2004	2005	2006	2007	2008	2009
E1311	715.3	811.3	922.8	1077.2	1296.7	1519.9	1799.0	2190.3	3001.0	3744.8

(16) R&D 经费支出占地区 GDP 比重 A132 = IF THEN ELSE((GDP E1311 < 3744.8), (bA132 (GDP E1311)), (0.0187 × (1 + RAMP ((0.0255), (2009), (2020)))))

(6.111)

单位：%。

(17) bA132：R&D 经费支出占地区 GDP 比重 A132 = f_7 (GDP E1311)

(6.112)

表 6-21 表函数 bA132

E1311	715.3	811.3	922.8	1077.2	1296.7	1519.9	1799	2190.3	3001
A132	0.014	0.0173	0.016	0.0197	0.0169	0.0178	0.0188	0.0193	0.0187

(18) SCI 收录论文数 A211 = -34321.9 + 61.5411 × 人口数 E1111 - 30.236 × 普通高等院校数 A124

(6.113)

单位：篇。

(19) 专利授权量 A212 = -3577.81 + 0.026865 × 科技活动人员数 A111 + 15.97 × 省级工程技术中心、重点实验室、企业技术中心数 A121 + 35.6783 × 大中型工业企业科技机构数 A123

(6.114)

单位：项。

(20) 授权专利中发明所占比率 A213 = bA213 (专利授权量 A212)

(6.115)

单位：%。

(21) bA213：授权专利中发明所占比率 $A213 = f_8$（专利授权量 A212） (6.116)

表6-23　　　　　　表函数 bA213

A212	888	937	1235	1261	1549	1771	2410	2807	3130	3756
A213	0.079	0.255	0.203	0.170	0.185	0.133	0.196	0.315	0.114	0.336

(22) 省级以上科技成果奖 A214 = IF THEN ELSE(("实力 L1(t)" < 0.572), (bA214("实力 L1(t)")), (182 × (1 + RAMP((0.0816), (2009), (2020))))) (6.117)

单位：项。

(23) bA214：省级以上科技成果奖 $A214 = f_9$（"实力 L1(t)"） (6.118)

表6-23　　　　　　表函数 bA214

L1(t)	0.3972	0.3975	0.4094	0.4233	0.4354	0.4378	0.4530	0.4616	0.4873
A214	115	120	135	139	140	133	155	126	182

(24) 技术市场成交额 A221 = -260.425 + 0.45839 × 人口数 E1111 (6.119)

单位：亿元。

(25) 高新技术产业总产值 A222 = -3032.08 + 9.946 × R&D 经费支出 A131 + 7916.33 × "实力 L1(t)" (6.120)

单位：亿元。

(26) 高等院校毕业生数 A223 = -1073240 + 1881.4 × 人口数 E1111 (6.121)

单位：人。

(27) 万名科技活动人员平均 SCI 收录论文数 A311 = SCI 收录论文数 A211/科技活动人员数 A111 × 10000 (6.122)

单位：篇/万人。

(28) 万名科技活动人员平均专利授权量 A312 =/专利授权量

A212/科技活动人员数 A111×10000 (6.123)

单位：项/万人。

（29）万名科技活动人员平均省级以上科技成果奖 A313 = 省级以上科技成果奖 A214/科技活动人员数 A111×10000 (6.124)

单位：项/万人。

（30）高等院校专任教师平均负担学生数 A314 = 8.0929 + 0.1886 × 普通高等院校数 A124 (6.125)

单位：%。

（31）技术市场成交额与 R&D 经费支出比 A321 = 技术市场成交额 A221/R&D 经费支出 A131 (6.126)

单位：%。

（32）高新技术产业增加值与 R&D 经费支出比 A322 = bA322（R&D 经费支出 A131） (6.127)

单位：%。

（33）bA322：高新技术产业增加值与 R&D 经费支出比 A322 = f_{10}（R&D 经费支出 A131） (6.128)

表 6-24　　　　　表函数 bA322

A131	8.7	11.4	15.9	17.2	25.5	25.7	32.0	41.2	57.9	70.0
A322	7.74	6.88	5.67	6.86	5.89	6.87	7.04	6.62	5.76	6.47

（34）GDP 增长率 A411 = IF THEN ELSE（（GDP E1311 < 3744.8），(-1.10366 - 0.000181 × GDP E1311 + 3.82991 × "产出力 L2（t）"),(0.1973)) (6.129)

单位：%。

（35）第三产业所占比重 A412 = 0.5799 - 1.74315 × 10^{-5} × GDP E1311 - 0.32 × GDP 增长率 A411 (6.130)

单位：无量纲。

（36）全社会劳动生产率 A413 = -77968.5 + 141.086 × 人口数 E1111 + 26.8215 × GDP E1311 (6.131)

单位：元/（人·年）。

（37）农林牧渔业增加值率 A414 = bA414（GDP E1311） (6.132)

单位:%。

(38) bA414：农林牧渔业增加值率 $A414 = f_{11}$（GDP E1311）

(6.133)

表6-25　　　　　　　　表函数 bA414

E1311	715.3	811.3	922.8	1077.2	1296.7	1519.9	1799.0	2190.3	3001.0
A414	0.632	0.608	0.607	0.608	0.609	0.648	0.639	0.611	0.609

(39) 规模以上工业增加值率 $A415 = bA415$（GDP E1311）

(6.134)

单位:%。

(40) bA415：规模以上工业增加值率 $A415 = f_{12}$（GDP E1311）

(6.135)

表6-26　　　　　　　　表函数 bA415

E1311	715.3	811.3	922.8	1077.2	1296.7	1519.9	1799.0	2190.3	3001.0
A415	0.358	0.361	0.360	0.353	0.362	0.347	0.337	0.347	0.35

(41) 单位 GDP 能耗 $A421 = 3.60986 - 0.004126 \times$ 人口数 $E1111 - 1.2477 \times 10^{-6} \times$ 全社会劳动生产率 $A413$

(6.136)

单位:吨标准煤/万元。

(42) 工业废水排放达标率 $A431 = bA431$（"促进力 L4（t）"）

(6.137)

单位:%。

(43) bA431：工业废水排放达标率 $A431 = f_{13}$（"促进力 L4（t）"）

(6.138)

表6-27　　　　　　　　表函数 bA431

L4（t）	0.6100	0.6292	0.6380	0.6412	0.6453	0.6756	0.6761	0.6790	0.7434
A431	0.793	0.825	0.876	0.876	0.878	0.855	0.881	0.846	0.900

(44) 工业固体废物综合利用率 A432 = bA432 ("促进力 L4 (t)") (6.139)

单位:%。

(45) bA432: 工业固体废物综合利用率 A432 = f_{14} ("促进力 L4 (t)") (6.140)

表 6-28　　　　　表函数 bA432

L4 (t)	0.6100	0.6292	0.638	0.6412	0.6453	0.6756	0.6761	0.6790	0.7434
A432	0.902	0.945	0.884	0.897	0.873	0.922	0.897	0.950	0.906

(46) 万名人口平均科技活动人员数 A511 = 41.4487 + 0.0015021 × 科技活动人员数 A111 - 0.0598632 × 人口数 E1111 (6.141)

单位:人/万人。

(47) 财政支出中科学技术支出所占比重 A521 = - IF THEN ELSE ((-0.08825 - 0.000792 × 国家级工程技术中心、重点实验室、企业技术中心数 A122 + 0.19983 × "促进力 L4(t)" < 0.039), (-0.08825 - 0.000792 × 国家级工程技术中心、重点实验室、企业技术中心数 A122 + 0.19983 × "促进力 L4(t)"), (0.0388 × (1 + RAMP((0.053), (2009), (2020))))) (6.142)

单位:%。

(48) 大中型工业企业科技机构设置率 A531 = bA531 ("促进力 L4 (t)") (6.143)

单位:%。

(49) bA531: 大中型工业企业科技机构设置率 A531 = f_{15} ("促进力 L4 (t)") (6.144)

表 6-29　　　　　表函数 bA531

L4 (t)	0.6100	0.6292	0.6380	0.6412	0.6453	0.6756	0.6761	0.6790	0.7434
A531	0.534	0.604	0.664	0.656	0.714	0.743	0.410	0.617	0.536

(二) 武汉市模型

武汉市科技竞争力未来发展评价网络流图见图 6-10。武汉市与南

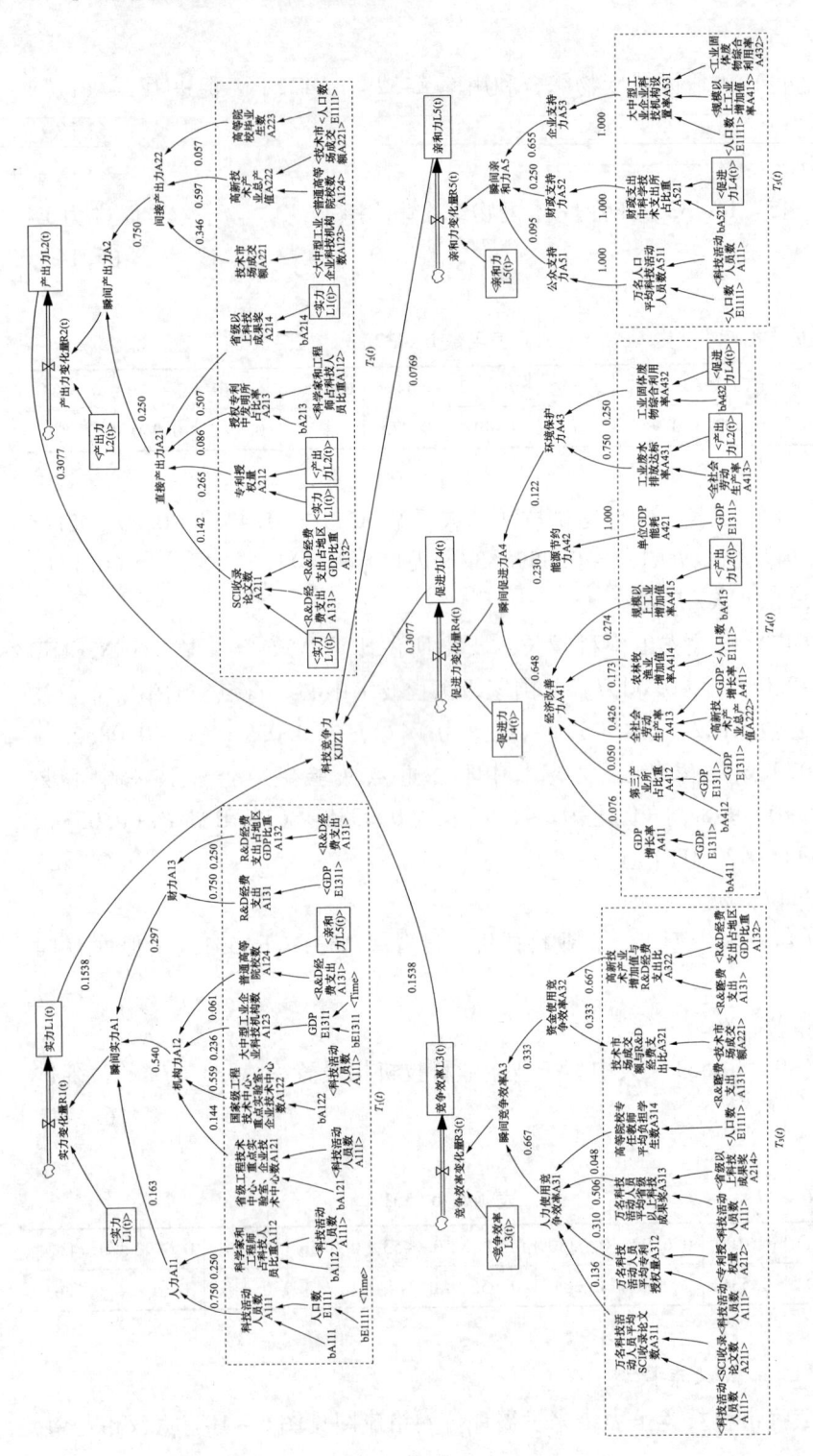

图 6-10 武汉市科技竞争力未来发展评价网络流图

昌市的科技竞争力未来发展评价网络流图结构基本相同，都是由实力变化量 R1（t）、产出力变化量 R2（t）、竞争效率变化量 R3（t）、促进力变化量 R4（t）、亲和力变化量 R5（t）五棵流率基本入树联合构成，且五棵流率基本入树都是基于区域科技竞争力评价指标体系构建的，因此，两者的各流率基本入树总体相同。不同之处在于各树中区域科技竞争力具体（三级）评价指标以下（树尾方向）的变量不完全相同，另外两市部分相同变量的数学方程也不同。因此武汉市和南昌市科技竞争力未来发展系统动力学仿真模型变量数学方程的不同，仅在于各流率基本入树中具体评价指标及其以下变量（见图 6-10 中虚线框中的变量）的不同，其余变量的方程均相同。以下仅列出武汉市与南昌市不同的变量数学方程。

（1）科技活动人员数 A111 = IF THEN ELSE((人口数 E1111 < 835.55)，(bA111(人口数 E1111))，(75000×(1 + RAMP((0.0169)，(2009)，(2020))))) (6.145)

单位：人。

（2）bA111：科技活动人员数 A111 = f_1（人口数 E1111） (6.146)

表 6-30　　　　　　　表函数 bA111

E1111	749.2	758.2	768.7	781.2	785.9	801.4	818.8	828.2	833.2
A111	81194	71357	60808	56337	70148	67512	70523	70705	75000

（3）人口数 E1111 = IF THEN ELSE((Time < 2010)，(bE1111(Time))，(835.6×(1 + RAMP((0.01221)，(2009)，(2020))))) (6.147)

单位：万人。

（4）bE1111：人口数 E1111 = f_2（Time） (6.148)

表 6-31　　　　　　　表函数 bE1111

Time	2000 年	2001 年	2002 年	2003 年	2004 年	2005 年	2006 年	2007 年	2008 年	2009 年
E1111	749.2	758.2	768.7	781.2	785.9	801.4	818.8	828.2	833.2	835.6

(5) 科学家和工程师占科技人员比重 A112 = IF THEN ELSE((bA112(科技活动人员数 A111)<0.8),(bA112(科技活动人员数 A111)),(0.8)) (6.149)

单位:%。

(6) bA112:科学家和工程师占科技人员比重 A112 = f_3(科技活动人员数 A111) (6.150)

表 6-33   表函数 bA112

A111	56337	60808	67512	70148	70523	71357	72705	75000	79504	81194
A112	0.679	0.627	0.767	0.631	0.67	0.536	0.659	0.648	0.433	0.471

(7) 省级工程技术中心、重点实验室、企业技术中心数 A121 = IF THEN ELSE((科技活动人员数 A111<75000),(bA121(科技活动人员数 A111)),(223×(1+RAMP((0.0877),(2009),(2020))))) (6.151)

单位:个。

(8) bA121:省级工程技术中心、重点实验室、企业技术中心数 A121 = f_4(科技活动人员数 A111) (6.152)

表 6-33   表函数 bA121

A111	56337	60808	67512	70148	70523	71357	72705	75000	79504	81194
A121	140	124	112	46	113	107	208	223	105	106

(9) 国家级工程技术中心、重点实验室、企业技术中心数 A122 = IF THEN ELSE((科技活动人员数 A111<75000),(bA122(科技活动人员数 A111)),(54×(1+RAMP((0.0991),(2009),(2020))))) (6.153)

单位:个。

(10) bA122:国家级工程技术中心、重点实验室、企业技术中心数 A122 = f_5(科技活动人员数 A111) (6.154)

表 6-34　　　　　　　　表函数 bA122

A111	56337	60808	67512	70148	70523	71357	72705	75000	79504	81194
A122	46	45	37	37	51	43	52	54	43	42

（11）大中型工业企业科技机构数 A123 = -8.815 + 0.0436471 × GDP E1311 　　　　　　　　　　　　　　　　　　　　　　　　（6.155）

单位：个。

（12）GDP E1311 = IF THEN ELSE((Time < 2010)，(bE1311(Time))，(4620.9 × (1 + RAMP((0.1623)，(2009)，(2020))))) 　　　　　　　　　　　　　　　　　　　　　　　　　　　　　（6.156）

单位：亿元。

（13）bE1311：GDP E1311 = f_6 (Time) 　　　　　　　　（6.157）

表 6-35　　　　　　　　表函数 bE1311

Time	2000 年	2001 年	2002 年	2003 年	2004 年	2005 年	2006 年	2007 年	2008 年	2009 年
E1311	1206.8	1335.4	1467.8	1622.2	1882.2	2261.2	2679.3	3209.5	4115.5	4620.9

（14）普通高等院校数 A124 = 102.194 + 0.56911 × "R&D 经费支出 A131" - 171.588 × "亲和力 L5（t）" 　　　　　　　　（6.158）

单位：所。

（15）R&D 经费支出 A131 = -22.6526 + 0.030031 × GDP E1311 　　　　　　　　　　　　　　　　　　　　　　　　（6.159）

单位：亿元。

（16）R&D 经费支出占地区 GDP 比重 A132 = IF THEN ELSE((0.01057 + 0.00011479 × R&D 经费支出 A131 < 0.05)，(0.01057 + 0.00011479 × R&D 经费支出 A131)，(0.05)) 　　（6.160）

单位：%。

（17）SCI 收录论文数 A211 = 16029 + 146.241 × R&D 经费支出 A131 - 243445 × R&D 经费支出占地区 GDP 比重 A132 - 24767.9 × "实力 L1（t）" 　　　　　　　　　　　　　　　　　　　　　（6.161）

单位：篇。

（18）专利授权量 A212 = -2554.88 - 7154.37 ב"实力 L1(t)" + 19114.6 ב"产出力 L2(t)"　　　　　　　　　　　　　　　（6.162）

单位：项。

（19）授权专利中发明所占比率 A213 = bA213（科学家和工程师占科技人员比重 A112）　　　　　　　　　　　　　　（6.163）

单位：%。

（20）bA213：授权专利中发明所占比率 A213 = f_7（科学家和工程师占科技人员比重 A112）　　　　　　　　　　（6.164）

表 6-36　　　　　　　表函数 bA 213

A 112	0.434	0.471	0.536	0.627	0.631	0.648	0.659	0.670	0.679	0.767
A 213	0.084	0.089	0.109	0.196	0.253	0.184	0.185	0.189	0.312	0.262

（21）省级以上科技成果奖 A214 = IF THEN ELSE(("实力 L1(t)" < 0.7830)，(bA214("实力 L1(t)"))，(209×(1 + RAMP((0.0247)，(2009)，(2020)))))　　　　　　　　　（6.165）

单位：项。

（22）bA214：省级以上科技成果奖 A214 = f_8（"实力 L1（t）"）
　　　　　　　　　　　　　　　　　　　　　　　　　　（6.166）

表 6-37　　　　　　　表函数 bA214

L1 (t)	0.5242	0.5299	0.5362	0.5405	0.5461	0.5495	0.5624	0.6524	0.7447
A 214	229	207	249	193	354	246	180	328	209

（23）技术市场成交额 A221 = 9.09943 + 0.36581×大中型工业企业科技机构数 A123　　　　　　　　　　　　　　（6.167）

单位：亿元。

（24）高新技术产业总产值 A222 = -309.425 - 5.76258×普通高等院校数 A124 + 40.0401×技术市场成交额 A221　　（6.168）

单位:亿元。

(25) 高等院校毕业生数 A223 = -1687000 + 2300.68 × 人口数 E1111 (6.169)

单位:人。

(26) 万名科技活动人员平均 SCI 收录论文数 A311 = SCI 收录论文数 A211/科技活动人员数 A111 × 10000 (6.170)

单位:篇/万人。

(27) 万名科技活动人员平均专利授权量 A312 = 专利授权量 A212/科技活动人员数 A111 × 10000 (6.171)

单位:项/万人。

(28) 万名科技活动人员平均省级以上科技成果奖 A313 = 省级以上科技成果奖 A214/科技活动人员数 A111 × 10000 (6.172)

单位:项/万人。

(29) 高等院校专任教师平均负担学生数 A314 = -652.05 + 1.65042 × 人口数 E1111 - 0.0010177 × (人口数 E1111)^2 (6.173)

单位:%。

(30) 技术市场成交额与 R&D 经费支出比 A321 = 2.46 - 86.9989 × "R&D 经费支出占 GDP 比重 A132" (6.174)

单位:%。

(31) 高新技术产业增加值与 R&D 经费支出比 A322 = 18.08 + 0.04975 × R&D 经费支出 A131 - 731.122 × R&D 经费支出占地区 GDP 比重 A132 (6.175)

单位:%。

(32) GDP 增长率 A411 = bA411 (GDP E1311) (6.176)

单位:%。

(33) bA411:GDP 增长率 A411 = f_9 (GDP E1311) (6.177)

表 6-38 表函数 bA411

E1311	1206.8	1335.4	1467.8	1622.2	1882.2	2261.2	2679.3	3209.8	4115.5
A411	0.107	0.099	0.105	0.160	0.201	0.185	0.198	0.282	0.123

（34）第三产业所占比重 $A412 = bA412$（GDP E1311） (6.178)

单位：%。

（35）bA412：第三产业所占比重 $A412 = f_{10}$（GDP E1311）

(6.179)

表 6-39 表函数 bA412

E1311	1206.8	1335.4	1467.8	1622.2	1882.2	2261.2	2679.3	3209.5	4115.5
A412	0.500	0.505	0.509	0.507	0.498	0.507	0.511	0.511	0.504

（36）全社会劳动生产率 $A413 = 5087.42 + 12.9321 \times$ GDPE1311 $+ 16.5763 \times$ 高新技术产业总产值 $A222 + 52093.5 \times$ GDP 增长率 $A411$

(6.180)

单位：元/（人·年）。

（37）农林牧渔业增加值率 $A414 = 1.06773 - 0.0005749 \times$ 人口数 E1111 (6.181)

单位：元/元。

（38）规模以上工业增加值率 $A415 = bA415$（"产出力 L2（t）"）

(6.182)

单位：元/元。

（39）bA415：规模以上工业增加值率 $A415 = f_{11}$（"产出力 L2（t）"） (6.183)

表 6-40 表函数 bA415

L2（t）	0.3902	0.4062	0.4191	0.4377	0.4602	0.4886	0.5332	0.6578	0.7729
A415	0.323	0.320	0.321	0.321	0.321	0.312	0.299	0.240	0.286

（40）单位 GDP 能耗 $A421 =$ IF THEN ELSE（(GDP E1311 < 4620.9)，(1.6849 - 0.0002 × GDP E1311 + 1.4031 × 10^{-8} × GDP E1311^2)，(1.118 × (1 + RAMP((-0.0328)，(2009)，(2020)))))

(6.184)

单位：吨标准煤/万元。

(41) 工业废水排放达标率 A431 = 0.9531 + 3.66867 × 10^{-6} × 全社会劳动生产率 A413 − 0.42773 × "产出力 L2（t）"   (6.185)

单位：吨/吨。

(42) 工业固体废物综合利用率 A432 = bA432（"促进力 L4（t）"）   (6.186)

单位：%。

(43) bA432：工业固体废物综合利用率 A432 = f_{12}（"促进力 L4（t）"）   (6.187)

表 6−41   表函数 bA432

L4（t）	0.5554	0.5641	0.5728	0.5754	0.5772	0.5973	0.6133	0.6317	0.6774
A432	0.910	0.926	0.807	0.974	0.909	0.894	0.930	0.920	0.909

(44) 万名人口平均科技活动人员数 A511 = 83.098 + 0.001298 × 科技活动人员数 A111 − 0.109238 × 人口数 E1111   (6.188)

单位：人/万人。

(45) 财政支出中科学技术支出所占比重 A521 = bA521（"促进力 L4（t）"）   (6.189)

单位：%。

(46) bA521：财政支出中科学技术支出所占比重 A521 = f_{13}（"促进力 L4（t）"）   (6.190)

表 6−42   表函数 bA521

L4(t)	0.5554	0.5641	0.5728	0.5754	0.5772	0.5973	0.6133	0.6317	0.6774
A521	0.0131	0.0128	0.0128	0.0178	0.0139	0.016	0.0186	0.0179	0.0143

(47) 大中型工业企业科技机构设置率 A531 = IFTHEN ELSE（（人口数 E1111 < 835.55），（−3.6711 + 0.00509 × 人口数 E1111 + 1.01766 × 规模以上工业增加值率 A415 − 0.332445 × 工业固体废物综合利用率 A432），

$(0.5608 \times (1 + \text{RAMP}((0.056),(2009),(2020))))$ (6.191)

单位：个/个。

（三）合肥市模型

合肥市科技竞争力未来发展评价网络流图见图 6-11。合肥市与南昌市的科技竞争力未来发展评价网络流图结构基本相同，都是由实力变化量 R1（t）、产出力变化量 R2（t）、竞争效率变化量 R3（t）、促进力变化量 R4（t）、亲和力变化量 R5（t）五棵流率基本入树联合构成，且五棵流率基本入树都是基于区域科技竞争力评价指标体系构建的，因此，两者的各流率基本入树总体相同。不同之处在于各树中区域科技竞争力具体（三级）评价指标以下（树尾方向）的变量不完全相同，另外两市部分相同变量的数学方程也不同。因此合肥市和南昌市科技竞争力未来发展系统动力学仿真模型变量数学方程的不同，仅在于各流率基本入树中具体评价指标及其以下变量（见图 6-11 中虚线框中的变量）的不同，其余变量的方程均相同。以下仅列出合肥市与南昌市不同的变量数学方程。

（1）科技活动人员数 A111 = IF THEN ELSE ((人口数 E1111 < 491.4)，(bA111 (人口数 E1111))，(42500 × (1 + RAMP ((0.2651)，(2009)，(2020)))))　　(6.192)

单位：人。

（2）bA111：科技活动人员数 A111 = f_1（人口数 E1111）　(6.193)

表 6-43　　　　　　　　表函数 bA111

E1111	438.2	442.2	444.7	448.1	455.7	456.6	469.9	478.9	486.7
A111	21680	24544	16594	15862	20192	15982	28713	41300	42500

（3）人口数 E1111 = IF THEN ELSE ((Time < 2010)，(bE1111 (Time))，(491.4 × (1 + RAMP((0.0128)，(2009)，(2020)))))

(6.194)

单位：万人。

第六章 区域科技竞争力未来发展系统动力学仿真评价 | 199

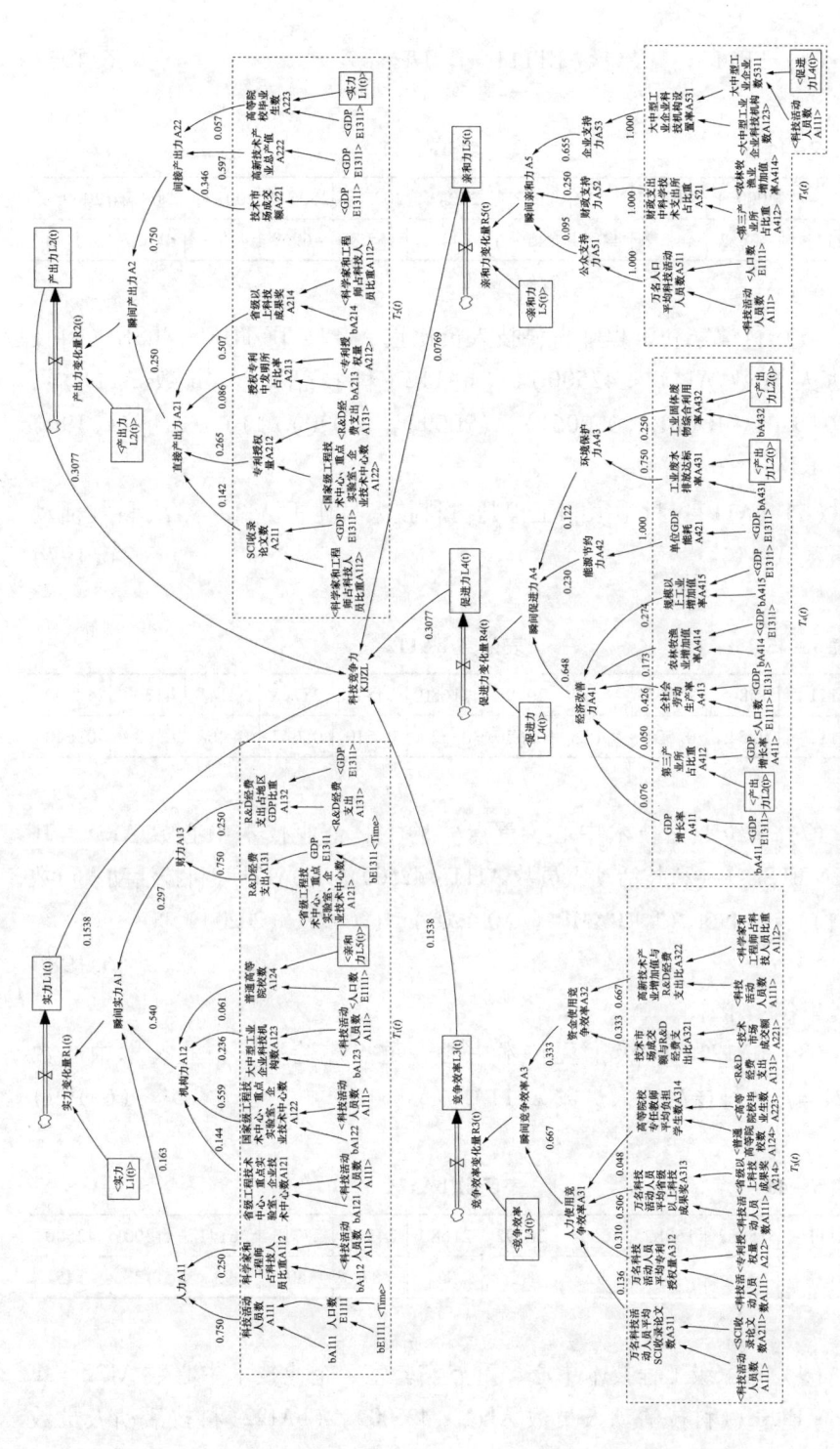

图 6-11 合肥市科技竞争力未来发展评价网络流图

（4）bE1111：人口数 E1111 $=f_2$（Time） (6.195)

表6－44　　　　　　表函数 bE1111

Time	2000年	2001年	2002年	2003年	2004年	2005年	2006年	2007年	2008年	2009年
E1111	438.2	442.2	448.1	456.6	444.7	455.7	469.9	478.9	486.7	491.4

（5）科学家和工程师占科技人员比重 A112 = IF THEN ELSE((科技活动人员数 A111 < 42500)，(bA112(科技活动人员数 A111))，(0.64 × (1 + RAMP((0.0061)，(2009)，(2020))))) (6.196)

单位：%。

（6）bA112：科学家和工程师占科技人员比重 A112 $=f_3$（科技活动人员数 A111） (6.197)

表6－45　　　　　　表函数 bA112

A111	15862	15982	16594	20192	21680	24544	28713	36141	41300	42500
A112	0.545	0.531	0.625	0.650	0.525	0.510	0.647	0.468	0.639	0.640

（7）省级工程技术中心、重点实验室、企业技术中心数 A121 = IF THEN ELSE ((科技活动人员数 A111 < 42500)，(bA121(科技活动人员数 A111))，(145 × (1 + RAMP ((0.1205)，(2009)，(2020))))) (6.198)

单位：个。

（8）bA121：省级工程技术中心、重点实验室、企业技术中心数 A121 $=f_4$（科技活动人员数 A111） (6.199)

表6－46　　　　　　表函数 bA121

A111	15862	15982	16594	20192	21680	24544	28713	36141	41300	42500
A121	91	100	92	92	93	87	60	93	112	145

（9）国家级工程技术中心、重点实验室、企业技术中心数 A122 = IF THEN ELSE((科技活动人员数 A111 < 42500)，(bA122(科技活动人员数

A111))，(16×(1+RAMP((0.2296)，(2009)，(2020)))))　　(6.200)

　　单位：个。

（10）bA122：国家级工程技术中心、重点实验室、企业技术中心数 A122 = f_5（科技活动人员数 A111）　　(6.201)

表 6-47				表函数 bA122					
A111	15862	15982	16594	20192	21680	24544	28713	36141	41300	42500
A122	10	11	7	9	9	10	11	9	11	16

（11）大中型工业企业科技机构数 A123 = IF THEN ELSE（(科技活动人员数 A111 < 42500)，(bA123（科技活动人员数 A111))，(70×(1+RAMP ((0.0527)，(2009)，(2020)))))　　(6.202)

　　单位：个。

（12）bA123：大中型工业企业科技机构数 A123 = f_6（科技活动人员数 A111　　(6.203)

表 6-48				表函数 bA123					
A111	15862	15982	16594	20192	21680	24544	28713	36141	41300	42500
A123	50	56	57	58	51	63	62	57	99	70

（13）普通高等院校数 A124 = -88.9723 + 0.324765 × 人口数 E1111 - 44.4379 × "亲和力 L5 (t)"　　(6.204)

　　单位：所。

（14）R&D 经费支出 A131 = -8.78331 + 0.0246831 × GDP E1311 + 0.10456 × 省级工程技术中心、重点实验室、企业技术中心数 A121　　(6.205)

　　单位：亿元。

（15）GDP E1311 = IF THEN ELSE ((Time < 2010)，(bE1311 (Time))，(2102.1 × (1+RAMP ((0.2132)，(2009)，(2020)))))

　　　　　　　　　　　　　　　　　　　　　　　　　　(6.206)

　　单位：亿元。

（16）bE1311：GDP E1311 = f_7（Time）　　(6.207)

表6-49　　　　　　　　表函数 bE1311

Time	2000年	2001年	2002年	2003年	2004年	2005年	2006年	2007年	2008年	2009年
E1311	369.2	424.0	497.4	590.2	721.9	878.4	1073.8	1334.6	1664.8	2102.1

（17）R&D 经费支出占地区 GDP 比重 A132 = 0.0231 - 1.9676 × 10^{-5} × GDP E1311 + 0.000678 ד R&D 经费支出 A131" 　　(6.208)

单位：%。

（18）SCI 收录论文数 A211 = - 2449.87 + 1.24949 × GDP E1311 + 6550.35 × 科学家和工程师占科技人员比重 A112 　　(6.209)

单位：篇。

（19）专利授权量 A212 = - 638.85 + 75.24 国家级工程技术中心重点实验室、企业技术中心数 A122 + 34.49 AR&D 经费支出 A131

单位：项。

（20）授权专利中发明所占比率 A213 = bA213（专利授权量 A212） 　　(6.211)

单位：%。

（21）bA213：授权专利中发明所占比率 A213 = f_8（专利授权量 A212） 　　(6.212)

表6-50　　　　　　　　表函数 bA213

A212	406	436	520	524	563	581	759	1083	1307	2304
A213	0.158	0.158	0.238	0.166	0.361	0.238	0.219	0.230	0.231	0.178

（22）省级以上科技成果奖 A214 = bA214（科学家和工程师占科技人员比重 A112） 　　(6.213)

单位：项。

（23）bA214：省级以上科技成果奖 A214 = f_9（科学家和工程师占科技人员比重 A112） 　　(6.214)

表6-51　　　　　　　　表函数 bA214

A112	0.468	0.510	0.531	0.535	0.545	0.625	0.639	0.640	0.647	0.650
A214	79	20	76	37	68	174	150	101	112	109

(24) 技术市场成交额 A221 = −2.42077 + 0.01643 × GDP E1311
$$(6.215)$$
单位：亿元。

(25) 高新技术产业总产值 A222 = −196.021 + 0.961941 × GDP E1311
$$(6.216)$$
单位：亿元。

(26) 高等院校毕业生数 A223 = 321084 + 91.7175 × GDP E1311 − 891098 × "实力 L1（t）"
$$(6.217)$$
单位：人。

(27) 万名科技活动人员平均 SCI 收录论文数 A311 = 1023.54 − 0.0358278 × 科技活动人员数 A111 + 0.37574 × SCI 收录论文数 A211
$$(6.218)$$
单位：篇/万人。

(28) 万名科技活动人员平均专利授权量 A312 = 338.603 − 0.009782 × 科技活动人员数 A111 + 0.27769 × 专利授权量 A212
$$(6.219)$$
单位：项/万人。

(29) 万名科技活动人员平均省级以上科技成果奖 A313 = 36.0332 − 0.00164421 × 科技活动人员数 A111 + 0.50579 × 省级以上科技成果奖 A214
$$(6.220)$$
单位：项/万人。

(30) 高等院校专任教师平均负担学生数 A314 = 4.57206 + 0.3905 × 普通高等院校数 A124 − 4.07589 × 10^{-5} × 高等院校毕业生数 A223 (6.221)
单位：人/人。

(31) 技术市场成交额与 R&D 经费支出比 A321 = 0.509 − 0.02334 × "R&D 经费支出 A131" + 0.0447855 × 技术市场成交额 A221 (6.222)
单位：%。

(32) 高新技术产业增加值与 R&D 经费支出比 A322 = −11.2076 + 9.7077 × 10^{-5} × 科技活动人员数 A111 + 26.141 × 科学家和工程师占科技人员比重 A112
$$(6.223)$$
单位：%。

(33) GDP 增长率 A411 = IF THEN ELSE（（GDP E1311 < 2102.1），

(bA411（GDP E1311）)，(0.28862 – 49.6551/GDP E1311)) (6.224)

单位：无量纲。

(34) bA411：GDP 增长率 A411 = f_{10}（GDP E1311） (6.225)

表 6 – 52　　　　　　　　　表函数 bA411

E1311	369.2	424.0	497.4	590.2	721.9	878.4	1073.8	1334.6	1664.8
A411	0.148	0.173	0.187	0.223	0.217	0.222	0.243	0.247	0.263

(35) 第三产业所占比重 A412 = 0.8226 – 1.1502 × "产出力 L2(t)" + 0.39588 × GDP 增长率 A411 (6.226)

单位：%。

(36) 全社会劳动生产率 A413 = 42122.6 – 88.2856 × 人口数 E1111 + 42.0363 × GDP E1311 (6.227)

单位：元/(人·年)。

(37) 农林牧渔业增加值率 A414 = bA414（GDP E1311） (6.228)

单位：%。

(38) bA414：农林牧渔业增加值率 A414 = f_{11}（GDP E1311） (6.229)

表 6 – 53　　　　　　　　　表函数 bA414

E1311	369.2	424.0	497.4	590.2	721.9	878.4	1073.8	1334.6	1664.8
A414	0.568	0.565	0.560	0.570	0.549	0.543	0.578	0.584	0.585

(39) 规模以上工业增加值率 A415 = bA415（GDP E1311） (6.230)

单位：%。

(40) bA415：规模以上工业增加值率 A415 = f_{12}（GDP E1311） (6.231)

表 6 – 54　　　　　　　　　表函数 bA415

E1311	369.2	424.0	497.4	590.2	721.9	878.4	1073.8	1334.6	1664.8
A415	0.308	0.355	0.309	0.310	0.327	0.328	0.330	0.290	0.277

(41) 单位 GDP 能耗 A421 = IF THEN ELSE((GDP E1311 < 2102.1), (1.49685 − 0.000431627 × GDP E1311), (0.811 × (1 + RAMP((−0.0602), (2009), (2020))))) (6.232)

单位: 吨标准煤/万元。

(42) 工业废水排放达标率 A431 = bA431（"产出力 L2 (t)"） (6.233)

单位: %。

(43) bA431: 工业废水排放达标率 A431 = f_{13}（"产出力 L2 (t)"） (6.234)

表 6-55　　　　　表函数 bA431

L2 (t)	0.3500	0.3510	0.3522	0.3623	0.3686	0.3926	0.3962	0.4264	0.4567
A431	0.984	0.983	0.984	0.953	0.975	0.979	0.944	0.961	0.964

(44) 工业固体废物综合利用率 A432 = bA432（"产出力 L2 (t)"） (6.235)

单位: %。

(45) bA432: 工业固体废物综合利用率 A432 = f_{14}（"产出力 L2 (t)"） (6.236)

表 6-56　　　　　表函数 bA432

L2 (t)	0.3500	0.3510	0.3522	0.3623	0.3686	0.3926	0.3962	0.4264	0.4567
A432	0.992	1.005	0.973	1.016	0.988	0.999	0.995	0.992	0.987

(46) 万名人口平均科技活动人员数 A511 = 54.5617 + 0.002092 × 科技活动人员数 A111 − 0.116845 × 人口数 E1111 (6.237)

单位: 人/万人。

(47) 财政支出中科学技术支出所占比重 A521 = IF THEN ELSE((−0.004273 − 0.211822 × 第三产业所占比重 A412 + 0.207769 × 农林牧渔业增加值率 A414 < 0.036), (−0.004273 − 0.211822 × 第三产业所占比重 A412 + 0.207769 × 农林牧渔业增加值率 A414), (0.0358 × (1 + RAMP((0.091), (2009), (2020))))) (6.238)

单位：%

（48）大中型工业企业科技机构设置率 A531 = 大中型工业企业科技机构数 A123/大中型工业企业数 5311　　　　　　　　　　　　　　（6.239）

单位：个/个。

（49）大中型工业企业数 5311 = -66.4539 + 0.0027133 × 科技活动人员数 A111 + 193.315 × "促进力 L4（t）"　　　　　　　　（6.240）

单位：个

（四）郑州市模型

郑州市科技竞争力未来发展评价网络流图见图 6-12。郑州市与南昌市的科技竞争力未来发展评价网络流图结构基本相同，都是由实力变化量 R1(t)、产出力变化量 R2(t)、竞争效率变化量 R3(t)、促进力变化量 R4(t)、亲和力变化量 R5(t) 五棵流率基本入树联合构成，且五棵流率基本入树都是基于区域科技竞争力评价指标体系构建的，因此，两者的各流率基本入树总体相同。不同之处在于各树中区域科技竞争力具体（三级）评价指标以下（树尾方向）的变量不完全相同，另外两市部分相同变量的数学方程也不同。因此郑州市和南昌市科技竞争力未来发展系统动力学仿真模型变量数学方程的不同，仅在于各流率基本入树中具体评价指标及其以下变量（见图 6-12 中虚线框中的变量）的不同，其余变量的方程均相同。以下仅列出郑州市与南昌市不同的变量数学方程。

（1）科技活动人员数 A111 = IF THEN ELSE((人口数 E1111 < 752.1)，(bA111(人口数 E1111))，(35838.1 + 7.20218 × GDP E1311))　　（6.241）

单位：人。

（2）bA111：科技活动人员数 A111 = f_1(人口数 E1111)　　（6.242）

（3）人口数 E1111 = IF THEN ELSE（(Time < 2010)，(bE1111(Time))，(752.1 × (1 + RAMP ((0.0136)，(2009)，(2020)))))

（6.243）

单位：万人。

表 6-57　　　　　　　　　　表函数 bA111

E1111	665.9	677.0	687.7	697.7	708.2	716.0	724.3	735.6	743.6
A111	41471	42291	43314	44538	45503	46140	48890	52231	60000

第六章 区域科技竞争力未来发展系统动力学仿真评价 | 207

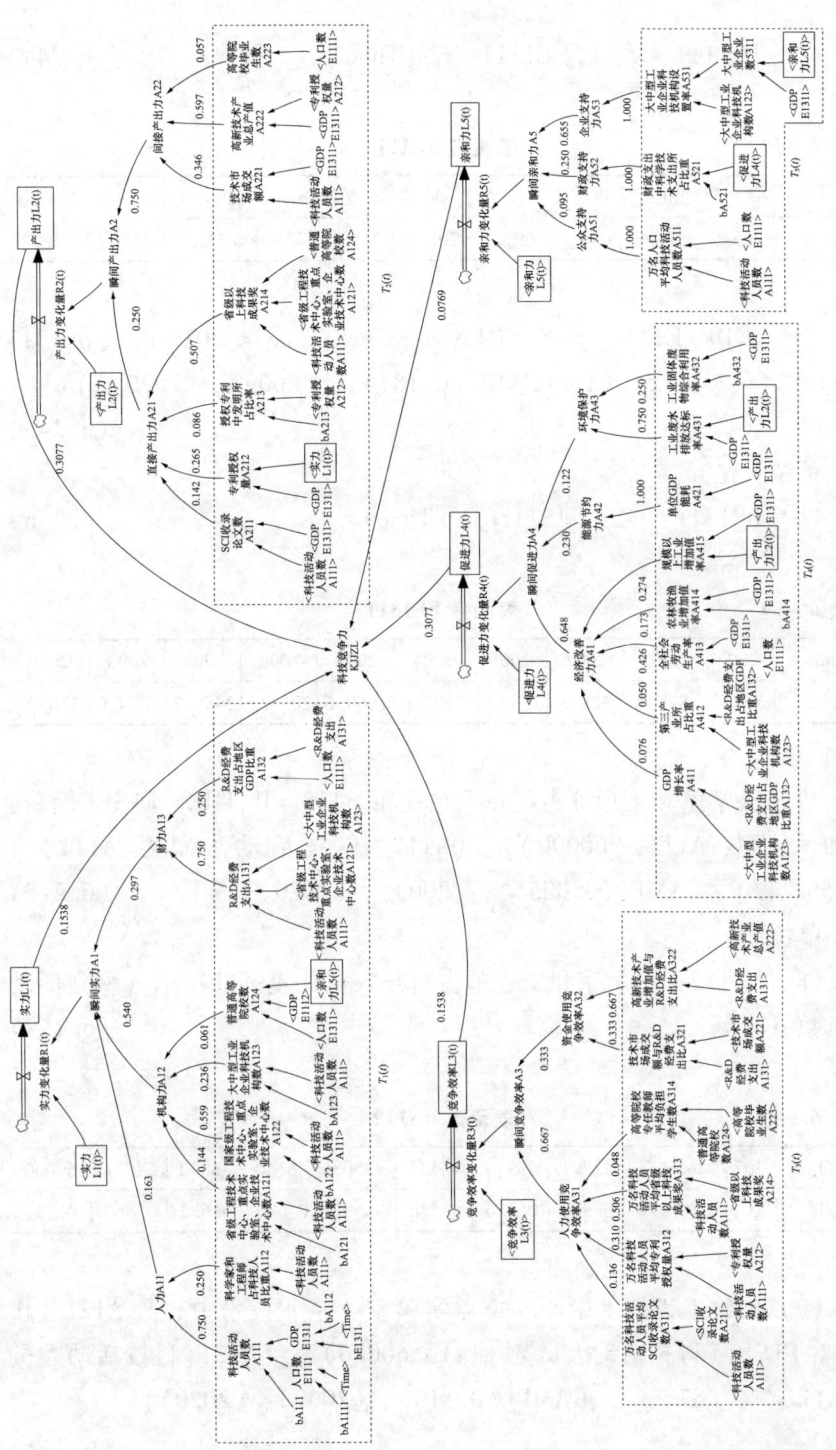

图 6-12 郑州市科技竞争力未来发展评价网络流图

(4) bE1111：人口数 E1111 = f_2（Time） (6.244)

表 6-58　　　　　　　表函数 bE1111

Time	2000年	2001年	2002年	2003年	2004年	2005年	2006年	2007年	2008年	2009年
E1111	665.9	677.0	687.7	697.7	708.2	716.0	724.3	735.6	743.6	752.1

(5) GDP E1311 = IF THEN ELSE((Time < 2010),(bE1311(Time)),(3308.5×(1 + RAMP((0.1814),(2009),(2020))))) (6.245)

单位：亿元。

(6) bE1311：GDP E1311 = f_3（Time） (6.246)

表 6-59　　　　　　　表函数 bE1311

Time	2000	2001	2002	2003	2004	2005	2006	2007	2008	2009
E1311	738.0	828.2	928.3	1102.3	1377.9	1660.6	2013.5	2486.7	3004.0	3308.5

(7) 科学家和工程师占科技人员比重 A112 = IF THEN ELSE((科技活动人员数 A111 < 60000),(bA112(科技活动人员数 A111)),(0.552×(1 + RAMP((0.0055),(2009),(2020))))) (6.247)

单位：%。

(8) bA112：科学家和工程师占科技人员比重 A112 = f_4（科技活动人员数 A111） (6.248)

表 6-60　　　　　　　表函数 bA112

A111	40751	41471	42291	43314	44538	45503	46140	48890	52231	60000
A112	0.52	0.534	0.560	0.570	0.586	0.590	0.620	0.632	0.660	0.552

(9) 省级工程技术中心、重点实验室、企业技术中心数 A121 = IF THEN ELSE((科技活动人员数 A111 < 60000),(bA121(科技活动人员数 A111)),(67×(1 + RAMP((0.115),(2009),(2020))))) (6.249)

单位：个。

（10）bA121：省级工程技术中心、重点实验室、企业技术中心数 A121 = f_5（科技活动人员数 A111）   （6.250）

表 6-61   表函数 bA121

A111	40751	41471	42291	43314	44538	45503	46140	48890	52231	60000
A121	61	64	65	62	63	49	83	70	45	67

（11）国家级工程技术中心、重点实验室、企业技术中心数 A122 = IF THEN ELSE（（科技活动人员数 A111 < 60000），（bA122（科技活动人员数 A111）），（11 ×（1 + RAMP（（0.25），（2009），（2020）））））   （6.251）

单位：个。

（12）bA122：国家级工程技术中心、重点实验室、企业技术中心数 A122 = f_6（科技活动人员数 A111）   （6.252）

表 6-62   表函数 bA122

A111	40751	41471	42291	43314	44538	45503	46140	48890	52231
A122	11	11	12	12	11	9	10	17	11

（13）大中型工业企业科技机构数 A123 = IF THEN ELSE（（科技活动人员数 A111 < 60000），（bA123（科技活动人员数 A111）），（102 ×（1 + RAMP（（0.0777），（2009），（2020）））））   （6.253）

单位：个。

（14）bA123：大中型工业企业科技机构数 A123 = f_7（科技活动人员数 A111）   （6.254）

表 6-63   表函数 bA123

A111	40751	41471	42291	43314	44538	45503	46140	48890	52231	60000
A123	52	49	41	72	89	64	67	75	86	102

(15) 普通高等院校数 A124 = −463.017 + 0.72082 × 人口数 E1111 − 0.012065 × GDPE1311 + 32.046 × "亲和力 L5（t）"　　　　(6.255)

单位：所。

(16) R&D 经费支出 A131 = −77.5394 + 0.00204479 × 科技活动人员数 A111 + 0.0698327 × 省级工程技术中心、重点实验室、企业技术中心数 A121 − 0.052497 × 大中型工业企业科技机构数 A123　　　(6.256)

单位：亿元。

(17) R&D 经费支出占地区 GDP 比重 A132 = 0.0824637 + 0.00027982 × R&D 经费支出 A131 − 0.000109777 × 人口数 E1111

(6.257)

单位：%。

(18) SCI 收录论文数 A211 = 1183.86 + 0.79952 × GDP E1311 − 0.037275 × 科技活动人员数 A111　　　　(6.258)

单位：篇。

(19) 专利授权量 A212 = 18077.6 + 2.61238 × GDP E1311 − 51183.9 × "实力 L1（t）"　　　　(6.259)

单位：项。

(20) 授权专利中发明所占比率 A213 = bA213（专利授权量 A212）

(6.260)

单位：%。

(21) bA213：授权专利中发明所占比率 A213 = f_8（专利授权量 A212）　　　　(6.261)

表 6−64　　　　表函数 bA213

A 212	880	889	901	974	1135	1430	2026	3549	3808	3978
A 213	0.058	0.193	0.070	0.194	0.181	0.324	0.310	0.162	0.129	0.067

(22) 省级以上科技成果奖 A214 = −13.171 + 0.000314868 × 科技活动人员数 A111 + 0.224189 × 省级工程技术中心、重点实验室、企业技术中心数 A121 + 0.320777 × 普通高等院校数 A124　　(6.262)

单位：项。

(23) 技术市场成交额 A221 = 36.8261 + 0.025202 × GDP E1311 −

$0.00124322 \times$ 科技活动人员数 A111   (6.263)

单位：亿元。

（24）高新技术产业总产值 A222 $= -364.227 + 0.587405 \times$ GDP E1311 $+ 0.0700463 \times$ 专利授权量 A212   (6.264)

单位：亿元。

（25）高等院校毕业生数 A223 $= -1620260 + 2439.11 \times$ 人口数 E1111   (6.265)

单位：人。

（26）万名科技活动人员平均 SCI 收录论文数 A311 $= 246.609 - 0.005882 \times$ 科技活动人员数 A111 $+ 0.245897 \times$ SCI 收录论文数 A211

               (6.266)

单位：篇/万人。

（27）万名科技活动人员平均专利授权量 A312 $= 524.304 - 0.018299 \times$ 科技活动人员数 A111 $+ 0.217587 \times$ 专利授权量 A212

               (6.267)

单位：项/万人。

（28）万名科技活动人员平均省级以上科技成果奖 A313 $= 5.92961 - 0.00012931 \times$ 科技活动人员数 A111 $+ 0.217361 \times$ 省级以上科技成果奖 A214

               (6.268)

单位：项/万人。

（29）高等院校专任教师平均负担学生数 A314 $= 16.8327 - 0.08163 \times$ 普通高等院校数 A124 $+ 6.04748 \times 10^{-5} \times$ 高等院校毕业生数 A223   (6.269)

单位：%。

（30）技术市场成交额与 R&D 经费支出比 A321 $= 0.701142 - 0.043284 \times$ R&D 经费支出 A131 $+ 0.05441 \times$ 技术市场成交额 A221

               (6.270)

单位：%。

（31）高新技术产业增加值与 R&D 经费支出比 A322 $= 8.04263 - 0.627019 \times$ R&D 经费支出 A131 $+ 0.0191768 \times$ 高新技术产业总产值 A222   (6.271)

单位：%。

(32) GDP 增长率 A411 = 0.461141 + 0.0007664 × 大中型工业企业科技机构数 A123 − 32.0082 × R&D 经费支出占地区 GDP 比重 A132

(6.272)

单位：%。

(33) 第三产业所占比重 A412 = 0.448972 − 0.00071246 × 大中型工业企业科技机构数 A123 + 3.52304 × R&D 经费支出占地区 GDP 比重 A132

(6.273)

单位：%

(34) 全社会劳动生产率 A413 = −153287 + 244.239 × 人口数 E1111 + 16.295 × GDP E1311

(6.274)

单位：元/(人·年)。

(35) 农林牧渔业增加值率 A414 = bA414 (GDP E1311) (6.275)

单位：%。

(36) bA414：农林牧渔业增加值率 A414 = f_9 (GDP E1311)

(6.276)

表 6−65　　　　　　　　表函数 bA414

E1311	738	828.2	928.3	1102.3	1377.9	1660.6	2013.8	2486.7	3004
A414	0.576	0.574	0.571	0.572	0.573	0.573	0.578	0.573	0.560

(37) 规模以上工业增加值率 A415 = 0.260342 − 3.94681 × 10^{-5} × GDP E1311 + 0.292097 × "产出力 L2 (t)"

(6.277)

单位：%。

(38) 单位 GDP 能耗 A421 = 1.55984 − 0.000147922 × GDP E1311

(6.278)

单位：吨标准煤/万元。

(39) 工业废水排放达标率 A431 = 1.11745 + 7.38462 × 10^{-5} × GDP E1311 − 0.655665 × "产出力 L2 (t)"

(6.279)

单位：%。

(40) 工业固体废物综合利用率 A432 = bA432 (GDP E1311)

(6.280)

单位：%。

（41）bA432：工业固体废物综合利用率 $A432 = f_{10}$（GDP E1311）
$$(6.281)$$

表6-66　　　　　　　表函数 bA432

E1311	738	828.2	928.3	1102.3	1377.9	1660.6	2013.5	2486.7	3004
A432	0.764	0.626	0.644	0.482	0.676	0.665	0.608	0.781	0.826

（42）万名人口平均科技活动人员数 $A511 = 56.2832 + 0.00130912 \times$ 科技活动人员数 $A111 - 0.07405 \times$ 人口数 E1111　　(6.282)

单位：人/万人。

（43）财政支出中科学技术支出所占比重 $A521 = bA521$（"促进力 L4（t）"）　　(6.283)

单位：%。

（44）bA521：财政支出中科学技术支出所占比重 $A521 = f_{11}$（"促进力 L4（t）"）　　(6.284)

表6-67　　　　　　　表函数 bA521

L4（t）	0.5026	0.5330	0.5349	0.5368	0.5542	0.5568	0.5604	0.5814	0.6147
A521	0.0176	0.0168	0.0173	0.0188	0.0173	0.0151	0.0171	0.0156	0.0156

（45）大中型工业企业科技机构设置率 $A531 =$ 大中型工业企业科技机构数 A123/大中型工业企业数 5311　　(6.285)

单位：%。

（46）大中型工业企业数 $5311 = -48.4605 + 0.115539 \times$ GDP E1311 $+ 137.312 \times$ "亲和力 L5（t）"　　(6.286)

单位：个。

（五）太原市模型

太原市科技竞争力未来发展评价网络流图见图6-13。太原市与南昌市的科技竞争力未来发展评价网络流图结构基本相同，都是由实力变化量 R1（t）、产出力变化量 R2（t）、竞争效率变化量 R3（t）、促进力变化量 R4（t）、亲和力变化量 R5（t）五棵流率基本入树联合构成，且五棵流率基本入树都是基于区域科技竞争力评价指标体系构建的，因此，两者的各流率基本入树总体相同。不同之处在于各树中区域科技竞争力具体（三级）评价指标以下（树尾方向）的变量不完全相同，另外两市部分相同变量的数学方程也不同。因此太原市和南昌市科技竞争力未来发展系统动力学仿真模型变量数学方程的不同，仅在于各流率基本入树中具体评价指标及其以下变量（见图 6 – 13 中虚线框中的变量）的不同，其余变量的方程均相同。以下仅列出太原市与南昌市不同的变量数学方程。

（1）科技活动人员数 A111 = IF THEN ELSE（（人口数 E1111 < 365.1），(bA111（人口数 E1111）)，(45600 × (1 + RAMP（(0.165)，(2009)，(2020))))) (6.287)

单位：人。

（2）bA111：科技活动人员数 A111 = f_1（人口数 E1111） (6.288)

表 6 – 68　　　　　　　　　表函数 bA111

E1111	308.7	315.3	322.2	327.4	331.9	340.4	348.8	355.3	360.2
A111	32182	29080	29651	29725	24727	24527	28264	43600	45600

（3）人口数 E1111 = IF THEN ELSE（(Time < 2010)，(bE1111(Time))，(365.1 × (1 + RAMP((0.0188)，(2009)，(2020)))))

(6.289)

单位：万人。

（4）bE1111：人口数 E1111 = f_2（Time） (6.290)

（5）科学家和工程师占科技人员比重 A112 = IF THEN ELSE（(科技活动人员数 A111 < 45600)，(bA112（科技活动人员数 A111）)，(0.622 × (1 + RAMP((0.005)，(2009)，(2020))))) (6.291)

单位：%。

（6）bA112：科学家和工程师占科技人员比重 A112 = f_3（科技活动人员数 A111） (6.292)

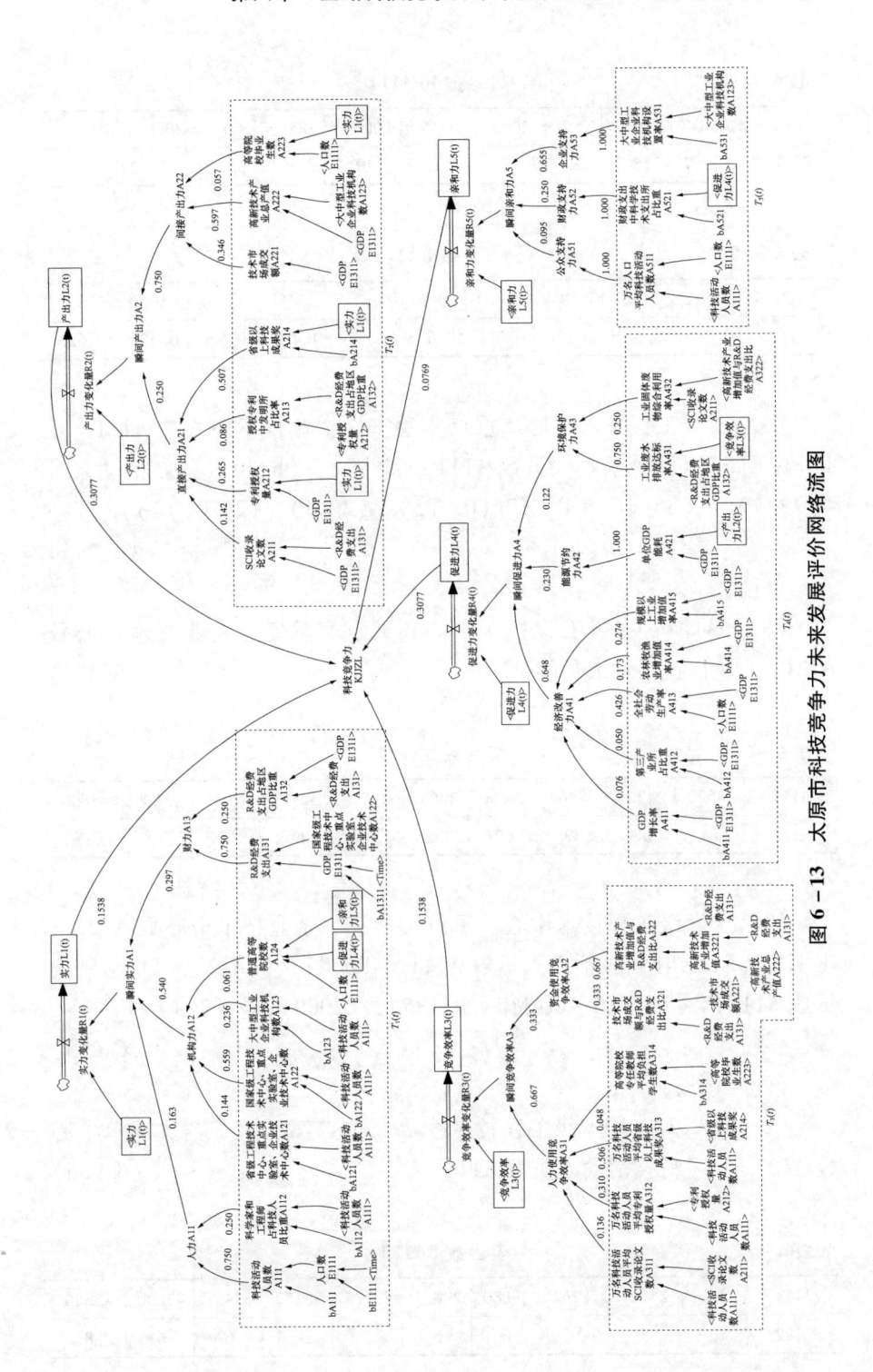

第六章 区域科技竞争力未来发展系统动力学仿真评价 | 215

图 6-13 太原市科技竞争力未来发展评价网络流图

表 6 – 69　　　　　　　　表函数 bE1111

Time	2000 年	2001 年	2002 年	2003 年	2004 年	2005 年	2006 年	2007 年	2008 年	2009 年
E1111	308.7	315.3	322.2	327.4	331.9	340.4	348.8	355.3	360.2	365.1

表 6 – 70　　　　　　　　表函数 bA112

A111	24527	24727	28264	29080	29651	29725	32182	33451	43600	45600
A112	0.589	0.551	0.588	0.581	0.614	0.579	0.639	0.586	0.658	0.622

（7）省级工程技术中心、重点实验室、企业技术中心数 A121 = IF THEN ELSE（（科技活动人员数 A111 < 45600），（bA121（科技活动人员数 A111）），（85 × （1 + RAMP（（0.135），（2009），（2020））））） (6.293)

单位：个。

（8）bA121：省级工程技术中心、重点实验室、企业技术中心数 $A121 = f_4$（科技活动人员数 A111） (6.294)

表 6 – 71　　　　　　　　表函数 bA121

A111	24527	24727	28264	29080	29651	29725	32182	33451	43600	45600
A121	73	58	43	60	62	66	64	62	70	85

（9）国家级工程技术中心、重点实验室、企业技术中心数 A122 = IF THEN ELSE（（科技活动人员数 A111 < 45600），（bA122（科技活动人员数 A111）），（8 × （1 + RAMP（（0.185），（2009），（2020））））） (6.295)

单位：个。

（10）bA122：国家级工程技术中心、重点实验室、企业技术中心数 $A122 = f_5$（科技活动人员数 A111） (6.296)

表 6 – 72　　　　　　　　表函数 bA122

A111	24527	24727	28264	29080	29651	29725	32182	33451	43600	45600
A122	6	5	6	6	6	6	6	6	6	8

(11) 大中型工业企业科技机构数 A123 = IF THEN ELSE((科技活动人员数 A111 < 45600),(bA123(科技活动人员数 A111)),(36 × (1 + RAMP((0.075),(2009),(2020))))) (6.297)

单位：个。

(12) bA123：大中型工业企业科技机构数 A123 = f_6（科技活动人员数 A111） (6.298)

表 6−73　　　　　表函数 bA123

A111	24527	24727	28264	29080	29651	29725	32182	33451	43600	45600
A123	61	52	62	41	39	47	52	58	57	36

(13) 普通高等院校数 A124 = IF THEN ELSE((人口数 E1111 < 365.1),(−122.117 + 0.750378 × 人口数 E1111 − 81.9569 × "促进力 L4(t)" − 104.986 × "亲和力 L5(t)"),(36 × (1 + RAMP((0.085),(2009),(2020))))) (6.299)

单位：所。

(14) R&D 经费支出 A131 = −38.0936 + 0.0326024 × GDP E1311 + 4.41725 × 国家级工程技术中心、重点实验室、企业技术中心数 A122 (6.300)

单位：亿元。

(15) GDP E1311 = IF THEN ELSE((Time < 2010),(bE1311(Time)),(1545.2 × (1 + RAMP((0.1632),(2009),(2020))))) (6.301)

单位：亿元。

(16) bE1311：GDP E1311 = f_7（Time） (6.302)

表 6−74　　　　　表函数 bE1311

Time	2000 年	2001 年	2002 年	2003 年	2004 年	2005 年	2006 年	2007 年	2008 年	2009 年
E1311	396.3	451.2	503.1	613.7	763.8	899.6	1041.9	1291.8	1526.2	1545.2

(17) R&D 经费支出占地区 GDP 比重 A132 = 0.007276 + 0.000641978 ×

R&D 经费支出 A131 − 4.5103 × 10^{-6} × GDP E1311　　　　　(6.303)

单位：%。

（18）SCI 收录论文数 A211 = − 52.495 + 1.06289 × GDP E1311 − 9.90166 × R&D 经费支出 A131　　　　　(6.304)

单位：篇。

（19）专利授权量 A212 = − 1927.2 + 1.14769 × GDP E1311 + 4762.83 × "实力 L1（t）"

(6.305)

单位：项。

（20）授权专利中发明所占比率 A213 = IF THEN ELSE（（专利授权量 A212 < 1748），（0.69523 + 32.193 × R&D 经费支出占地区 GDP 比重 A132 − 0.000858 × 专利授权量 A212），（0.08 × （1 + RAMP（（0.155），（2009），（2020）))))　　　　　(6.306)

单位：%。

（21）省级以上科技成果奖 A214 = bA214（"实力 L1（t）"）

(6.307)

单位：项。

（22）bA214：省级以上科技成果奖 A214 = f_8（"实力 L1（t）"）

(6.308)

表 6 − 75　　　　　表函数 bA214

L1（t）	0.3530	0.3558	0.3560	0.3588	0.3604	0.3609	0.3740	0.3848	0.4068
A 214	114	123	148	129	135	132	145	156	146

（23）技术市场成交额 A221 = 0.87077 + 0.00139338 × GDP E1311

(6.309)

单位：亿元。

（24）高新技术产业总产值 A222 = − 187.723 + 0.304181 × GDP E1311 + 2.57341 × 大中型工业企业科技机构数 A123　　　　　(6.310)

单位：亿元。

（25）高等院校毕业生数 A223 = − 531717 + 1689.33 × 人口数

E1111 + 48607.7 × "实力 L1（t）" (6.311)

单位：人。

（26）万名科技活动人员平均 SCI 收录论文数 A311 = SCI 收录论文数 A211/科技活动人员数 A111 × 10000 (6.312)

单位：篇/万人。

（27）万名科技活动人员平均专利授权量 A312 = 专利授权量 A212/科技活动人 A111 × 10000 (6.313)

单位：项/万人。

（28）万名科技活动人员平均省级以上科技成果奖 A313 = 省级以上科技成果奖 A214/科技活动人员数 A111 × 10000 (6.314)

单位：项/万人。

（29）高等院校专任教师平均负担学生数 A314 = bA314（高等院校毕业生数 A223） (6.315)

单位：%。

（30）bA314：高等院校专任教师平均负担学生数 A314 = f_9（高等院校毕业生数 A223） (6.316)

表 6 - 76　　　　　表函数 bA314

| A223 | 12572 | 13500 | 16900 | 22775 | 30900 | 53735 | 59982 | 82861 | 87962 | 92369 |
| A314 | 10.90 | 13.32 | 15.44 | 13.90 | 15.57 | 16.37 | 15.16 | 15.07 | 14.41 | 14.40 |

（31）技术市场成交额与 R&D 经费支出比 A321 = 技术市场成交额 A221/R&D 经费支出 A131 (6.317)

单位：%。

（32）高新技术产业增加值与 R&D 经费支出比 A322 = 高新技术产业增加值 A3221/R&D 经费支出 A131 (6.318)

单位：元/元。

（33）高新技术产业增加值 A3221 = -0.504014 + 1.25057 × R&D 经费支出 A131 + 0.169426 × 高新技术产业总产值 A222 (6.319)

单位：亿元。

（34）GDP 增长率 A411 = bA411（GDP E1311） (6.320)

单位：%。

（35）bA411：GDP 增长率 A411 = f_{10}（GDP E1311） (6.321)

表 6-77　　　　　　　表函数 bA411

E1311	396.3	451.2	503.1	613.7	763.8	899.6	1041.9	1291.8	1526.2
A411	0.139	0.115	0.220	0.245	0.178	0.158	0.240	0.181	0.013

（36）第三产业所占比重 A412 = bA412（GDP E1311） (6.322)

单位：%。

（37）bA412：第三产业所占比重 A412 = f_{11}（GDP E1311）

(6.323)

表 6-78　　　　　　　表函数 bA412

E1311	396.3	451.2	503.1	613.7	763.8	899.6	1041.9	1291.8	1526.2
A412	0.543	0.552	0.534	0.510	0.506	0.524	0.492	0.502	0.544

（38）全社会劳动生产率 A413 = -36003.4 + 145.101 × 人口数 E1111 + 54.4072 × GDP E1311 (6.324)

单位：元/（人·年）。

（39）农林牧渔业增加值率 A414 = bA414（GDP E1311） (6.325)

单位：%。

（40）bA414：农林牧渔业增加值率 A414 = f_{12}（GDP E1311）

(6.326)

表 6-79　　　　　　　表函数 bA414

E1311	396.3	451.2	503.1	613.7	763.8	899.6	1041.9	1291.8	1526.2
A414	0.615	0.652	0.627	0.639	0.587	0.561	0.570	0.575	0.568

（41）规模以上工业增加值率 A415 = bA415（GDP E1311）

(6.327)

单位：%。

（42）bA415：规模以上工业增加值率 A415 = f_{13}（GDP E1311）

(6.328)

表 6-80　　　　　　　表函数 bA415

E1311	396.3	451.2	503.1	613.7	763.8	899.6	1041.9	1291.8	1526.2
A415	0.354	0.325	0.322	0.322	0.306	0.306	0.306	0.303	0.300

（43）单位 GDP 能耗 A421 = IF THEN ELSE((GDP E1311 < 1545.2)，(4.7331 − 0.00081271 × GDP E1311 − 4.07821 × "产出力 L2(t)")，(MAX((4.7331 − 0.00081271 × GDP E1311 − 4.07821 × "产出力 L2(t)")，(1.83 × (1 + RAMP((−0.054)，(2009)，(2020))))))) (6.329)

单位：吨标准煤/万元。

（44）工业废水排放达标率 A431 = 0.66356 + 3.339 × R&D 经费支出占地区 GDP 比重 A132 + 0.54636 × "竞争效率 L3（t）"　(6.330)

单位：%。

（45）工业固体废物综合利用率 A432 = 0.2396 + 0.00016253 × SCI 收录论文数 A211 + 0.021818 × 高新技术产业增加值与 R&D 经费支出比 A322 (6.331)

单位：%。

（46）万名人口平均科技活动人员数 A511 = 70.5422 + 0.00274782 × 科技活动人员数 A111 − 0.195996 × 人口数 E1111　(6.332)

单位：人/万人。

（47）财政支出中科学技术支出所占比重 A521 = bA521（"促进力 L4（t）"）

(6.333)

单位：%。

（48）bA521：财政支出中科学技术支出所占比重 A521 = f_{14} "（促进力 L4（t）"）

(6.334)

表 6-81　　　　　　　表函数 bA521

L4 (t)	0.4613	0.4881	0.5032	0.5046	0.5176	0.5204	0.5286	0.5522	0.6014
A521	0.0161	0.0152	0.0207	0.0299	0.0152	0.0153	0.0125	0.0269	0.0233

(49) 大中型工业企业科技机构设置率 A531 = bA531（大中型工业企业科技机构数 A123） (6.335)

单位：%。

(50) bA531：大中型工业企业科技机构设置率 A531 = f_{15}（大中型工业企业科技机构数 A123） (6.336)

表 6-82　　　　　　　　　　　表函数 bA531

A123	36	39	41	47	52	52	57	58	61	62
A531	0.350	0.424	0.441	0.490	0.553	0.656	0.553	0.604	0.639	0.582

第三节　仿真结果分析与评价

一　仿真结果的有效性分析

模型的有效性分析目的在于考察模型对实际的拟合能力，从而判定它的预测能力。由于中部六省会城市科技竞争力系统动力学模型是分别通过对 2000—2009 年各市的历史运行轨迹进行拟合而建立起来的，因此，可以通过观察模型运行结果和过去的实际数据的吻合情况，判定模型的有效性。下文通过科技竞争力和实力、产出力、竞争效率、促进力与亲和力六个指标，分别对南昌、长沙、武汉、合肥、郑州、太原六市模型的有效性进行考察。

（1）指标实际值和系统动力学仿真值的对比分析。

通过将指标实际值和系统动力学仿真值进行对比，可以直接地看出系统动力学模型对指标的拟合能力。2000—2009 年中部六省会城市科技竞争力、实力、产出力、竞争效率、促进力与亲和力六个指标的实际值、系统动力学仿真值及其与实际值差异如表 6-83 至表 6-88 所示。

表 6-83　　　　　　　　　　南昌市模型有效性分析表

指标	类型	2000年	2001年	2002年	2003年	2004年	2005年	2006年	2007年	2008年	2009年
科技竞争力	实际值	0.4182	0.4235	0.4341	0.4616	0.4505	0.4457	0.4541	0.4647	0.4857	0.4852
	仿真值	0.4181	0.4264	0.4274	0.4508	0.4412	0.4482	0.4518	0.4653	0.4854	0.4826
	差异	-0.0001	0.0029	-0.0067	-0.0108	-0.0093	0.0025	-0.0023	0.0006	-0.0003	-0.0026

续表

指标	类型	2000年	2001年	2002年	2003年	2004年	2005年	2006年	2007年	2008年	2009年
实力	实际值	0.3553	0.3572	0.3517	0.3567	0.3562	0.3574	0.3684	0.3878	0.3958	0.4197
	仿真值	0.3553	0.3546	0.3516	0.3552	0.3579	0.3575	0.3707	0.3862	0.3991	0.4152
	差异	0.0000	-0.0026	-0.0001	-0.0015	0.0017	0.0001	0.0023	-0.0016	0.0033	-0.0045
产出力	实际值	0.3395	0.3420	0.3407	0.3432	0.3468	0.3503	0.3571	0.3708	0.3806	0.4083
	仿真值	0.3395	0.3388	0.3410	0.3426	0.3469	0.3530	0.3585	0.3704	0.3852	0.4024
	差异	0.0000	-0.0032	0.0003	-0.0006	0.0001	0.0027	0.0014	-0.0004	0.0046	-0.0059
竞争效率	实际值	0.3768	0.3683	0.3944	0.3821	0.3994	0.3681	0.3725	0.3763	0.3799	0.3786
	仿真值	0.3768	0.3922	0.3811	0.3896	0.3809	0.3657	0.3680	0.3774	0.3769	0.3804
	差异	0.0000	0.0239	-0.0133	0.0075	-0.0185	-0.0024	-0.0045	0.0011	-0.0030	0.0018
促进力	实际值	0.5419	0.5534	0.5800	0.6420	0.6037	0.6128	0.6170	0.6258	0.6809	0.6387
	仿真值	0.5419	0.5555	0.5632	0.6243	0.5909	0.6088	0.6132	0.6277	0.6745	0.6363
	差异	0.0000	0.0021	-0.0168	-0.0177	-0.0128	-0.0040	-0.0038	0.0019	-0.0064	-0.0024
亲和力	实际值	0.4465	0.4729	0.4677	0.5818	0.5432	0.4889	0.5242	0.5253	0.5164	0.5224
	仿真值	0.4465	0.4729	0.4750	0.5040	0.5070	0.5330	0.5090	0.5297	0.5204	0.5283
	差异	0.0000	0.0000	0.0073	-0.0778	-0.0362	0.0441	-0.0152	0.0044	0.0040	0.0059

表6-84　　　　　　　　长沙市模型有效性分析表

指标	类型	2000年	2001年	2002年	2003年	2004年	2005年	2006年	2007年	2008年	2009年
科技竞争力	实际值	0.4694	0.4723	0.4856	0.5012	0.5097	0.5166	0.5539	0.5485	0.5651	0.6273
	仿真值	0.4694	0.4709	0.4850	0.5017	0.5088	0.5181	0.5509	0.5486	0.5679	0.6242
	差异	0.0000	-0.0014	-0.0006	0.0005	-0.0009	0.0015	-0.0030	0.0001	0.0028	-0.0031
实力	实际值	0.3972	0.3975	0.4094	0.4233	0.4378	0.4354	0.4530	0.4616	0.4873	0.5720
	仿真值	0.3972	0.3973	0.4108	0.4251	0.4362	0.4329	0.4527	0.4645	0.4843	0.5723
	差异	0.0000	-0.0002	0.0014	0.0018	-0.0016	-0.0025	-0.0003	0.0029	-0.0030	0.0003
产出力	实际值	0.3601	0.3644	0.3728	0.3847	0.3970	0.4067	0.4371	0.4867	0.4940	0.5620
	仿真值	0.3601	0.3634	0.3693	0.3859	0.4019	0.4177	0.4353	0.4677	0.4942	0.5622
	差异	0.0000	-0.0010	-0.0035	0.0012	0.0049	0.0110	-0.0018	-0.0190	0.0002	0.0002
竞争效率	实际值	0.4117	0.4186	0.4247	0.4382	0.4224	0.4189	0.4575	0.4324	0.4213	0.4269
	仿真值	0.4117	0.4096	0.4224	0.4433	0.4273	0.4148	0.4516	0.4397	0.4347	0.4170
	差异	0.0000	-0.0090	-0.0023	0.0051	0.0049	-0.0041	-0.0059	0.0073	0.0134	-0.0099

续表

指标	类型	2000年	2001年	2002年	2003年	2004年	2005年	2006年	2007年	2008年	2009年
促进力	实际值	0.6100	0.6292	0.6380	0.6453	0.6412	0.6756	0.6790	0.6761	0.7434	0.7998
	仿真值	0.6100	0.6309	0.6366	0.6443	0.6372	0.6741	0.6830	0.6818	0.7148	0.8039
	差异	0.0000	0.0017	-0.0014	-0.0010	-0.0040	-0.0015	0.0040	0.0057	-0.0286	0.0041
亲和力	实际值	0.6040	0.5330	0.6011	0.6728	0.7525	0.6779	0.9148	0.6905	0.5784	0.7089
	仿真值	0.6040	0.5310	0.6158	0.6651	0.7313	0.6725	0.8805	0.7266	0.7096	0.6728
	差异	0.0000	-0.0020	0.0147	-0.0077	-0.0212	-0.0054	-0.0343	0.0361	0.1312	-0.0361

表6-85 武汉市模型有效性分析表

指标	类型	2000年	2001年	2002年	2003年	2004年	2005年	2006年	2007年	2008年	2009年
科技竞争力	实际值	0.4720	0.4876	0.4888	0.4925	0.5142	0.5171	0.5452	0.6150	0.6805	0.7830
	仿真值	0.4718	0.5119	0.4936	0.4966	0.5114	0.5182	0.5449	0.5922	0.6530	0.7915
	差异	-0.0002	0.0243	0.0048	0.0041	-0.0028	0.0011	-0.0003	-0.0228	-0.0275	0.0085
实力	实际值	0.5624	0.5405	0.5299	0.5362	0.5495	0.5242	0.5461	0.6524	0.7447	0.9333
	仿真值	0.5624	0.6839	0.5296	0.5353	0.5494	0.5152	0.5508	0.6591	0.6832	0.9148
	差异	0.0000	0.1434	-0.0003	-0.0009	-0.0001	-0.0090	0.0047	0.0067	-0.0615	-0.0185
产出力	实际值	0.3902	0.4062	0.4191	0.4377	0.4602	0.4886	0.5352	0.6578	0.7729	0.9248
	仿真值	0.3902	0.4118	0.4414	0.4397	0.4625	0.4887	0.5332	0.5992	0.7202	0.9723
	差异	0.0000	0.0056	0.0223	0.0020	0.0023	0.0001	-0.0020	-0.0586	-0.0527	0.0475
竞争效率	实际值	0.3950	0.4966	0.4698	0.4469	0.5080	0.4473	0.4742	0.5162	0.5276	0.5559
	仿真值	0.3950	0.4906	0.4770	0.4823	0.4872	0.4645	0.4767	0.4800	0.4933	0.5480
	差异	0.0000	-0.0060	0.0072	0.0354	-0.0208	0.0172	0.0025	-0.0362	-0.0343	-0.0079
促进力	实际值	0.5554	0.5641	0.5754	0.5728	0.5772	0.5973	0.6133	0.6317	0.6774	0.7389
	仿真值	0.5554	0.5692	0.5632	0.5691	0.5783	0.5992	0.6088	0.6297	0.6855	0.7373
	差异	0.0000	0.0051	-0.0122	-0.0037	0.0011	0.0019	-0.0045	-0.0020	0.0081	-0.0016
亲和力	实际值	0.4373	0.3821	0.3756	0.3943	0.4188	0.4351	0.4515	0.4983	0.4987	0.5440
	仿真值	0.4373	0.3824	0.3858	0.3862	0.4123	0.4268	0.4619	0.5049	0.5147	0.5262
	差异	0.0000	0.0003	0.0102	-0.0081	-0.0065	-0.0083	0.0104	0.0066	0.0160	-0.0178

表 6-86　　　　　　　　　合肥市模型有效性分析表

指标	类型	2000年	2001年	2002年	2003年	2004年	2005年	2006年	2007年	2008年	2009年
科技竞争力	实际值	0.4333	0.4433	0.4536	0.4503	0.4609	0.5048	0.4853	0.4999	0.5197	0.5487
	仿真值	0.4332	0.4387	0.4569	0.4469	0.4644	0.5015	0.4861	0.4953	0.5212	0.5459
	差异	-0.0001	-0.0046	0.0033	-0.0034	0.0035	-0.0033	0.0008	-0.0046	0.0015	-0.0028
实力	实际值	0.3853	0.3798	0.3867	0.3838	0.3891	0.3897	0.3944	0.3969	0.4361	0.4600
	仿真值	0.3853	0.3814	0.3871	0.3832	0.3910	0.3860	0.3946	0.3964	0.4397	0.4576
	差异	0.0000	0.0016	0.0004	-0.0006	0.0019	-0.0037	0.0002	-0.0005	0.0036	-0.0024
产出力	实际值	0.3510	0.3500	0.3522	0.3623	0.3686	0.3926	0.3962	0.4264	0.4567	0.5158
	仿真值	0.3510	0.3497	0.3506	0.3624	0.3698	0.3946	0.4011	0.4223	0.4617	0.5084
	差异	0.0000	-0.0003	-0.0016	0.0001	0.0012	0.0020	0.0049	-0.0041	0.0050	-0.0074
竞争效率	实际值	0.3784	0.3868	0.3804	0.4452	0.4481	0.6628	0.5130	0.4869	0.4570	0.4677
	仿真值	0.3784	0.4040	0.3806	0.4463	0.4568	0.6102	0.5083	0.4810	0.4705	0.4669
	差异	0.0000	0.0172	0.0002	0.0011	0.0087	-0.0526	-0.0047	-0.0059	0.0135	-0.0008
促进力	实际值	0.4734	0.5389	0.6125	0.5550	0.5656	0.5892	0.6030	0.6212	0.6357	0.6641
	仿真值	0.4734	0.5428	0.6130	0.5547	0.5615	0.5874	0.5959	0.6255	0.6259	0.6687
	差异	0.0000	0.0039	0.0005	-0.0003	-0.0041	-0.0018	-0.0071	0.0043	-0.0098	0.0046
亲和力	实际值	0.8076	0.6740	0.5035	0.5268	0.5801	0.5290	0.4971	0.5396	0.5992	0.5567
	仿真值	0.8076	0.5632	0.5507	0.4827	0.6168	0.5997	0.5257	0.4930	0.6052	0.5404
	差异	0.0000	-0.1108	0.0472	-0.0441	0.0367	0.0707	0.0286	-0.0466	0.0060	-0.0163

表 6-87　　　　　　　　　郑州市模型有效性分析表

指标	类型	2000年	2001年	2002年	2003年	2004年	2005年	2006年	2007年	2008年	2009年
科技竞争力	实际值	0.4123	0.4213	0.4208	0.4440	0.4458	0.4515	0.4685	0.5044	0.5432	0.5500
	仿真值	0.4122	0.4216	0.4208	0.4391	0.4430	0.4469	0.4717	0.4952	0.5315	0.5658
	差异	-0.0001	0.0003	0.0000	-0.0049	-0.0028	-0.0046	0.0032	-0.0092	-0.0117	0.0158
实力	实际值	0.3748	0.3764	0.3775	0.3882	0.3995	0.3902	0.3969	0.4047	0.4270	0.4472
	仿真值	0.3748	0.3766	0.3797	0.3891	0.3981	0.3874	0.3977	0.4176	0.4170	0.4464
	差异	0.0000	0.0002	0.0022	0.0009	-0.0014	-0.0028	0.0008	0.0129	-0.0100	-0.0008
产出力	实际值	0.3445	0.3454	0.3486	0.3553	0.3683	0.3907	0.4157	0.4677	0.5242	0.5892
	仿真值	0.3445	0.3432	0.3503	0.3570	0.3676	0.3888	0.4233	0.4573	0.5120	0.6070
	差异	0.0000	-0.0022	0.0017	0.0017	-0.0007	-0.0019	0.0076	-0.0104	-0.0122	0.0178

续表

指标	类型	2000年	2001年	2002年	2003年	2004年	2005年	2006年	2007年	2008年	2009年
竞争效率	实际值	0.3633	0.3669	0.3696	0.3746	0.3969	0.4421	0.4932	0.5734	0.6265	0.5024
	仿真值	0.3633	0.3657	0.3692	0.3800	0.3895	0.4183	0.4861	0.5253	0.6012	0.5553
	差异	0.0000	-0.0012	-0.0004	0.0054	-0.0074	-0.0238	-0.0071	-0.0481	-0.0253	0.0529
促进力	实际值	0.5026	0.5330	0.5368	0.5349	0.5542	0.5568	0.5604	0.5814	0.6147	0.6215
	仿真值	0.5026	0.5368	0.5353	0.5399	0.5432	0.5551	0.5645	0.5791	0.6064	0.6305
	差异	0.0000	0.0038	-0.0015	0.0050	-0.0110	-0.0017	0.0041	-0.0023	-0.0083	0.0090
亲和力	实际值	0.4942	0.4764	0.4332	0.6841	0.5113	0.4143	0.4056	0.4031	0.3980	0.4071
	仿真值	0.4942	0.4772	0.4310	0.5826	0.5417	0.4230	0.4133	0.4075	0.3995	0.4026
	差异	0.0000	0.0008	-0.0022	-0.1015	0.0304	0.0087	0.0077	0.0044	0.0015	-0.0045

表6-88　　　　　　　　　　太原市模型有效性分析表

指标	类型	2000年	2001年	2002年	2003年	2004年	2005年	2006年	2007年	2008年	2009年
科技竞争力	实际值	0.4117	0.4313	0.4226	0.4145	0.4253	0.4296	0.4401	0.4568	0.4724	0.4792
	仿真值	0.4117	0.4385	0.4228	0.4135	0.4269	0.4226	0.4402	0.4493	0.4643	0.4905
	差异	0.0000	0.0072	0.0002	-0.0010	0.0016	-0.0070	0.0001	-0.0075	-0.0081	0.0113
实力	实际值	0.3609	0.3604	0.3530	0.3558	0.3588	0.3560	0.3740	0.3848	0.4068	0.4525
	仿真值	0.3609	0.3582	0.3522	0.3573	0.3623	0.3567	0.3751	0.3792	0.4080	0.4550
	差异	0.0000	-0.0022	-0.0008	0.0015	0.0035	0.0007	0.0011	-0.0056	0.0012	0.0025
产出力	实际值	0.3584	0.3627	0.3614	0.3531	0.3547	0.3614	0.3708	0.3750	0.3791	0.3787
	仿真值	0.3584	0.3574	0.3573	0.3560	0.3615	0.3620	0.3690	0.3723	0.3776	0.3795
	差异	0.0000	-0.0053	-0.0041	0.0029	0.0068	0.0006	-0.0018	-0.0027	-0.0015	0.0008
竞争效率	实际值	0.3756	0.3868	0.3984	0.3947	0.4046	0.4221	0.4308	0.4216	0.3943	0.3919
	仿真值	0.3756	0.4430	0.4011	0.3864	0.3999	0.4255	0.4306	0.4227	0.3911	0.3923
	差异	0.0000	0.0562	0.0027	-0.0083	-0.0047	0.0034	-0.0002	0.0011	-0.0032	0.0004
促进力	实际值	0.4613	0.5286	0.5204	0.5032	0.5176	0.4881	0.5046	0.5522	0.6014	0.6325
	仿真值	0.4613	0.5298	0.5240	0.5016	0.5174	0.4876	0.5066	0.5360	0.5872	0.6656
	差异	0.0000	0.0012	0.0036	-0.0016	-0.0002	-0.0005	0.0020	-0.0162	-0.0142	0.0331
亲和力	实际值	0.6004	0.5470	0.4640	0.4624	0.5133	0.6298	0.6095	0.6174	0.6174	0.4970
	仿真值	0.6004	0.5491	0.4646	0.4582	0.5106	0.5318	0.6097	0.6045	0.5786	0.5017
	差异	0.0000	0.0021	0.0006	-0.0042	-0.0027	-0.0980	0.0002	-0.0129	-0.0388	0.0047

从表 6-83 至表 6-88 可以看出，南昌、长沙、武汉、合肥、郑州、太原六市的系统动力学模型，其科技竞争力和实力、产出力、竞争效率、促进力与亲和力六个指标的仿真值与实际值总体上相差不大，因而可以认为中部六省会城市的系统动力学模型对 2000—2009 年科技竞争力的发展及其五个构成要素总体拟合较好，具有对实际较强的拟合能力，并进一步推断出这六个模型均具有较强的预测能力。

（2）中部六省会城市系统动力学模型仿真差异率指标比较。

为进行中部六省会城市系统动力学模型仿真能力的综合比较，本文设计了一个基于科技竞争力和实力、产出力、竞争效率、促进力与亲和力六个指标差异的仿真综合差异率指标，以下式计算：

$$R_S = \frac{1}{2}\left[\frac{1}{10}\sum_{t=2000}^{2009}(|\Delta kjjzl_t|/kjjzl_t) + \sum_{i=1}^{5}\sum_{t=2000}^{2009}w_i\left(\frac{1}{10}|\Delta lev_{it}|/lev_{it}\right)\right] \times 100\%$$

(6.337)

式中：R_S 为仿真综合差异率指标；$|\Delta kjjzl_t|$ 为第 t 年科技竞争力指标的仿真差异绝对值；$kjjzl_t$ 为第 t 年科技竞争力指标实际值；w_i 为第 i 个流位指标（实力、产出力、竞争效率、促进力与亲和力）对科技竞争力的权重（0.1538、0.3077、0.1538、0.3077 和 0.0769）；$|\Delta lev_{it}|$ 为第 t 年第 i 个流位指标的仿真差异绝对值；lev_{it} 为第 t 年第 i 个流位指标的实际值。

根据式 6.337，分别计算南昌、长沙、武汉、合肥、郑州、太原六市的仿真综合差异率指标，得到计算结果如表 6-89 所示。

表 6-89　　　　中部六省会城市仿真差异率指标分析表　　　　单位：%

区域	科技竞争力差异率	流位指标差异率						综合差异率
		实力	产出力	竞争效率	促进力	亲和力	加权	
南昌	0.85	0.46	0.52	1.99	1.10	3.63	1.15	1.00
长沙	0.25	0.31	0.99	1.45	0.73	4.43	1.14	0.70
武汉	1.65	4.06	2.89	3.41	0.66	1.84	2.38	2.02
合肥	0.58	0.36	0.61	1.99	0.60	7.22	1.29	0.94
郑州	1.04	0.78	1.17	3.35	0.81	2.80	1.46	1.25
太原	0.97	0.50	0.73	2.05	1.23	2.69	1.20	1.09

从表 6-89 可以看出，对 2000—2009 年中部六省会城市仿真结果与实际值的差异率指标进行考察，综合差异率从小到大排序依次是长沙、合肥、南昌、太原、郑州和武汉。该排序体现了六省会城市系统动力学模型仿真结果对 2000—2009 年实际值的总体拟合精确度；同时可以看出，中部六省会城市仿真的综合差异率最大的是 2.02%（武汉），数值较小，可以认为中部六省会城市的系统动力学仿真模型对实际的拟合程度较高，具有较强的预测能力。综合差异率是科技竞争力差异率和流位指标加权差异率的平均，其中，科技竞争力差异率是各年的科技竞争力差异率的平均，体现了各模型对科技竞争力指标拟合的平均精确度；流位指标加权差异率由实力、产出力、竞争效率、促进力与亲和力五个流位指标平均差异进行加权得到，体现各模型对实力、产出力、竞争效率、促进力与亲和力五个指标的总体拟合精确度。

二 仿真评价

下文就区域科技竞争力主要指标对模型仿真结果进行分析与评价。由于中部六省会城市科技竞争力的系统动力学模型包含指标较多，难以逐一进行分析，下文主要利用 2010—2020 年科技竞争力指标及其五个构成即实力、产出力、竞争效率、促进力与亲和力以及人力、财力、机构力等十三个二级指标的仿真结果对中部六省会城市进行比较分析与评价。

1. 中部六省会城市科技竞争力及其五个构成指标未来发展仿真评价

2010—2020 年中部六省会城市的科技竞争力、实力、产出力、竞争效率、促进力与亲和力未来发展仿真结果及各指标平均值如表 6-90 所示。

表 6-90　2010—2020 年中部六省会城市科技竞争力及其五个构成指标仿真结果

指标	区域	2010年	2011年	2012年	2013年	2014年	2015年	2016年	2017年	2018年	2019年	2020年	平均
科技竞争力	南昌	0.4992	0.5249	0.5549	0.5939	0.6354	0.6845	0.7314	0.7830	0.8393	0.8970	0.9520	0.6996
	长沙	0.7526	0.8589	0.9700	1.0752	1.1844	1.2970	1.4139	1.5370	1.6651	1.7863	1.9026	1.3130
	武汉	0.8615	0.9553	1.0556	1.1574	1.2603	1.3646	1.4692	1.5725	1.6740	1.7745	1.8749	1.3655
	合肥	0.6085	0.6938	0.7684	0.8514	0.9375	1.0250	1.1094	1.1927	1.2769	1.3624	1.4471	1.0248
	郑州	0.5997	0.6987	0.7700	0.8403	0.9055	0.9630	1.0158	1.0696	1.1181	1.1707	1.2268	0.9435
	太原	0.5022	0.5368	0.5739	0.6131	0.6554	0.7036	0.7392	0.7803	0.8271	0.8670	0.9093	0.7007

续表

指标	区域	2010年	2011年	2012年	2013年	2014年	2015年	2016年	2017年	2018年	2019年	2020年	平均
实力	南昌	0.4332	0.4629	0.4951	0.5319	0.5780	0.6229	0.6728	0.7278	0.7842	0.8288	0.8761	0.6376
	长沙	0.6663	0.7914	0.9073	1.0170	1.1308	1.2499	1.3761	1.5098	1.6324	1.7494	1.8664	1.2633
	武汉	1.0272	1.1598	1.2978	1.4366	1.5734	1.7069	1.8395	1.9733	2.1080	2.2427	2.3773	1.7039
	合肥	0.4966	0.5456	0.6126	0.6985	0.7823	0.8549	0.9307	1.0106	1.0960	1.1892	1.2763	0.8630
	郑州	0.4447	0.4715	0.5021	0.5381	0.5808	0.6327	0.6872	0.7507	0.8063	0.8585	0.9123	0.6532
	太原	0.4884	0.5487	0.6201	0.7106	0.8089	0.8894	0.9707	1.0528	1.1360	1.2205	1.3068	0.8866
产出力	南昌	0.4231	0.4493	0.4879	0.5358	0.6065	0.6897	0.7711	0.8637	0.9690	1.0838	1.1929	0.7339
	长沙	0.8242	1.0661	1.3638	1.6443	1.9166	2.1996	2.4944	2.8046	3.1331	3.4416	3.7334	2.2383
	武汉	1.0599	1.2173	1.3821	1.5493	1.7185	1.8902	2.0652	2.2381	2.4083	2.5781	2.7479	1.8959
	合肥	0.6190	0.7670	0.8863	1.0114	1.1461	1.2976	1.4373	1.5698	1.7023	1.8349	1.9674	1.2945
	郑州	0.6623	0.8473	0.9818	1.1158	1.2294	1.3350	1.4323	1.5297	1.6177	1.7159	1.8179	1.2986
	太原	0.3819	0.3906	0.4007	0.4122	0.4257	0.4418	0.4598	0.4817	0.5056	0.5267	0.5478	0.4522
竞争效率	南昌	0.3853	0.3888	0.3969	0.4052	0.4148	0.4284	0.4414	0.4570	0.4763	0.4976	0.5106	0.4366
	长沙	0.4329	0.4525	0.4691	0.4869	0.5062	0.5270	0.5405	0.5512	0.5615	0.5698	0.5773	0.5159
	武汉	0.6212	0.6371	0.6877	0.7400	0.7921	0.8446	0.8980	0.9520	1.0033	1.0517	1.0987	0.8479
	合肥	0.4755	0.4923	0.5193	0.5658	0.6153	0.6492	0.6842	0.7201	0.7572	0.7950	0.8335	0.6461
	郑州	0.6094	0.7282	0.7468	0.7544	0.7516	0.7394	0.7172	0.6980	0.6697	0.6567	0.6500	0.7019
	太原	0.3852	0.3840	0.3853	0.3876	0.3913	0.3955	0.3981	0.4007	0.4031	0.4055	0.4079	0.3949
促进力	南昌	0.6508	0.6857	0.7266	0.7792	0.8119	0.8554	0.8917	0.9277	0.9638	0.9999	1.0361	0.8481
	长沙	0.8986	0.9749	1.0514	1.1280	1.2047	1.2814	1.3582	1.4351	1.5120	1.5889	1.6659	1.2817
	武汉	0.7733	0.8389	0.8967	0.9546	1.0133	1.0728	1.1334	1.1935	1.2513	1.3081	1.3651	1.0728
	合肥	0.7230	0.8082	0.8724	0.9376	1.0029	1.0684	1.1339	1.1995	1.2652	1.3309	1.3966	1.0671
	郑州	0.6616	0.7265	0.7994	0.8721	0.9502	1.0112	1.0683	1.1226	1.1772	1.2283	1.2835	0.9910
	太原	0.6769	0.7427	0.8085	0.8700	0.9326	0.9964	1.0617	1.1286	1.1976	1.2692	1.3363	1.0019
亲和力	南昌	0.5577	0.5812	0.5722	0.5866	0.6011	0.6156	0.6300	0.6445	0.6589	0.6734	0.6878	0.6190
	长沙	0.7445	0.7751	0.8057	0.8363	0.8669	0.8975	0.9281	0.9587	0.9893	1.0199	1.0505	0.8975
	武汉	0.5713	0.6020	0.6374	0.6787	0.7277	0.7865	0.8325	0.8675	0.9024	0.9374	0.9724	0.7742
	合肥	0.5996	0.6412	0.6787	0.7211	0.7653	0.8109	0.8573	0.9043	0.9517	0.9996	1.0477	0.8161
	郑州	0.3931	0.3898	0.3880	0.3879	0.3890	0.3912	0.3945	0.3990	0.4048	0.4123	0.4185	0.3971
	太原	0.5468	0.5808	0.6130	0.6462	0.6877	0.8249	0.7873	0.7964	0.8623	0.8357	0.8561	0.7307

根据表6-90，从2010—2020年仿真结果的平均值来看，中部六省会城市科技竞争力从高到低排列依次是武汉（1.3655）、长沙（1.3130）、合肥（1.0248）、郑州（0.9435）、太原（0.7007）和南昌（0.6996），该排序反映了中部六省会城市科技竞争力未来发展系统动

力学仿真模型的总体仿真结果。下文将对科技竞争力、实力、产出力、竞争效率、促进力与亲和力预测结果分别进行比较分析。

（1）中部六省会城市科技竞争力未来发展仿真评价。

2000—2020年中部六省会城市科技竞争力仿真曲线①见图6-14。

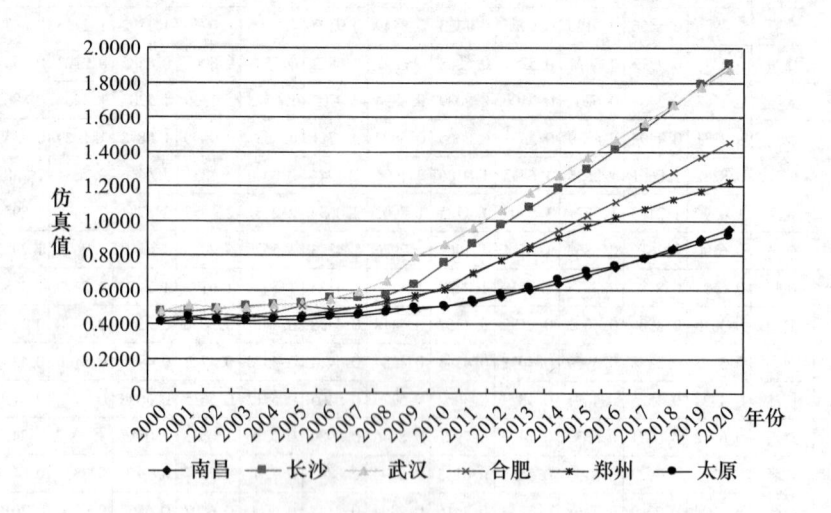

图6-14　2000—2020年中部六省会城市科技竞争力仿真曲线

从中部六省会城市科技竞争力仿真曲线可以看出，2009年之后科技竞争力指标的发展，预计还将是长沙和武汉领先于其他四个省会城市，六个省会城市科技竞争力均持续增强。长沙将于2019年超越武汉；其他四个省会城市中，合肥将在2010年超越郑州，又在2011年到2012年被郑州反超，但2013年再次超越郑州并从此逐渐甩开郑州、南昌和太原，而向长沙、武汉靠拢，南昌和太原落后于其他四市，两者将呈交替领先的态势。2020年，预计长沙科技竞争力将接近2.0000，为六省会城市中最高，太原科技竞争力将接近1.0000，为六省会城市中最低。

（2）中部六省会城市科技实力未来发展仿真评价。

2000—2020年中部六省会城市科技实力仿真曲线见图6-15。

从中部六省会城市科技实力仿真曲线可以看出，2009年之后中部

---

① 为有利于观察和分析，将2000—2009年的历史拟合数据也纳入本小节的仿真曲线。

六省会城市科技实力均持续增强且发展格局比较稳定。武汉全程领先，长沙紧随其后；其他四个省会城市中，形成差距鲜明的两组，较为领先的一组是太原和合肥，太原以微弱的优势领先于合肥，落后的一组是郑州和南昌，2010—2016年，两者相差无几，预计2017—2020年，郑州将以微弱的优势领先于南昌。2020年，武汉科技实力将接近2.5000，为六省会城市中最高，南昌科技实力将接近1.0000，为六省会城市中最低。

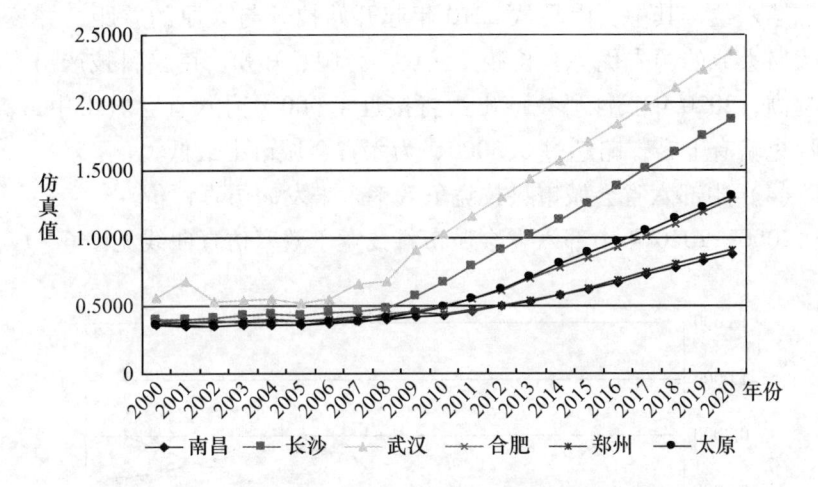

图6-15　2000—2020年中部六省会城市科技实力仿真曲线

（3）中部六省会城市科技产出力未来发展仿真评价。

2000—2020年中部六省会城市科技产出力仿真曲线见图6-16。

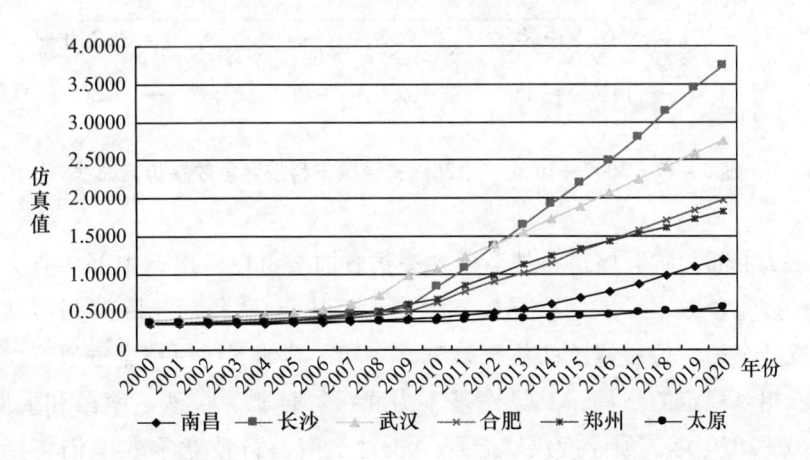

图6-16　2000—2020年中部六省会城市科技产出力仿真曲线

从中部六省会城市科技产出力仿真曲线可以看出，从 2010 年开始，中部六省会城市科技产出力发展大致分为三组：武汉和长沙是产出力水平最高的一组，其中，长沙 2012 年超越武汉，成为六省会城市之首，武汉相应掉落至第二位；合肥和郑州是紧随其后的一组，其中，合肥在 2016 年超越郑州，成为六省会城市科技产出力水平的第三位，郑州相应掉落至第四位；第三组是南昌和太原，分居于科技产出力水平的第五位和第六位，其中，南昌从 2010 年起开始拉开与太原的差距，并逐渐扩大对太原的领先优势。长沙、武汉、合肥、郑州、南昌科技产出力不断提高，2020 年长沙科技产出力将接近 4.000，为六省会城市中最高，太原也略有上升，略超过 0.5000，为六省会城市中最低。

（4）中部六省会城市科技竞争效率未来发展仿真评价。

2000—2020 年中部六省会城市科技竞争效率仿真曲线见图 6-17。

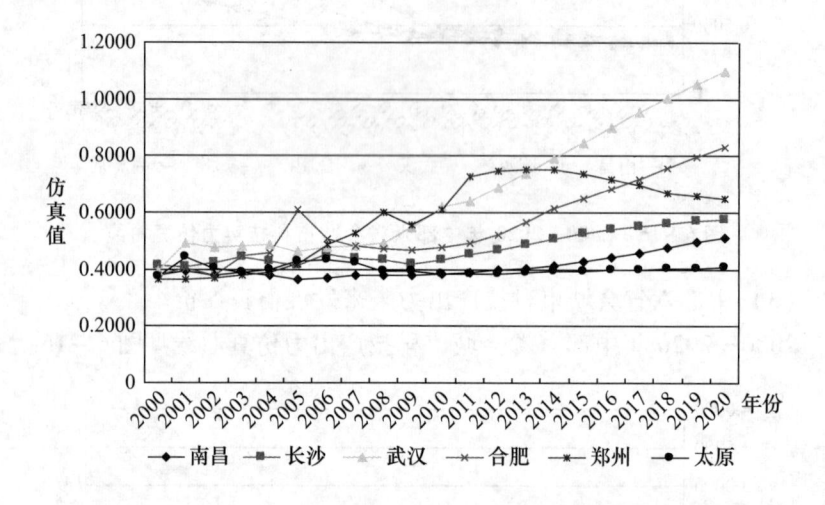

图 6-17　2000—2020 年中部六省会城市科技竞争效率仿真曲线

从中部六省会城市科技竞争效率仿真曲线可以看出，中部六省会城市科技竞争效率发展的格局较不稳定，但从 2009 年后，除郑州市从第二位升至第一位后连跌两位至第三位之外，其他五市科技竞争效率发展形成相对稳定的格局，其排序基本为武汉、合肥、长沙、南昌和太原。2010—2020 年，预计武汉、合肥、长沙、南昌科技竞争效率仍将持续提高，郑州则先上升后下降；2020 年上述五城市科技竞争效率将介于

0.5000 和 1.2000，太原则基本停留在 0.4000 的水平。

（5）中部六省会城市科技促进力未来发展仿真评价。

2000—2020 年中部六省会城市科技促进力仿真曲线见图 6-18。

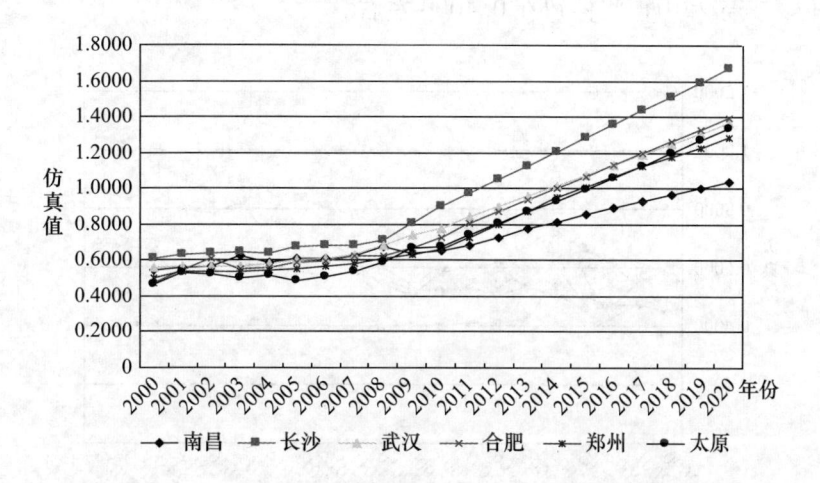

图 6-18　2000—2020 年中部六省会城市科技促进力仿真曲线

从中部六省会城市科技促进力仿真曲线可以看出，2009 年之后中部六省会城市科技促进力发展格局兼具总体稳定、局部变化的特点。总体来看，形成稳定的三个集团，领先的第一集团是长沙，落后的第三集团是南昌，居中的第二集团是武汉、合肥、郑州、太原四市；局部来看，第二集团中，武汉、合肥、郑州、太原四市又形成两组，即武汉和合肥、郑州和太原，每一组之间交替领先发展，呈现不稳定的状态。预计 2010—2020 年，六省会城市科技促进力均持续提高，长沙将接近 1.8000，为六省城市中最高，南昌稍超过 1.000，为六省城市中最低。

（6）中部六省会城市科技亲和力未来发展仿真评价。

2000—2020 年中部六省会城市科技亲和力仿真曲线见图 6-19。

从中部六省会城市亲和力仿真曲线可以看出，除郑州以外，其他五市在 2009 年之后总体上将呈上升趋势。其中，合肥和武汉平稳上升，显示出强劲的上升势头，尤其合肥的亲和力值在 2020 年将超越 1.000 并逼近几乎一直领先的长沙；武汉的亲和力值在 2020 年也将逼近 1.000，居第三位。太原和南昌在 2009—2014 年和合肥、武汉非常接近,但在 2014 年以后,南昌开始掉队,太原则在 2015 年短暂超过合肥和武汉以后,也被合肥和武汉拉开一定距离。郑州市的亲和力从 2005 年开始,就掉落至最后一位,并预计在 2009—2020 年,将一直居最后一位,其亲和力值将停留在 0.4000 左右。

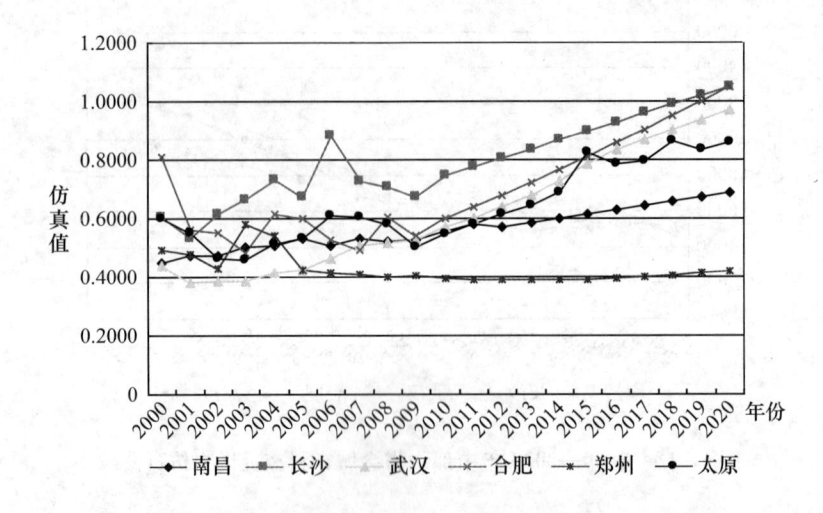

图 6-19 2000—2020 年中部六省会城市科技亲和力仿真曲线

2. 十三个区域科技竞争力评价二级指标未来发展仿真评价①。

从更具体的角度,通过十三个区域科技竞争力评价二级指标未来发展仿真结果对中部六省会城市科技竞争力的发展进行预测。

(1) 中部六省会城市科技人力未来发展仿真评价。

2000—2020 年中部六省会城市科技人力仿真曲线见图 6-20。

从中部六省会城市科技人力仿真曲线可以看出,武汉将从排位第一先后被其他五省会城市超越沦为最后一位②。除武汉外,从 2010 年起直至 2020 年,预计其他五市从高到低的排位基本为长沙、合肥、南昌、太原和郑州。2010—2020 年,预计六省会城市科技人力都将持续增强,至 2020 年长沙将接近 2.5000,为六省会城市最高,武汉将接近 1.000,

---

① 该十三个指标在 2000—2020 年的仿真数据见附录 E。
② 因为对人力下属指标的预测主要是建立在各省会城市近五年间的平均增长速度基础之上,而武汉在该方面指标平均增长速度明显不如其他五市。实际上,由于随着各指标值接近本区域内在的饱和程度时,增长速度一般会下降。

为六省会城市最低。

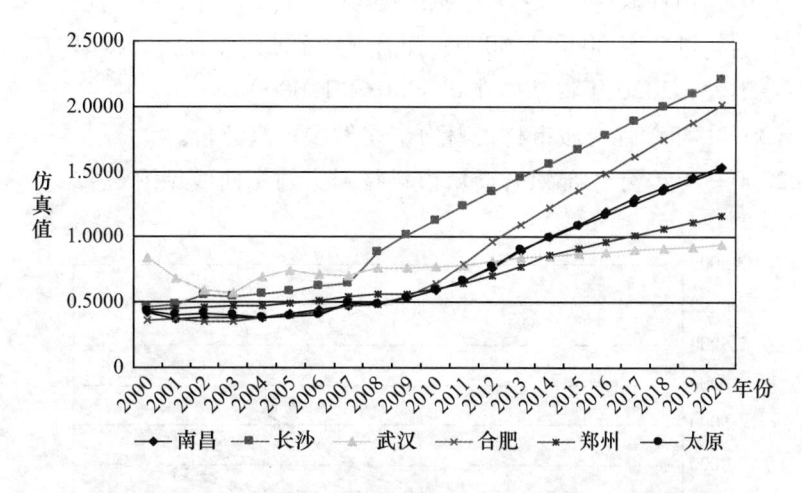

图 6-20　2000—2020 年中部六省会城市科技人力仿真曲线

（2）中部六省会城市科技机构力未来发展仿真评价。

2000—2020 年中部六省会城市科技机构力仿真曲线见图 6-21。

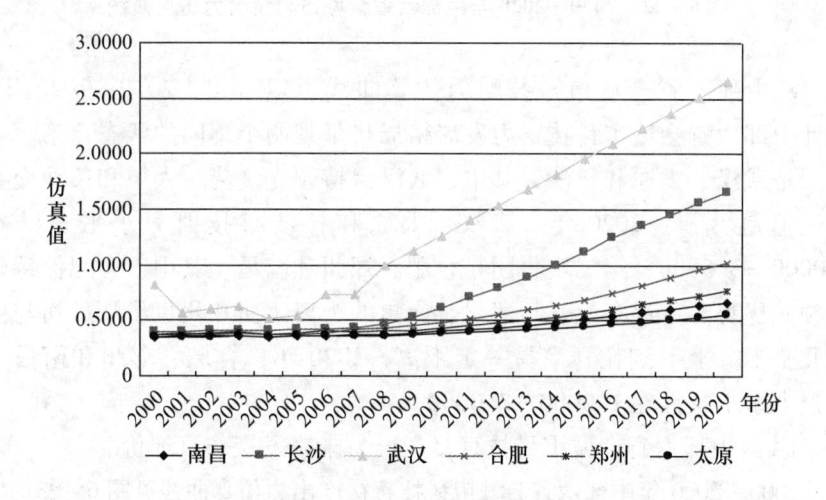

图 6-21　2000—2020 年中部六省会城市科技机构力仿真曲线

从中部六省会城市科技机构力仿真曲线可以看出，六省会城市科技机构力的发展格局将会保持相对稳定。从 2010—2020 年，六省会城市科技机构力的排位从高到低依次是武汉、长沙、合肥、郑州、南昌和太原,其中,预计武汉和长沙将会保持对其他四市较大的领先优势,2020年将分别超过2.5000和1.5000;而合肥、郑州、南昌和太原四市之间则相差不大,2020年将基本在0.5000和1.0000。

(3) 中部六省会城市科技财力未来发展仿真评价。

2000—2020年中部六省会城市科技财力仿真曲线见图6-22。

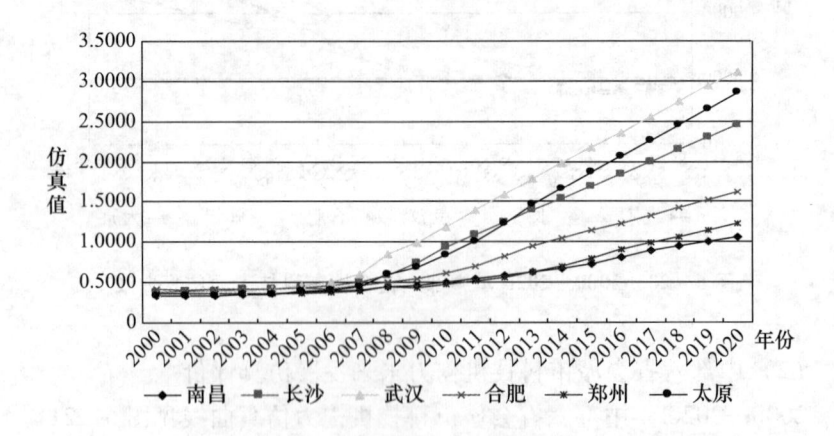

图6-22 2000—2020年中部六省会城市科技财力仿真曲线

从中部六省会城市科技财力仿真曲线可以看出,2010—2020年,预计中部六省会城市科技财力发展格局将呈现两个集团的状态:第一个集团是武汉、太原和长沙,其中,武汉保持领先优势,太原和长沙交替领先追赶武汉,2020年,武汉、太原和长沙科技财力水平预计在2.0000—3.5000;第二个集团是合肥、郑州和南昌,其中,合肥保持较大领先优势,并逐渐拉开与郑州、南昌的距离,而郑州也将从最初与南昌几乎不分上下到拉开南昌一定距离,2020年,合肥、郑州和南昌科技财力水平预计在1.0000—2.0000。

(4) 中部六省会城市科技直接产出力未来发展仿真评价。

2000—2020年中部六省会城市科技直接产出力仿真曲线见图6-23。

从中部六省会城市科技直接产出力仿真曲线可以看出,2012年后,中部六省会城市科技直接产出力发展格局呈现出两个集团的状态:第一个集团是南昌、武汉和长沙,其中,南昌一路飚升,先后赶超长沙和武汉,2020年,南昌、武汉和长沙科技直接产出力水平预计在1.5000—

2.0000；第二个集团是合肥、太原和郑州，其中，郑州将逐渐被合肥、太原甩开，2020 年，合肥、太原和郑州科技直接产出力水平预计在 0—1.0000。

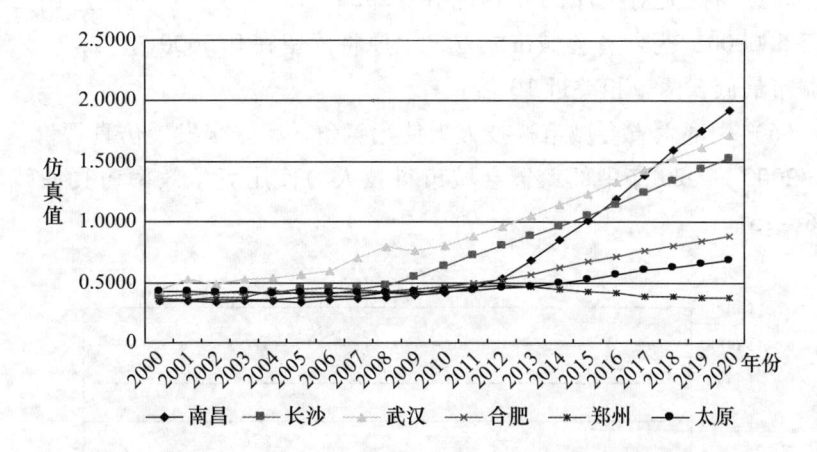

图 6-23　2000—2020 年中部六省会城市科技直接产出力仿真曲线

（5）中部六省会城市科技间产出力未来发展仿真评价。

2000—2020 年中部六省会城市科技间接产出力仿真曲线见图 6-24。

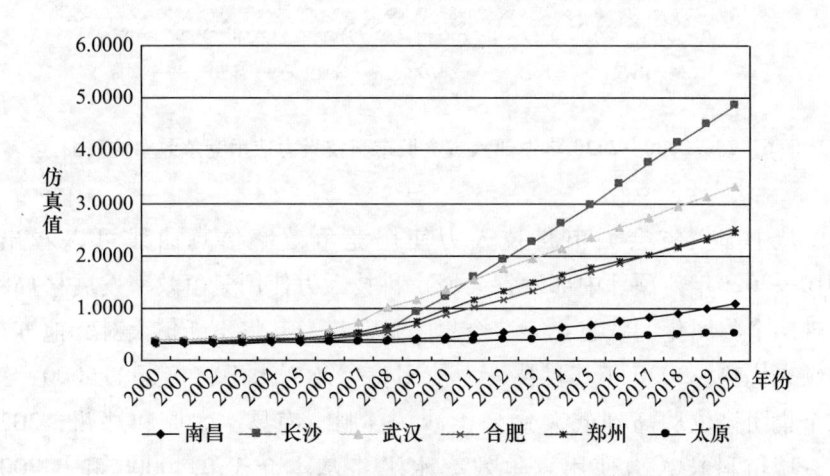

图 6-24　2000—2020 年中部六省会城市科技间接产出力仿真曲线

从中部六省会城市科技间接产出力仿真曲线可以看出，2010—2020

年,预计中部六省会城市科技间接产出力发展格局将呈现两个集团的状态:第一个集团是长沙、武汉、合肥和郑州,其中,长沙在2011年超越武汉,合肥在2018年赶上郑州;第二个集团是南昌和太原,其中,南昌将逐渐扩大对太原的领先优势。2020年,长沙科技间接产出力将接近5.0000,为六省会城市之首,太原将停留在0.5000左右,为六省会城市最低,两市相差近10倍。

(6) 中部六省会城市科技人力使用竞争效率未来发展仿真评价。

2000—2020年中部六省会城市科技人力使用竞争效率仿真曲线见图6-25。

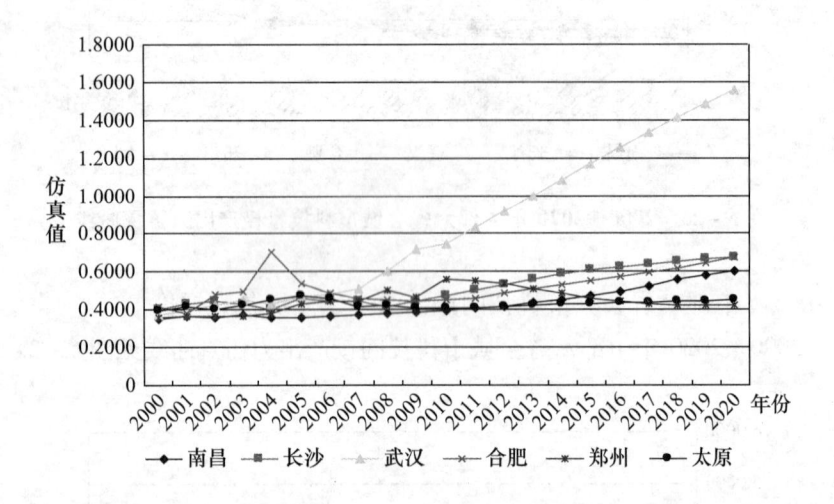

图6-25 2000—2020年中部六省会城市科技人力使用竞争效率仿真曲线

从中部六省会城市科技人力使用竞争效率仿真曲线可以看出,2010—2020年,预计中部六省会城市科技人力使用竞争效率发展格局将呈现两个集团化的状态:第一个集团是武汉,其将不断扩大对其他五市的领先优势,2020年其科技人力使用竞争效率水平将接近1.6000;第二个集团排位从高到低大致是长沙、合肥、南昌、太原和郑州,2020年五城市科技人力使用竞争效率水平将基本介于0.40000和0.7000之间。

(7) 中部六省会城市科技资金使用竞争效率未来发展仿真评价。

2000—2020年中部六省会城市科技资金使用竞争效率仿真曲线见

图 6-26。

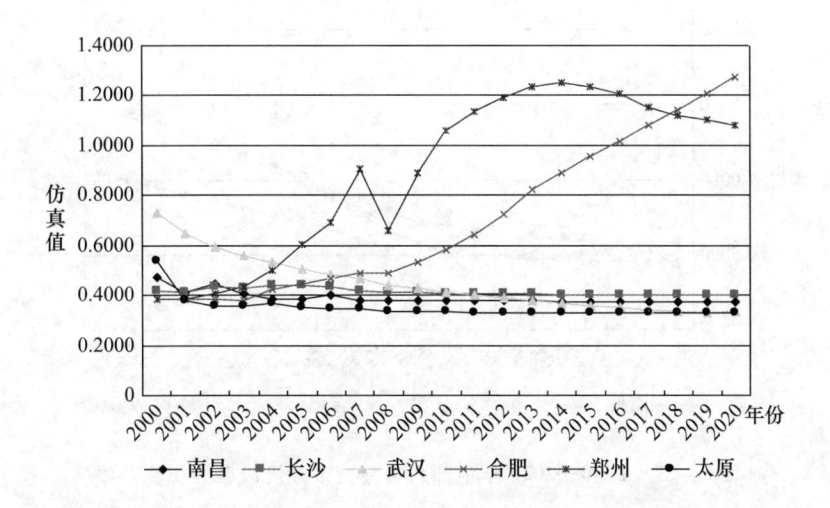

图 6-26　2000—2020 年中部六省会城市科技资金使用竞争效率仿真曲线

从中部六省会城市科技资金使用竞争效率仿真曲线可以看出，2010—2020 年，预计中部六省会城市科技资金使用竞争效率发展格局将呈现两个集团的状态：第一个集团是郑州和合肥，其中，合肥于 2018 年在科技资金使用竞争效率的不断提高中超越郑州，2020 年，两市科技资金使用竞争效率将分别在 1.3000 和 1.1000 左右；第二个集团是长沙、南昌、太原和武汉，四市科技资金使用竞争效率相差无几，2010—2020 年都基本停留在 0.4000 的水平线左右。

（8）中部六省会城市经济改善力未来发展仿真评价。

2000—2020 年中部六省会城市经济改善力仿真曲线见图 6-27。

从中部六省会城市经济改善力仿真曲线可以看出，2010—2020 年，预计中部六省会城市经济改善力都将持续提高，发展格局将呈现为鲜明的三个集团：领先的第一集团是长沙，落后的第三集团是南昌，居中的第二集团是武汉、合肥、太原和郑州四市。2020 年，预计长沙经济改善力将略超过 2.0000，为六省会城市中最高，南昌略超过 1.0000，为六省会城市中最低，武汉、合肥、太原和郑州四市均在 1.5000 左右。

（9）中部六省会城市能源节约力未来发展仿真评价。

2000—2020 年中部六省会城市能源节约力仿真曲线见图 6-28。

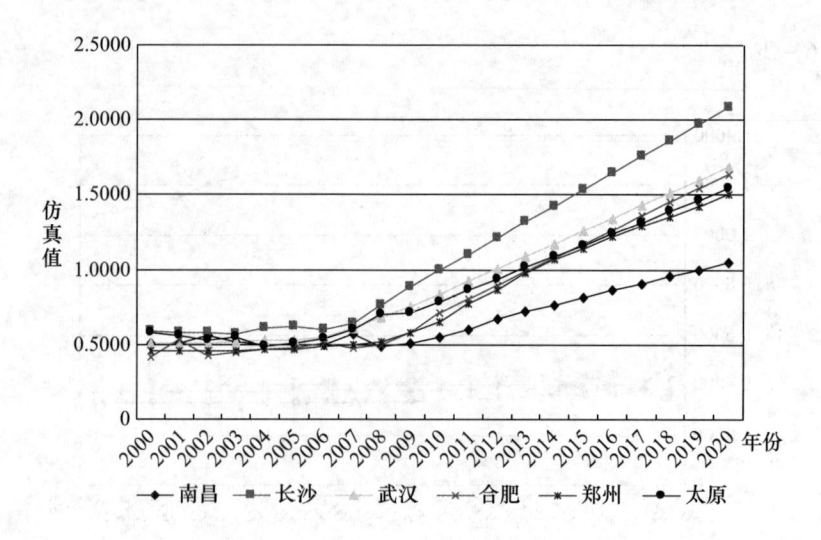

图 6-27　2000—2020 年中部六省会城市经济改善力仿真曲线

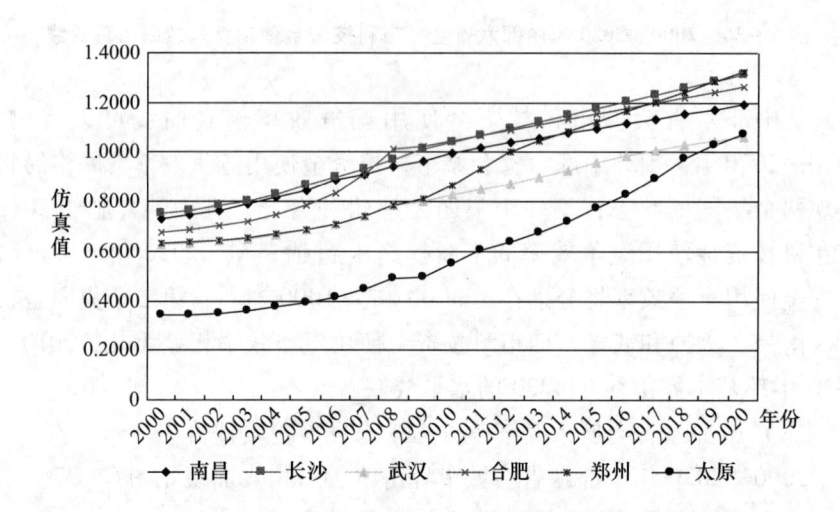

图 6-28　2000—2020 年中部六省会城市能源节约力仿真曲线

从中部六省会城市能源节约力仿真曲线可以看出，2010—2020 年，预计中部六省会城市能源节约力都将持续提高，六省会城市之间将相互超越，难以形成稳定的格局。2020 年，预计六省会城市能源节约力将介于 1.0000 和 1.4000 之间。

（10）中部六省会城市环境保护力未来发展仿真评价。2000—2020 年中部六省会城市环境保护力仿真曲线见图 6-29。

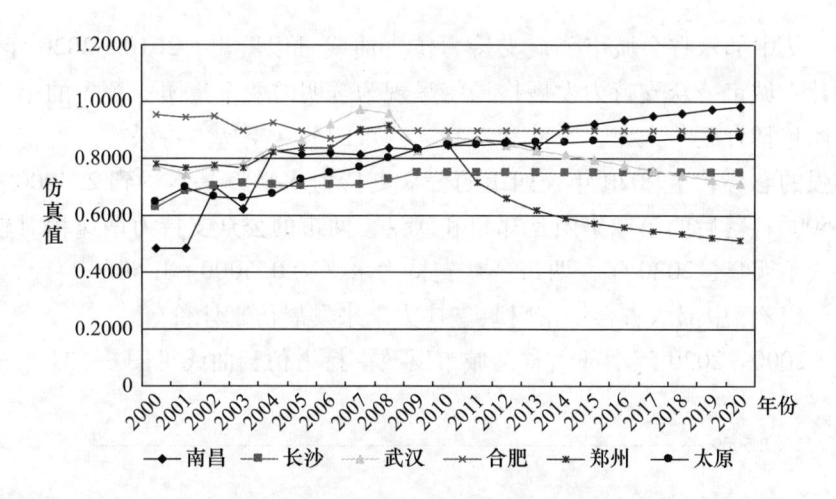

图 6–29 2000—2020 年中部六省会城市环境保护力仿真曲线

从中部六省会城市环境保护力仿真曲线可以看出，2010—2020年，预计中部六省会城市环境保护力水平将相互赶超，难以形成稳定的格局。六省会城市环境保护力水平总体发展将比较稳定，2020年，预计六省会城市环境保护力将介于 0.5000 和 1.0000 之间。

（11）中部六省会城市公众支持力未来发展仿真评价。

2000—2020 年中部六省会城市公众支持力仿真曲线见图 6–30。

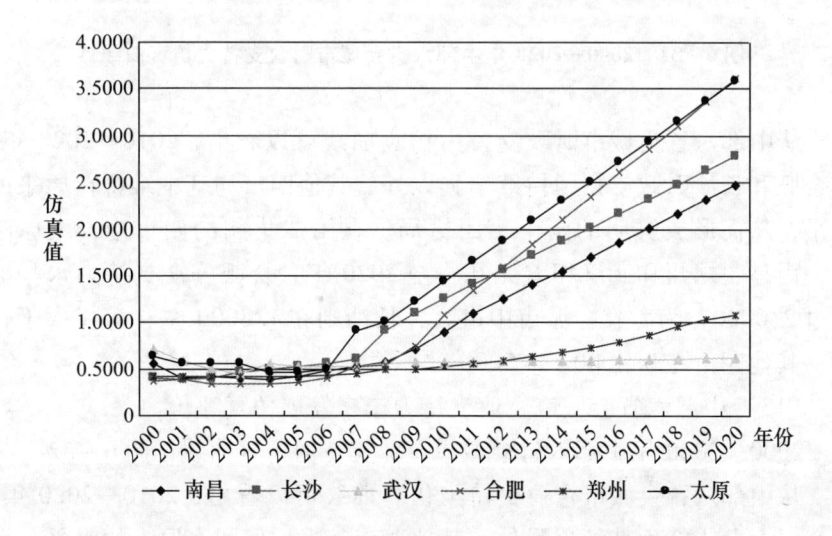

图 6–30 2000—2020 年中部六省会城市公众支持力仿真曲线

从中部六省会城市公众支持力仿真曲线可以看出，2010—2020年，预计六城市公众支持力发展格局将呈现为鲜明的两个集团：领先的第一集团包括合肥、太原、长沙和南昌，四市的公众支持力将保持一种持续增强的态势，至2020年，四市的公众支持力水平将基本达到2.5000—3.5000；落后的第二集团是郑州和武汉，两市的公众支持力增速相对较慢或不明显，2020年，两市公众支持力水平为0.5000—1.5000。

（12）中部六省会城市财政支持力未来发展仿真评价。

2000—2020年中部六省会城市财政支持力仿真曲线见图6-31。

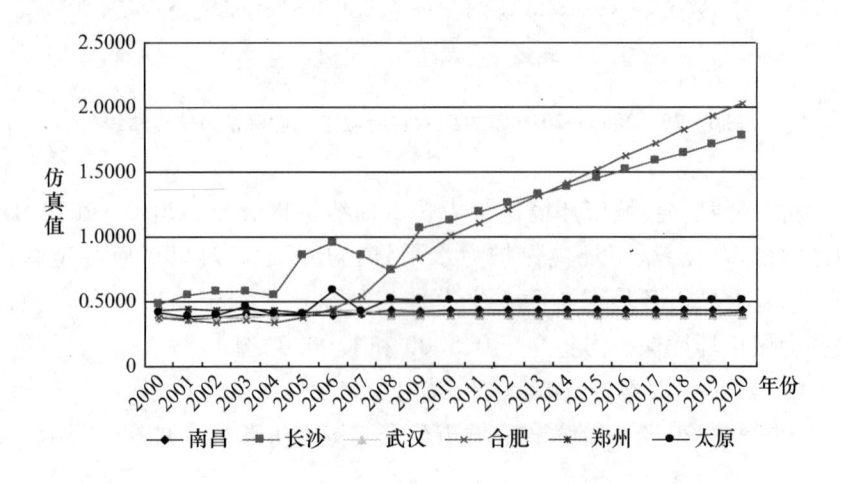

图6-31　2000—2020年中部六省会城市财政支持力仿真曲线

从中部六省会城市财政支持力仿真曲线可以看出，2010—2020年，除合肥和长沙财政支持力持续增强以外，其他四市均基本维持在原来的水平，从而形成鲜明的两个集团格局。在第二集团的四市中，太原略高，南昌、郑州和武汉相差无几。至2020年，合肥公众支持力水平略超过2.0000，为六省会城市中最高，长沙则在1.8000左右而仅次于合肥，其他四市在0.4000—0.5000。

（13）中部六省会城市企业支持力未来发展仿真评价。

2000—2020年中部六省会城市企业支持力仿真曲线见图6-32。

从中部六省会城市企业支持力仿真曲线可以看出，2010—2020年，除武汉企业支持力持续增强外，其他五市基本均停留在原来的水平，形成鲜明的三个集团的发展格局：第一集团是武汉，并不断与其他五市拉开差距;第二集团是太原、长沙和南昌,三市企业支持力水平非常接近;第三集团是合肥和郑州,两市企业支持力水平相差无几。至2020年,武汉企业支持力水平将达到1.30000左右,为六省会城市中最高,合肥和郑州两市在0.3500左右。

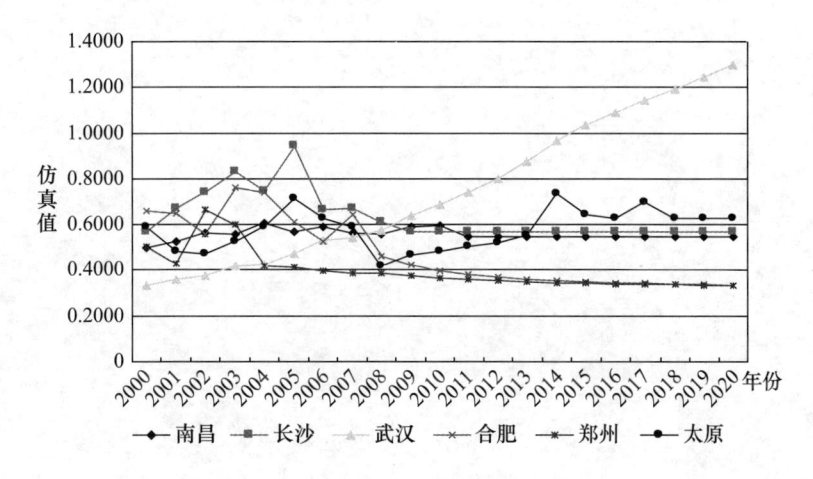

图6-32 2000—2020年中部六省会城市企业支持力仿真曲线

第四节 本章小结

区域科技竞争力未来发展系统动力学仿真评价模型的建立,分以下四个主要步骤:一是根据区域科技竞争力构成要素建立流位流率系;二是基于区域科技竞争力构成要素之间关系建立流位流率对二部分有向图;三是基于区域科技竞争力评价指标体系和历史数据与"十二五"科技发展规划建立流率基本入树;四是联合流率基本入树建立网络流图。根据上述步骤,本章分别构建了2000—2020年中部六省会城市科技竞争力未来发展的系统动力学仿真模型。由于上述模型建立在对历史运行轨迹拟合的基础之上,仿真结果能较好地反映区域科技竞争力评价指标的内在发展规律,因而该模型对中部六省会城市科技竞争力的未来发展具有良好的预测能力。另外,通过科技竞争力及其五个构成指标,即实力、产出力、竞争效率、促进力与亲和力,以及人力、财力、机构力等十三个区域科技竞争力二级评价指标对 2010—2020 年未来发展进行系统动力学仿真研究，并基于该研究结果对中部六省会城市进行了比较分析与评价。

第七章 中部六省会城市科技竞争力提升一般对策研究

提升区域科技竞争力,促进科技与社会的全面与协调发展,既是区域科技发展的必然途径和社会发展的内在需要,也是区域科技竞争力研究的目标和归宿。本章基于前面章节的实证与仿真评价结果,总结提炼中部六省会城市科技竞争力的提升对策。

第一节 提升科技竞争力的第一组管理对策

基于前文实证和仿真评价研究结果,应从区域科技体系的整体发展和完善入手,提升区域科技竞争力。区域科技体系是区域科技竞争力的载体,优化和完善区域科技体系是发展区域科技竞争力的根本着力点。依据区域科技理论,基于前文实证和仿真研究结果,优化和完善区域科技体系可以分别从区域科技体系的主体、资源、功能和制约四个要素入手。

一 发展壮大区域科技主体

从区域科技主体角度,要发展壮大区域科技主体,促进区域科技体系的发展完善,进而提升区域科技竞争力。应着力促进人才集聚,培育企业创新主体,并推进科研机构创新和科研机构建设,发展壮大区域科技主体体系。

1. 培养、留住和引进创新人才,促进人才集聚

科技人才的数量和质量是区域科技竞争力构成的基础性要素。2000—2009年武汉、长沙科技竞争力评价结果(见表5-25和表5-26)领先于其他四省会城市,与两市"科技活动人员数"和"科学家和工程师占科技活动人员比例"指标值居于六省会城市前列是分不开

的。2010—2020年科技竞争力系统动力学预测合肥市"人力"指标持续大幅增长（见图6-20），其"科技竞争力"（见图6-14）也迅猛提高，直逼长沙、武汉。中部六省会城市科技竞争力的评价与系统动力学仿真结果从一定程度上都证明了科技人才的重要性。

培养、留住和引进创新人才，促进人才集聚是区域科技竞争力提高的根本出发点。从人才的来源来看，集聚人才的途径主要有培养和留住人才、外部引进人才两个途径。而根据国内外人才战略的实践，促进人才集聚的方式有如下两种[123]：

（1）产业聚才。

如美国硅谷就是20世纪60年代中期以来随着微电子技术产业、生物、空间、海洋、新能源、新材料等高新技术产业发展吸引了美国各地和世界各国的科技人员、研究机构集聚，成为世界上著名的高新技术摇篮和创新人才集聚中心。国内如北京的中关村也是产业聚才的典型。中部六省会城市亦可以通过大力发展高新技术产业，促进创新人才的集聚。在这方面，武汉市可谓已经做出了表率。武汉东湖新技术开发区被称为"武汉·中国光谷"，它是中国智力最密集的地区之一，集聚了42所高校、56家中央及省部属科研院所、52名两院院士、33个国家重点实验室和工程研究中心、37个省级重点实验室和工程研究中心及8个国家级企业技术中心；现有企业1.3万家，高新技术企业2300多家，规模以上企业720家，共有各类人才18万，其中博士1700多人，具有高级职称的1.3万人；500多家高新企业建立了研发机构，科技人员近2万人。

（2）环境留才。

要形成重视人才的环境，并保持对高层次人才集聚投入充足而有效，这是保证高层次人才集聚的重要因素。一是在区域形成尊重知识、崇尚创新、鼓励创新的社会氛围，为高层次人才创造良好的发展空间并激励人才的创新积极性。二是政府要提高高层次人才的待遇，加大人才机制建设力度。三是重视人才引进，为高层次人才引进开辟特殊途径。在这方面，合肥市和郑州市的做法值得其他四市借鉴。合肥市通过建立人才引进"绿色通道"，使全市每年都有100多位紧缺人才通过"绿色通道"无障碍进入相关行业领域，并使他们"有位""有为"。郑州市则构建和完善了高层次人才使用弹性工作机制并实行柔性引才引智对策，鼓励各类人才通过兼职顾问、项目合作等方式参与郑州的科技创新工作。

2. 培育和发展企业创新主体

企业成为创新主体是创新型国家建设的一项重要目标和内在要求。培育和发展企业创新主体至少有如下三点理由：

（1）从技术创新的内涵来看，企业是创新的主体。

自主创新不完全等同于自主研发，其关键是要将创新成果转化为现实生产力。在市场经济条件下，企业在创新方面更有成效，因为它贴近市场、了解市场需求，具备将技术优势转化为产品优势、将创新成果转化为商品、通过市场得到回报的要素组合和运行机制。同时，在市场竞争压力下，企业家较之科学家，对通过自主创新提升竞争力与创造效益、谋求企业的发展壮大更为迫切。正是企业所具有的这些内在需求和属性，决定了它在创新中的主体地位。

（2）从世界各国的经验来看，企业是创新的主体。

西方国家的工业化历史进程表明，正是由于一大批企业通过不断的技术创新，把发明或其他科技成果转化为市场需要的商品，把知识、技术转变为物质财富，才形成了规模产业，推动了产业结构的优化升级。同时，企业的不断发展，能形成新的研发投入，从而促进技术的更新和突破，实现经济与科技发展的良性循环。

（3）从目前的趋势来看，企业是创新的主体。

数据表明，尽管世界各国政府都在增加研发资助，但企业的研发投入往往增长更快。企业研究人员的数量，也随着企业研发支出的快速增长而相应增加。创新资源在企业集聚的趋势，在一定程度上反映了企业作为创新主体的事实。

为培育和发展企业创新主体，中部六省会城市可从企业和产业两个层面同时入手：

（1）从企业层面，推进企业创新能力的培育和提升。

中部六省会城市可考虑从以下五方面采取措施和制定政策：第一，引导和支持创新要素向企业集聚。第二，鼓励和支持企业建设工程研究中心、技术中心、科技企业孵化器。第三，进行创新体制改革，增强企业，尤其是国有大中型企业的技术创新能力。第四，在引进、消化、吸收、再创新的过程中增强企业自身创新能力。引进、消化、吸收、再创新是当今世界各国尤其是发展中国家普遍采取的创新形式,其核心是利用各种引进的技术资源,在消化、吸收的基础上完成创新;在这个过程中,再创新是目的,亦是形成自身创新能力的关键。国有大中型企业主要集中在关系国家安全和国民经济命脉的重要行业和关键领域,其创新能力的提高势必对整个产业产生深远影响,而且它们也具备加大创新投入的实力和条件。因此,在自主创新中要注重发挥国有企业的示范、带动作用,同时以战略联盟形式实施重大产业技术创新。第五,在税收、知识产权、政府采购等领域,进一步完善扶持企业自主创新的政策措施。

(2)从产业层面,促进区域高新技术产业的发展。

中部六省会城市要进一步推动高新技术产业成为带动产业结构调整的重要力量。从2000—2009年的"高新技术产业总产值"指标值(见表5-4和附录B各表中的I 222指标)来看,一方面,中部六省会城市的该项指标值总体均在持续增长,这反映了六省会城市的高新技术产业均在不断成长,中部六省会城市系统动力学模型预测结果也预计这种成长会继续下去。另一方面,中部六省会城市的该项指标值存在较大的差距,以2009年为例(见表5-4和附录B各表中的I222指标),最大是2055.0亿元(武汉),最小是360.8亿元(太原),两者相差近5.6倍;从时间上来看,太原2009年的该项指标值只比2000年时的武汉略大332.3,相差近九年发展时间。因此,中部六省会城市,尤其是太原等高新技术产业发展落后的城市须加大高新技术产业的发展力度,通过加强创业孵化器、大学科技园和高新技术产业开发区等核心区建设,并采取有效措施,鼓励高等院校、科研机构及广大科技人员创办高新技术企业,促进民营科技企业进一步发展,加快高新技术产业开发区和大学科技园区发展,形成若干优势互补、互为依存的高新技术产业化基地;要鼓励企业积极参与高新技术的研究与开发,缩短高新技术研究开发成果的产业化过程。各地要通过各种财税政策扶持,加快高新技术产业的发展,不断提高高新技术产业的比重,使其逐步成为区域的主导性产业。

3. 推进科研机构创新和科研机构的建设工作

科研机构的数量和质量是决定区域科技竞争力的重要基础,武汉市科技竞争力的强大就在于其比其他五个省会城市拥有更多的国家级和省级的工程技术中心、重点实验室、企业技术中心以及企业科技机构、高等院校（见图5-7），其科技机构的实力相对于其他五省会城市要高很多（见图6-21）。中部六省会城市特别是科研机构相对不足的区域，如南昌市和太原市，要推进科研机构创新和科研机构的建设工作，主要包括以下几个方面：一要推进高等院校、各级科研院所和重点实验室的科研创新工作，发展以科技发现、技术原创和培育科技"将才"和"帅才"为目的，以高水平的论文和发明为主要成果形式的科技创新，增强区域科技基础研究能力；二要加强国家、省和企业的各级工程中心、技术中心、研发中心建设工作，并通过资金、项目、计划等手段引导各类科研机构研究与区域发展紧密结合，增强区域科技应用研究能力；三要推进区域各类科技成果转化服务机构，如科技检索新机构、专利代理机构、技术评估机构、技术交易机构等的建设和发展完善，增强区域科技成果的转化能力。

二 构建和完善科技投入体系，提高资金使用效率

从区域科技资源角度，要构建和完善科技投入体系，提高资金使用效率，促进区域科技体系的发展完善，进而提升区域科技竞争力。科技资源尤其是科技研发资金的投入和使用是科技创新的物化手段，是区域科技竞争力形成的基础，并在很大程度上影响着科技竞争力的发展。

1. 构建和完善多元化、多渠道的科技投入体系

科技投入是科技进步的必要条件和基本保证，也是区域科技竞争力的重要影响因素。为考察科技资金投入与区域科技竞争力的关系，在此按前面章节中式（4.42）分别计算了中部六省会城市在2000—2009的"R&D经费支出"与"科技竞争力"两个指标的皮尔逊相关系数，得到的结果见表7-1。

表7-1 中部六省会城市"R&D经费支出"与"科技竞争力"的相关系数

省会城市	南昌	长沙	武汉	合肥	郑州	太原
皮尔逊相关系数	0.854	0.965	0.982	0.952	0.934	0.958

从"R&D经费支出"与"科技竞争力"两个指标的皮尔逊相关系数来看，2000—2009中部六省会城市的两个指标间存在着较高程度的线性相关性，这就意味着当前中部六省会城市如能提高"R&D经费支

出",均将对"科技竞争力"产生比较明显的提升作用。从 2009 年中部六省会城市"R&D 经费支出"的比较结果（见表 5-4 的 I131 指标）来看,从高到低排序依次是武汉、长沙、合肥、太原、郑州和南昌,分别为 105.0 亿元、70.0 亿元、48.5 亿元、46.6 亿元、44.8 亿元和 37.8 亿元,可见,与武汉、长沙相比,合肥、太原、郑州和南昌四市在 R&D 经费支出上的规模是存在较大差距的。

"R&D 经费支出占地区 GDP 比重"亦称科技投入强度,它衡量科技研发经费的相对投入。2009 年中部六省会城市该项指标（见表 5-4 的 I132 指标）的排序为太原（3.01%）、合肥（2.31%）、武汉（2.27%）、南昌（2.06%）、长沙（1.87%）和郑州（1.35%）。结合"R&D 经费支出占地区 GDP 比重"和"R&D 经费支出"综合考虑可知,中部六省会城市中,武汉和长沙虽然科技投入强度一般,但它们地区经济强大,因而其 R&D 经费支出绝对数额大;而合肥和太原虽然 R&D 经费支出绝对数额一般,但它们科技投入强度相对较高;只有南昌和郑州两市 R&D 经费支出绝对数额较小,科技投入强度也较低。"财力"指标是"R&D 经费支出"和"R&D 经费支出占地区 GDP 比重"的综合,该项指标的系统动力学未来发展仿真结果（见图 6-22）充分印证了这一点。在该项预测中,武汉、长沙和太原的财力是遥遥领先的,合肥、郑州和南昌将被逐渐拉开差距。

因此,在今后科技竞争力的发展过程中,南昌、郑州以及其他四市要注重增加科技投入,提高科技投入强度。为增加科技投入,中部六省会城市要充分利用市场机制,多渠道筹集资金,构建财政、企业、民间的多层次、多渠道、多元化的科技投入体系,形成和发展完善以政府科技投入为引导,以企业科技投入为主体,以金融机构、社会资金和外资科技投入为补充的多层次、多渠道的科技投入体系。

(1) 发挥财政科技投入的引导作用。

由于科学技术的非排他性和非独占性,决定了政府必须进行科技投入,否则将导致科技活动的供给不足;另外,从技术扩散的角度看,政府直接参与研发活动取得研究成果的扩散速度要快于企业研究开发成果的扩散速度[124]。因此,政府进行科技投入是必要的和合理的。政府要形成稳定增长的科技投入机制,并注重发挥其引导作用,重点支持战略规划研究项目以及重大产业化项目等事关全局和重要性强的项目。

（2）推动企业成为科技研发投入主体、实施主体、受益主体。

从不同方面采取措施，逐步推动企业成为科技研发投入主体、实施主体、受益主体，调动企业参与技术创新的积极性。

一是加强大中型企业技术研究机构建设，形成稳定的企业研发投入体系。探索建立大中型企业研发机构备案登记制度，引导大中型企业建立研发机构，支持有条件的大中型企业申报和创建国家和省级企业重点实验室、工程技术研究中心、企业技术中心、博士后流动站等各种研发机构。

二是扶持中小企业技术创新活动，鼓励中小企业加大技术创新投入。通过税收优惠政策、财政科技专项资金支持、帮助中小企业建立企业技术研发平台等措施，引导中小企业加大技术创新投入。

三是强化招商引资与技术创新相结合，引导外资企业加大研发投入。通过产业、财税政策引导和鼓励外资企业在引进先进技术基础上加大研发投入。

四是完善企业研发统计制度，落实企业研究投入激励政策。通过探索建立全市规模以上工业企业研发费用统计制度，为政府相关部门落实企业研发投入激励政策提供依据。

（3）鼓励金融机构开展对科技创新的投融资。

进一步加强科技与金融机构的紧密联系，采取多种措施，吸引金融机构加大对科技项目的信贷投入，不断拓宽高新技术企业直接融资渠道，积极为高新技术企业在国内外资本市场上融资创造条件。

（4）大力发展风险投资事业。

按照市场经济的运行规则，重点建设以民为主、政企结合的风险投资机构。鼓励金融投资机构开设风险投资业务，吸纳国内外风险投资资本。

2. 提高资金的使用效率

科技投入不仅从数量上影响着区域科技竞争力，而且投入资金的使用效率也对区域科技竞争力的提升有显著影响。区域科技竞争力评价指标体系（见表5-1）中，"资金使用竞争效率"反映投入资金的使用效率。考察2009年中部六省会城市的"资金使用竞争效率"的两个指标——"技术市场成交额与R&D经费支出比"与"高新技术产业增加值与R&D经费支出比"的灰色关联度（见表5-6中I321和I322）可以发现，2009 年中部六省会城市这两个指标灰色关联系数值均比较低，其中，"技术市场成交额与 R&D 经费支出比"最大的是 0.495（郑州），"高新技术产业增加值与 R&D 经费支出比"最大的是 0.638（郑州）。可以推断，与 2000—2008 年资金使用效率的最佳状态相比，2009 年中部六省会城市投入资金的使用效率均不理想。进一步从 2010—2020 年中部六省会城市"资金使用竞争效率"的系统动力学仿真结果（见图 6-26）来看，除郑州、合肥将提升至 1.200 左右，其他四市均不升反降，2020 年预计将降至 0.400 以下。因此，如何提高资金的使用效率，也是中部六省会城市科技竞争力提升中的一个重要问题。

中部六省会城市要提高科技投入资金的使用效率，可以从以下四方面入手：

(1) 积极鼓励设立创业和风险投资基金。

研发资金投入是一项高风险投入，要吸引更多资金，来增强政府研发投入资金的影响力和号召力，需要使资金提供者有合理的获利空间和市场预期，以充分体现风险和收益均衡的市场经济原则，切实扭转企业"不研发要死，一研发马上就死"的不正常现象。

(2) 改变政府研发费用的投入模式。

合理配置基础研究、应用研究和开发研究三项间的投入比例，加强对基础研究和应用研究的投入，促使研发费用投入具有持续效率，增强企业的创新后劲。

(3) 改革政府研发费用的投入方式。

一是着力提高政府和企业研发战略的契合程度，努力形成科技研发"上下同欲"、分工合作、长短互补局面，尽量避免在自身"短项""弱项"领域做过多的无谓博弈。二是改变政府资助企业科研活动的投入方式。可考虑以下新的投入方式：首先由企业申报备案，其次根据申报企业的实际纳税数额多少、纳税增长速度高低两大核心指标，结合企业信誉度、行业、分布区域等因素，设计量化评价方案，据此评价申请企业研发资质和能力，分配政府对企业的首轮投入经费，并对投入前后企业纳税等实际效益变动情况进行对比分析，综合考虑企业现状和前景，以决定企业获得下一轮政府投入的资格和份额。三是政府科技研发资金投入应以产业链为基本着眼点，具体而言，即向某一产业链上的龙头企业以及发展势头较好的新兴企业集中投入。通过对产业链和企业的选择性投入,力求在相对较短时间内形成产业链竞争力的整体突破,以提高研发费用的投入效率。

(4) 建立合理的监管评价体系。

应建立合理的监管评价体系,对政府投入研发经费的使用效率进行评价。一是由重事前监管评价向重使用监管评价转变。弄虚作假者可能得逞一时,但如果管理部门能够对资金在研发过程中的具体使用进行监管评价,就完全有可能让弄虚作假者防不胜防,最终消除靠弄虚作假获得资助的动机和动力。二是由学术评价型向绩效评价型转变。政府在对接受资助者的受助资格进行审定和对其研发能力进行评价时,不必设定过多的门槛,如有没有院士、有多少个教授或者博士、有多少纵向课题等,但必须对所研发产品的市场价值进行客观的评价;对规模型企业,要从宏观上对近几年研发费用的投入所产生的绩效做出评价,以提高未来的研发费用的投入效率。三是建立研发骨干和团队信用评价体系。把滥竽充数者和"李鬼"驱逐出研发领域,以纯净研发队伍,清洁研发环境[125]。

三 优化区域科技体制与机制

从区域科技功能角度,要优化区域科技体制与机制,促进区域科技体系的发展完善,进而提升区域科技竞争力。科技体制与机制是区域科技体系的功能性要素,而区域科技体制与机制合理将提高区域科技投入产出效率,进而影响区域科技竞争力。根据 2009 年中部六省会城市"竞争效率"评价结果(见表 7-2),2009 年中部六省会城市"竞争效率"最高的是 0.556(武汉),最低的是 0.379(南昌),可见,与 2000—2008 年"竞争效率"的最佳状态相比,2009 年中部六省会城市"竞争效率"都并不理想。进一步从 2010—2020 年中部六省会城市"竞争效率"的系统动力学仿真结果(见图 6-17)来看,除武汉将突破 1.000 以外,其他五市均将在 0.850 以下。因此,优化区域科技体制与机制,是当前中部六省会城市面临的一个非常迫切的问题。

表 7-2 2009 年中部六省会城市"竞争效率"指标灰色关联度

省会城市	南昌	长沙	武汉	合肥	郑州	太原
竞争效率	0.379	0.427	0.556	0.468	0.502	0.392

中部六省会城市应分别就科技体制与机制的优化，加紧制定相关政策或采取相关措施，建议从以下几方面入手：

1. 深化科技管理模式和组织结构改革

一要深化科技管理模式改革：一是逐步建立"科学、公开、规范、简约、制衡"的科技管理运行机制，加大对重大工程、重大项目、重点项目的支持力度，重点抓好一批大企业、大项目；二是发展完善项目管理责任制和跟踪问效制，提高项目管理透明度，实行阳光操作，切实推进项目管理规范化、制度化；三是实现计划决策、管理和评价相对独立，建立健全竞争、监督和制约机制；四是积极推行科技项目招投标制，建立科学公正的科技评估制度，完善科技计划实施的法规体系；五是强化科技领导小组的统筹协调职能，完善重大科技决策议事机制，保障其决策权威与效率；六是强化区域科技管理协调机制，形成各级各部门联动，地方与高校、科研院所、企业互动的工作格局，确保科技发展规划的实施，提高科技资源的配置效率。

二要深化区域科技组织结构改革，改变区域科研、教育、生产相分离和军民分割、区域分割状况，促进科研机构、高等院校、企业之间的协作和联合，加强军民科技研发的联系；要促进人才的合理流动，树立尊重知识、尊重科技人才的社会风尚，创造人尽其才的良好用人体制。

2. 优化科技运行机制

优化区域科技运行机制的核心是建立和完善区域科技主体的互联互通、互补互动运行机制，促进科学技术的创新与扩散，保障科技资源的有效配置与综合集成。

(1) 发展完善适应不同类型创新主体的运行机制。

针对不同科技创新主体，正确进行功能定位，并区别科技创新活动类型客观规律，发展完善相应的运行机制。改革和调整各类科技创新管理实施办法，制定适应创新活动的相应政策，促进各类科技创新主体充分发挥潜力。

(2) 建立政府、产业与大学的合作创新机制。

主要包括以下五项内容：一是政府建立和完善技术市场及各种机制，大学和企业建立以外部市场交易为纽带的互动机制；二是大学和企业等主体以产权为纽带的互动机制，这是一种维持合作、实现创新的有效方式；三是大学和企业等主体以政府项目计划为纽带的互动机制，通过政府倾向性的资助有利于资源整合的项目来推动大学—企业—政府之间的合作;四是大学与企业之间以自发产生的项目为纽带的互动机制,通过某一领域的合作项目或其他方面的合作交流实现;五是以大学科技园为纽带的连接大学与外部市场的互动机制,是大学参与区域科技创新的一种更为积极的尝试。

(3)建立以市场机制为核心、以企业为主导的产学研合作机制。

促进形成以企业为主导和核心,企业、科研机构和高等院校相互联动、协作创新的产学研合作机制。主要包括以下三项内容:一是以建立开放、流动、竞争、协作的运行机制为中心,促进科研院所之间、科研院所与高等院校之间创新资源的集成与整合;二是鼓励高等院校和科研院所的创新资源与企业的研发需求相结合,形成稳定的产学研合作机制,促进知识创新与技术创新良性互动;三是积极探索多种以企业为主导开展产学研合作和企业联盟的创新模式,促进以企业为主体的技术创新体系的建立和完善,构建利益分享与风险共担的产学研合作互动的机制与模式,以及企业创新战略联盟机制[126]。

(4)优化科技资源配置机制。

将市场配置资源的基础性作用与政府的引导、宏观调控作用相结合,通过政府规划引导和市场作用,促进科技创新要素与社会其他生产要素的有机结合,形成科技持续促进社会发展、社会强力支持科技的良好机制。

(5)建立完善以人才为核心的科技创新激励机制。

人是科技创新各类要素中的能动要素,提高科技创新能力的关键在于科技人才的培养与发挥作用。要建立完善以人才为核心的科技创新激励机制,促进形成科技活动人员"按技术要素"参与分配的机制,最大限度地激发科技人员的创新激情和活力。

四 改善区域科技发展基础

从区域科技制约角度,要改善区域科技发展基础,促进区域科技体系的发展完善,进而提升区域科技竞争力。区域科技发展基础是区域科技竞争力发展的约束条件。区域科技发展基础包括的范围很广,但可重点从以下三方面推进中部六省会城市科技竞争力的提升:

1. 加强科技基础设施投资

科技基础设施包括用于各类科技活动(研究发展)的工具和信息

（实物承载的信息、数码信息和软件）及其物质、技术支撑和服务的基础条件。围绕科技基础的使用形成一定的组织形态，如野外观测试验站、测试分析中心、种质资源库（园、圃）、标本馆、实验动物基地、科技文献中心、科学数据中心，以及标准、计量和检测技术机构等[127]。

科学与技术研究工作依赖于科技基础设施，没有现代化的科技基础设施，科技水平也难以提高。科技基础设施构成科技创新能力的重要组成部分，成为影响区域科技竞争力的重要因素。中部六省会城市应高度重视科技基础设施建设，为科技基础设施建设提供足够的经费投入，建设区域科技基础条件平台。

2. 逐步完善区域技术市场体系

从2000—2009年的"技术市场成交额"指标值来看（见表5-4和附录B各表中的I 221指标），中部六省会城市的技术市场成交额总体都是在逐渐提高的，这反映了各省会城市技术市场的不断成长；但横向比较，六省会城市之间存在着巨大的差距。以2009年值（见表5-4中I221指标）为例，最大的为70.22亿元（武汉），最小的才3.11亿元（太原），两者间相差近21.6倍；而第二的郑州也不过才38.05亿元，只略超过武汉的一半。可见，中部六省会城市，尤其是南昌、长沙、合肥、郑州和太原五市需要进一步推进技术市场建设，促进其逐步完善。具体可考虑以下三个途径：

（1）建立技术市场奖励制度，促进科技市场发展和科技成果转化。

（2）构建区域技术交易服务平台。利用现代技术手段，整合区域内科技资源，向着布局合理、功能齐全、开放高效、体系完备的目标，构建区域技术服务平台，为科技成果的转化提供支撑。

（3）促进企业产品结构和产业结构调整，使企业成为技术贸易的双向主体，特别是要成为技术的买方主体。

3. 促进区域专利发展

专利发展是技术创新的重要标志和体现，一个区域的专利拥有量和水平在很大程度上代表着技术水平和潜在技术竞争力。从市场经济的角度来看，专利就是一定时空范围内受法律保护的技术垄断。一项能垄断市场的专利产品，所带来的不仅仅是丰厚的利润，有时更能改变产业和市场格局。专利的发展在一个区域或国家的发展中占据越来越重要的地位，世界上越来越多的国家将专利战略列入国家发展战略之中。

从 2000—2009 年的"专利授权量"指标值（见表 5-4 和附录 B 各表中的 I212 指标）来看，中部六省会城市的专利授权量总体都是在逐渐提高的，这反映了各省会城市专利拥有量不断增加；但横向比较，六省会城市之间还存在较大的差距。以 2009 年值（见表 5-4 中 I212 指标）为例，最大的为 6853 项（武汉），最小的才 1156 项（南昌），两者间相差超过 4.9 倍；而第二的郑州也不过才 3808 项，约为武汉的 55.6%。可见，中部六省会城市，尤其是南昌、长沙、合肥、郑州和太原五市需要进一步推进区域专利发展。具体可考虑以下四个途径：

（1）增强专利意识和知识产权保护宣传。

（2）增加财政引导投入。各市要设立知识产权专项资金，保障知识产权管理、保护工作所必需的经费，并逐步增加专利创造、专利运用与产业化等投入。

（3）促进专利代理机构的建设和专利工作人才的培养。

（4）完善本市专利法规和专利保护条例。例如，南昌制定了《专利促进与保护办法》等。

第二节 提升科技竞争力的第二组管理对策

基于前文实证和仿真评价研究结果，从促进区域科技与社会的关联，提升区域科技竞争力。基于科技与社会的关联关系，要将区域科技发展与社会发展结合起来思考，提出区域科技竞争力的提升对策。

一 促进科技与经济的共同繁荣以及科技与社会的协调发展

通过促进科技与经济的共同繁荣以及科技与社会的协调发展，促进区域科技与社会的关联，进而提升区域科技竞争力。

从中部六省会关联的实证结果来看，中部六省会城市科技与社会发展之间线性相关程度（见表 4-21）最高的为 0.992（武汉），最低的为 0.878（太原），体现出较高的正相关关系，其因果关系也经格兰杰因果关系检验确认（见表 4-22）。而区域科技竞争力的提高需要区域科技对社会促进（促进力）和社会对科技支持（亲和力）的良性循环，为提升科技竞争力，中部六省会城市应从以下三方面进一步促进科技与

经济的共同繁荣以及科技与社会的协调发展:

1. 促进科技与经济的共同繁荣以及社会的全面发展

科技与经济的共同发展和共同繁荣是科技与社会协调发展的重要内容和内在要求,也是区域科技竞争力提高的根本特征。因此,在制定经济、社会发展政策时,不能忽略科技的发展;而制定科技发展政策亦不能只局限于对科技发展的考虑。应将科技发展政策纳入区域经济以及社会发展中,而科技发展亦要结合考虑经济的发展并置身于社会发展的整体格局之中,实现科技与经济的共同繁荣以及社会的全面发展。

2. 为科技健康发展营造良好的社会环境

首先,要弘扬科技创新文化,形成尊重科技、热爱科技的社会风尚。要把科技创新文化与社会主义精神建设紧密结合起来,大力弘扬崇尚科学、尊重创造、鼓励创新、宽容失败、开放包容的社会风尚,形成有利于创新的城市文化。加强科普队伍、网络和手段建设,提高科普能力;深入开展科技宣传和科普工作,不断提高广大人民创新意识和科学素养;大力组织科技人员学术交流、青少年发明创造、职工技术创新、职业技能竞赛等活动,激发广大人民支持创新、参与创新的主动性和积极性。其次,区域政府要加强和完善科技发展的管理和服务职能。要加强基础性技术研究基地、信息网络、科技场馆、公共图书馆、情报中心及中介服务体系的建设;促进共性技术扩散与推广,为企业跨地区和跨部门的产学研究合作、招揽人才、招商引资提供服务;制定、执行战略、规划、计划,指导企业技术创新活动的开展;资助研发项目,引导投资,发展产业,并利用政府采购创造需求等。地方政府要不断完善其在区域科技体系中的功能并发挥重要作用。

3. 合理利用"科技双刃剑",实现社会可持续发展

英国的贝尔纳曾经说过:"人们过去总是认为科学研究的成果会导致生活条件的不断改善,但是世界大战,接着是经济危机,都说明了把科学用于破坏和浪费的目的也同样是很容易的[128]。"事实的确如此,传统发展观因为缺乏整体协调观念,忽视了环境和生态系统的承受力,片面追求科技发展与GDP增加,引发了诸如人口膨胀、空气污染、水质污染、土壤退化、生物多样性锐减等一系列生态问题。时代强烈召唤一种新的发展模式。1992年6月,联合国在巴西的里约热内卢召开了环境与发展大会,主张要为保护地球生态环境,实现可持续发展建立

"新的全球伙伴关系"。科技是一把双刃剑,在造福人类的同时,由于人类的不合理利用也给人类带来了灾难,应当在实践中充分利用和发挥它的正面效用,设法减弱其负面效应。要做到科学合理利用科技手段实现社会可持续发展,既要实现人与自然之间的协调发展,又要实现人与人之间的和谐共处[129]。

二 培育和发展区域科技增长极,促进区域科技圈和创新带的形成

通过培育和发展区域科技增长极,并促进区域科技圈和创新带的形成,加强区域科技与社会的关联,进而提升区域科技竞争力。

1. 培育和发展区域科技增长极

培育和发展区域科技"增长极"就是指以地区原有的科技能力为基础,通过区域科技创新能力的重组与二次开发,形成具有最强创新能力的科技领域[130];简而言之,就是培育和发展区域创新能力最强势的科技领域,形成区域科技自主创新的制高点。"增长极"概念由法国经济学家佛朗索瓦·佩鲁(Francois Perroux)于1955年发表在《经济学》上的一篇题为《经济空间:理论与应用》的论文中首次提出。"增长极"的提出首先基于对"经济空间"的界定,佩鲁认为,"经济空间"就是一种"受力场",它与一般的地理空间完全不同,"经济空间是存在于经济要素之间的关系"。在人类经济活动中,"增长并非同时出现在所有地方,它以不同的强度首先出现在一些增长点或增长极上,其次通过不同的渠道向外扩散,并对整个经济产生不同的最终影响"。按照佩鲁的观点,经济的增长主要是因为技术的进步和创新,而创新并不是在所有产业均衡推进,总是倾向于集中在一些特殊的企业。由于这些企业是主要的创新源,因此它的产值增长大大高于工业产值和国民经济产值的平均速度。当这种产业增加其产出(或增加购买生产性服务)时,对其他产业具有极强的连锁效应和推动效应,能带动其他产业(或投入)的增长,这种产业就是推进型产业(Propulsive Industry),或称为增长诱导单元(Growth – Inducing Unit),即增长极;受增长极影响的其他产业就是被推进型产业。佩鲁认为,这种推进型产业和被推进型产业通过经济联系建立起非竞争的"产业联合体",通过产业间向前、向后的连锁反应,从区域间的不均衡发展到最终实现区域的均衡发展。

基于佩鲁"增长极"概念,提出培育和发展区域科技"增长极"。培育和发展区域科技"增长极"是促进区域科技体系与经济相结合的一种重要方式，科技"增长极"的选择要充分考虑区域科技创新能力的特点和区域经济、社会发展的客观需要，应重点加强与区域经济社会发展联系紧密的高新技术产业化领域，以及一些有助于抢占经济竞争制高点的领域，并形成一定的产业规模。根据当前中部六省会城市高新技术产业的实际发展状况，本书对各城市的科技"增长极"的培育和发展领域提出建议，见表7-3。

表7-3　　　　　中部六省会城市的科技"增长极"

省会城市	科技"增长极"培育和发展领域
南昌	航空制造、汽车制造、生物医药、新材料、电子信息和半导体照明产业
长沙	电子信息、先进制造技术、新材料、生物医药产业
武汉	光电子信息、先进制造、新材料、生物医药、节能与环保产业
合肥	电子信息、节能环保、新材料、新能源、公共安全、生物医药、纳米材料、生物育种
郑州	新材料、电子信息、生物医药、光机电一体化产业
太原	电子信息、新材料、生物制药产业

2. 构建和促进区域科技圈和创新带的形成

通过构建和促进区域科技圈和创新带形成，促进区域科技与社会的关联，进而提升区域科技竞争力。

利用科技根植于经济的属性，通过发展区域经济圈和经济带，构建和促进区域科技圈和创新带的形成。区域经济圈、创新带的培育和发展过程通常是在经济和科技相对发达的区域首先形成"创新极"（区域科技中心），这些"创新极"具有创新和扩散知识、信息服务、吸纳资本和人才等多种功能，产生规模效应和外溢效应，从而能够形成"吸引中心"和"扩散中心"，最终带动周边科技、经济的发展。通过区域科技圈的构建和发展，可以促进科技圈内和科技圈之间在区域科技竞争力发展上相互竞争、相互学习，并可以缩小"扩散中心"区域与周边区域的区域科技竞争力发展差距，对于科技竞争力的区域发展战略具有非常重要的意义。

无论是从地位还是其实际作用来看，分别作为江西、湖南、湖北、安徽、河南和山西省会城市的南昌、长沙、武汉、合肥、郑州、太原，不但是各省的政治中心，还均在其各自省域内具有科技资源配置的绝对优势，是推动本省域科技进步和经济社会发展的火车头和发动机，它们在引领全省科技进步、推动经济社会的发展过程中起着至关重要的作用。因此，以中部六省会城市为中心建设和发展区域科技圈和创新带，完全可以满足其发展所需要的基础和条件。

对于中部六省会城市构建和促进区域科技圈和创新带形成的总体构想为：基于区域经济圈和经济带，贯彻"点—轴"模式，以强化省会城市的辐射作用为准则，由各省会城市向本省内其他地级市延伸，形成以省会城市为中心的科技圈和创新带。根据中部六省会城市及中部六省发展现状，本文对中部六省会城市区域科技圈和创新带提出具体组成构想，如表7-4所示。

表7-4　　以中部六省会城市为中心的区域科技圈和创新带

中心城市	依托经济圈（区）	区域科技圈和创新带
南昌	鄱阳湖生态经济区	南昌、九江、新余创新带
长沙	长株潭经济圈	长株潭科技圈
武汉	武汉经济圈	武汉、孝感、黄石创新带
合肥	合肥经济圈	合芜蚌创新带
郑州	郑州经济圈	郑州、洛阳、开封科技圈
太原	太原经济圈	太原、晋中创新带

（1）南昌、九江、新余创新带。

以南昌为中心，依托鄱阳湖生态经济区，科技能力由南昌向九江、新余辐射，形成南昌、九江、新余创新带。"昌九工业走廊"和新余的光伏产业是创新带形成的工业基础，以京九铁路相连的南昌、九江、新余三市为创新带形成提供了交通便利。

（2）长株潭科技圈。

以长沙为中心，依托长株潭经济圈，科技能力由长沙向株洲、湘潭辐射，形成长株潭科技圈。长株潭经济圈经过多年的发展，一体化的经济能力将很大程度上决定科技能力的一体化。

（3）武汉、孝感、黄石创新带。

以武汉为中心，依托武汉经济圈，科技能力由武汉向孝感、黄石辐射，形成武汉、孝感、黄石创新带。武汉地区集中了湖北绝大部分科技资源（科技人员的近90%、科技经费的75%、科技信息资源的60%），是全省科技资源聚集中心；而其他区域的科技资源非常贫乏，决定了武汉科技辐射的效果不可能像其经济影响那么广泛。

（4）合芜蚌创新带。

以合肥为中心，依托合肥经济圈，科技能力由合肥向芜湖、蚌埠辐射，形成合芜蚌创新带。2008年，合芜蚌自主创新综合配套改革试验区建立，它集中了安徽省大部分的创新资源，是中国中西部地区科技资源较为密集的地区之一，经过多年的发展，已形成了比较稳定的区域创新体系和创新带。2011年8月，安徽省撤销地级巢湖市，将其所辖的一区四县分别划归合肥、芜湖、马鞍山三市管辖，此举将有利于充分发挥合肥市作为中心城市的辐射带动作用，从而进一步促进合芜蚌创新带的发展。

（5）郑州、洛阳、开封科技圈。

以郑州为中心，依托郑州经济圈，科技能力由郑州向洛阳、开封辐射，形成郑州、洛阳、开封科技圈。

（6）太原、晋中创新带。

以太原为中心，依托太原经济圈，科技能力由太原向晋中辐射，形成太原、晋中创新带。

第三节　第一组和第二组对策的反馈基模效用分析

对策的反馈基模效用分析即运用基模分析对策的实施效果。系统动力学基模分析技术是进行管理问题动态性复杂分析的一项主要工具，区域科技竞争力提升对策的实施效果可以通过系统动力学基模得到反映。本节将对前文所述对策的实施进行反馈基模效用分析。

（1）实施"促进科技与经济的共同繁荣以及科技与社会的协调发展"对策，消除科技支撑不足导致的经济发展成长上限基模问题。

在区域社会的经济发展过程中，往往会发生片面强调发展经济，忽视科技投资而造成科技发展无力，进而对经济社会的支撑不足而制约经济发展的现象。科技支撑不足导致的经济发展成长上限基模反映了这种现象，如图7-1所示。

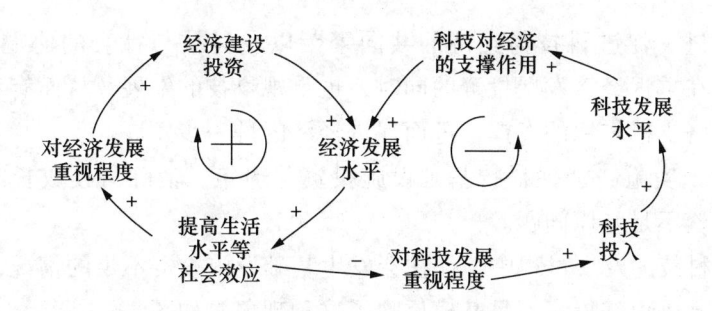

图 7-1　科技支撑不足导致的经济发展成长上限基模

科技支撑不足的经济发展成长上限基模表明：由于经济的发展，将产生提高人们生活水平等社会效应，使人们注意到经济的社会作用并提高对经济发展重视程度，从而加强经济建设投资力度，进一步促进经济发展水平的提高；但是，如果人们只是片面强调经济对提高人们生活水平的社会效应，而降低科技发展重视程度甚至忽视科技的发展，将引起科技投入减少和科技发展水平降低，导致科技对经济的支撑作用不足，对经济发展水平产生制约，从而产生经济发展成长上限现象。

通过实施"促进科技与经济的共同繁荣以及科技与社会的协调发展"对策，可将负因果链"提高生活水平等社会效应→对科技发展重视程度"变为正因果链"促进科技与经济的共同繁荣以及科技与社会的协调发展→对科技发展重视程度"，从而消除经济发展负反馈环的制约，即消除经济发展的成长上限，如图 7-2 所示。它所体现的实际意义

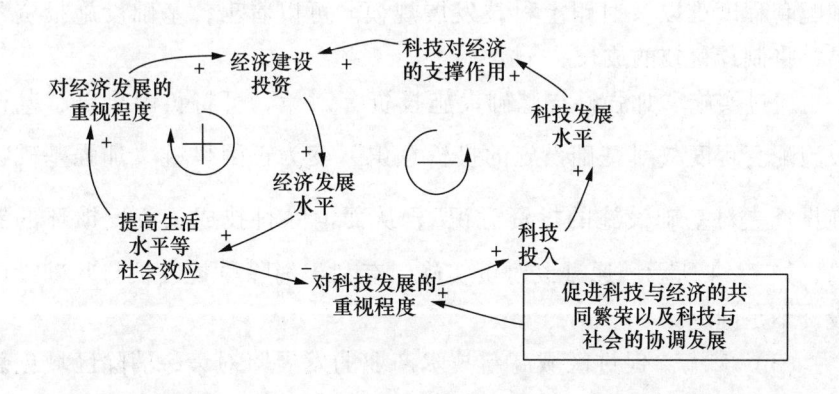

图 7-2　促进科技与经济的共同繁荣以及科技与社会的协调发展对策实施效用

是：通过"促进科技与经济的共同繁荣以及科技与社会的协调发展"对策，在重视经济发展投资的同时，也重视科技的发展，从而有利于科技对经济支撑作用的发挥，进而促进经济的进一步发展。

（2）实施"加强科技基础设施投资"对策，消除科技成长与基础设施投资不足基模问题。

在科技的发展过程中，往往会发生基础设施投资不足的情况，科技成长与基础设施投资不足基模反映了这种现象，如图 7-3 所示。

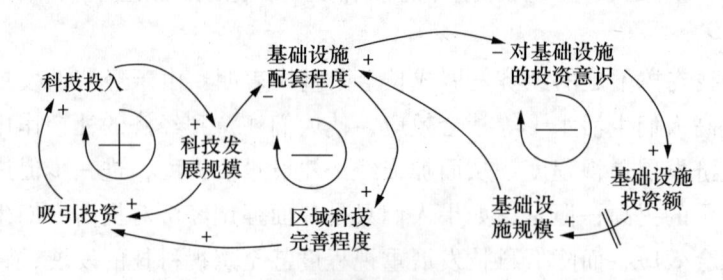

图 7-3 科技成长与基础设施投资不足基模

科技成长与基础设施投资不足基模表明：第一，由于科技发展规模的增大，科技吸引投资增多，从而科技投入增加，进一步促进了科技发展规模的增大；第二，如果基础设施配套建设没能及时跟上科技发展规模的扩大，将导致基础设施的配套程度降低，进而降低区域科技完善程度，不利于吸引投资；第三，由于在基础设施配套程度降低的时候，才意识到对基础设施投资的重要性，对基础设施投资不及时，导致基础设施配套程度难以及时跟上科技发展规模。可以看出，基础设施投资不足，将制约科技的成长。

通过实施"加强科技基础设施投资"对策，可将负因果链"基础设施配套程度→对基础设施的投资意识"变为正因果链"加强基础设施投资→对基础设施的投资意识"，从而消除科技成长负反馈环的制约，如 7-4 所示。通过该对策实施，有利于消除科技成长与基础设施投资不足问题。

（3）实施"促进区域高新技术产业的发展"对策，消除区域创新能力发展"饮鸩止渴"基模问题。

图 7-4　加强科技基础设施投资对策实施效用

在面临区域创新能力不足的时候，有的区域会回避问题，实施以资源、劳动密集型产业为主导的区域发展政策，导致本区域高新技术产业发展停滞，进一步制约区域创新能力提高并加大和其他区域创新能力的差距。区域创新能力发展"饮鸩止渴"基模反映了这种现象，如图 7-5 所示。

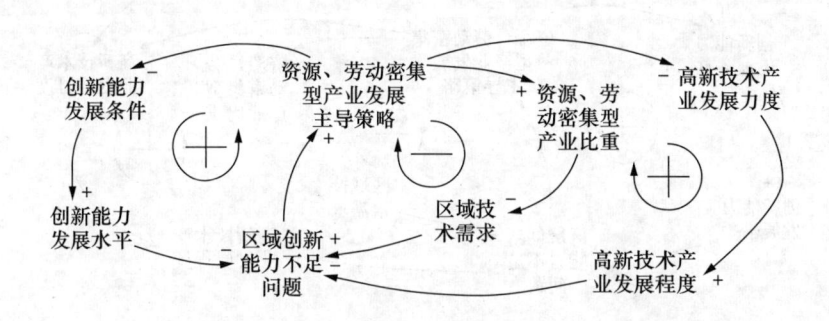

图 7-5　区域创新能力发展"饮鸩止渴"基模

区域创新能力发展"饮鸩止渴"基模表明：面临区域创新能力不足问题，如果采取以资源、劳动密集型产业为主导的发展对策，将提高资源、劳动密集型产业比重，降低区域技术需求，从而在一定程度上缓解区域创新能力不足问题。然而，过分着重以资源、劳动密集型产业为主导的发展对策，至少会造成以下两个问题的出现：一是减小了区域高新技术产业的发展力度，从而降低了高新技术产业的发展程度，这会进一步加剧区域创新能力不足问题；二是不利于创新能力发展条件的改善，因而不利于创新能力的发展，这也会进一步加剧区域创新能力不足问题。

通过实施"促进区域高新技术产业的发展"对策,分别将两条负因果链"资源、劳动密集型产业发展主导对策→高新技术产业的发展力度"和"资源、劳动密集型产业发展主导对策→创新能力发展条件"变为正因果链"促进高新技术产业的发展±高新技术产业的发展力度"和"促进高新技术产业的发展±创新能力发展条件",可消除上述两条负因果链的制约,如图7-6所示。通过促进高新技术产业发展对策实施,加强高新技术产业发展力度和提高创新能力发展条件,有利于解决区域创新能力不足的问题。

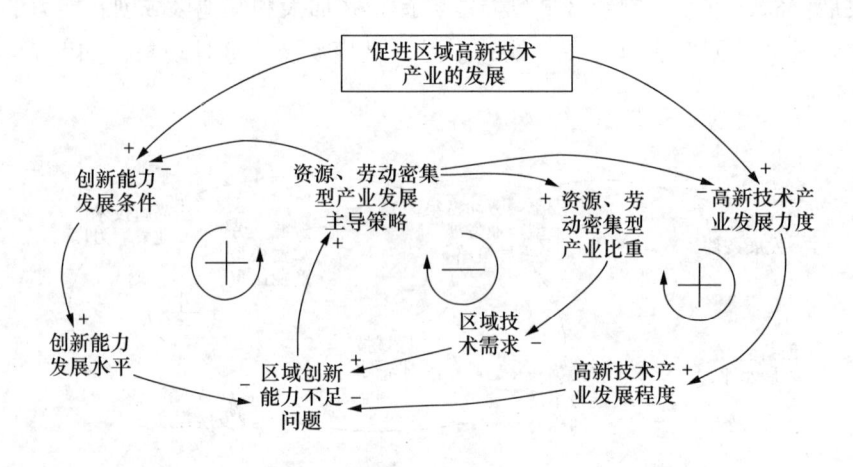

图7-6 促进区域高新技术产业的发展对策实施效用

(4) 实施"推进企业创新能力的培育和提升"对策,消除企业创新能力发展"舍本逐末"基模问题。

在企业创新能力的发展过程中,在面临创新能力不足的时候,会很容易产生过分依赖引进外来技术倾向,而不是注重自主创新能力的提高,从而使自身自主创新能力发展陷入停滞,并越来越加深对外来技术的依赖。企业创新能力发展"舍本逐末"基模反映了这种现象,如图7-7所示。

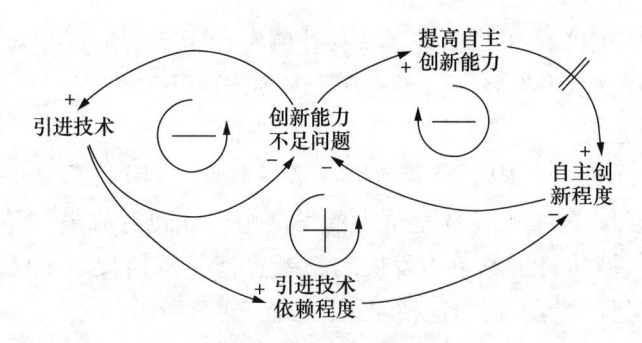

图 7-7 企业创新能力发展"舍本逐末"基模

企业创新能力发展"舍本逐末"基模表明：企业在面临创新能力不足的问题时，由于通过发展自主创新能力进而提高自主创新程度来解决创新能力不足需要较长时间才能产生效果，于是会通过引进外来技术，缓解创新能力不足的问题。但是，这一方法忽视了提高自主创新能力的重要性：由于引进外来技术，企业创新能力不足的问题表面被掩盖，但在根源上却导致了企业对外引进技术的依赖，而不利于提高自主创新程度，并最终给企业创新能力发展带来更大的隐患。

通过实施"推进企业创新能力的培育和提升"对策，将负因果链"引进技术依赖程度→自主创新程度"变为正因果链"推进企业创新能力的培育和提升→自主创新程度"，可消除上述负因果链的制约，如图 7-8 所示。通过实施推进企业创新能力的培育和提升对策，从根本上提升企业的自主创新能力，有利于解决企业创新能力发展"舍本逐末"问题。

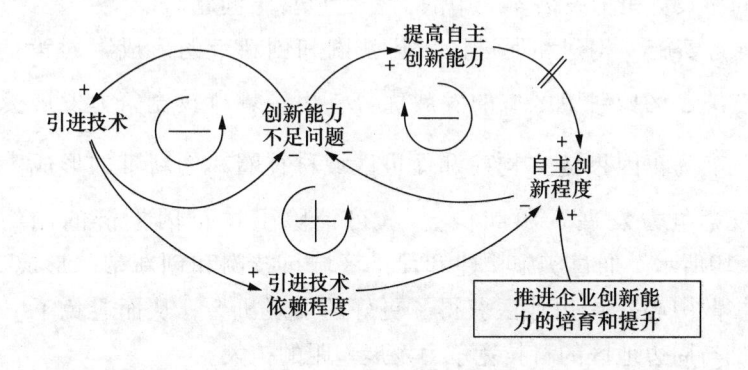

图 7-8 推进企业创新能力的培育和提升对策实施效用

（5）实施"构建和促进区域科技圈和创新带的形成"对策，消除区域间科技竞争力发展"富者愈富"基模问题。

"富者愈富"意指发展在客观世界中的两极分化现象，它来自于《圣经·马太福音》中"穷者愈穷，富者愈富"，因此通常亦把它称为"马太效应"。在区域科技竞争力的发展中往往也存在着"富者愈富"的现象，区域间科技竞争力发展"富者愈富"基模反映了区域科技竞争力发展过程中易出现的这种问题，如图7－9所示。

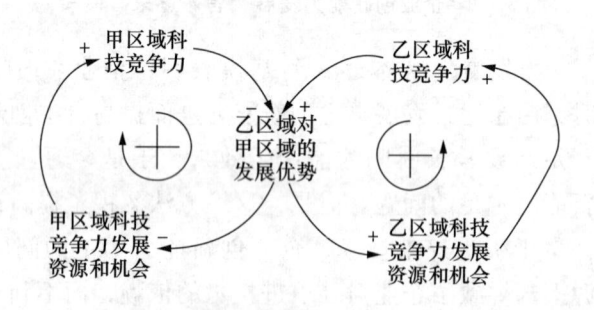

图7－9 区域间科技竞争力发展"富者愈富"基模

区域间科技竞争力发展"富者愈富"基模表明：乙区域科技竞争力提高，将增加乙区域科技竞争力获得的资源量和发展机会，提升乙区域对甲区域科技竞争力发展的优势，从而不利于甲区域科技竞争力获得发展资源和机会，进而不利于甲区域科技竞争力的提高，并进一步被乙区域拉大了发展的相对优势差距。区域间科技竞争力发展"富者愈富"基模较好地反映了区域间科技竞争力发展差距不断扩大的一般机理以及区域间科技竞争力发展实践中的"富者愈富"问题。

通过实施"构建和促进区域科技圈和创新带的形成"对策，将负因果链"乙区域对甲区域的发展优势 $\xrightarrow{-}$ 甲区域科技竞争力发展资源和机会"变为正因果链"构建和促进区域科技圈和创新带的形成 $\xrightarrow{+}$ 甲区域科技竞争力发展资源和机会"，可消除上述负因果链的制约，如图7－10所示。通过实施构建和促进区域科技圈和创新带的形成对策，使"扩散中心"周边地区获得了更好的发展机会，从而避免了"扩散中心"与周边地区的科技竞争力发展差距的扩大。

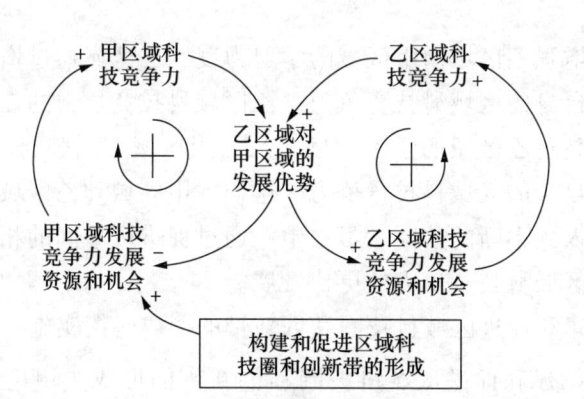

图 7-10　构建和促进区域科技圈和创新带形成对策实施效用（一）

（6）实施"构建和促进区域科技圈和创新带的形成"对策，强化区域间科技竞争力发展共同学习基模现象。

竞争是提高区域间科技竞争力的直接动力，而竞争的方式往往是通过区域科技竞争力发展的互相学习来体现的，区域间科技竞争力发展共同学习基模反映了这种现象，如图7-11所示。

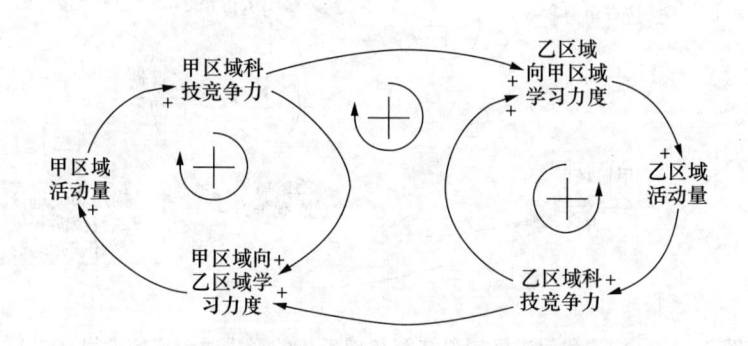

图 7-11　区域间科技竞争力发展共同学习基模

区域间科技竞争力发展共同学习基模表明：甲区域增强对乙区域科技竞争力发展经验的学习力度，增强自身的活动量，提高了自身的区域科技竞争力，将进一步增强向乙区域科技竞争力发展经验的学习力度；同时，甲区域科技竞争力的提高，亦促进乙区域提高向甲区域的学习力度，从而增强自身的活动量，提高了自身的区域科技竞争力。这是甲区域和乙区域的个体活动。从它们的共同活动后果来看，甲区域科技竞争力提高，将增强乙区域向甲区域的学习力度，乙区域通过增强自身的活动量，提高自身的区域科技竞争力；乙区域科技竞争力的提高，亦促进了甲区域提高对乙区域的学习力度，从而甲区域亦增强自身的活动量，进一步提高自身的区域科技竞争力。这样，甲区域和乙区域科技竞争力的发展就融入到不断的共同学习之中。通过促进区域间的相互学习，往往可以促进区域科技竞争力的更快发展。

通过构建和促进区域科技圈和创新带的形成对策实施，可增加两条正因果链"构建和促进区域科技圈和创新带的形成 $\xrightarrow{+}$ 甲区域向乙区域学习力度"和"构建和促进区域科技圈和创新带的形成 $\xrightarrow{+}$ 乙区域向甲区域学习力度"，如图7-12所示。它所反映的内在意义是：通过构建和促进区域科技圈和创新带的形成对策实施，可进一步促进区域科技圈和创新带内不同区域在科技竞争力的发展过程中互相学习，形成互相带动的良性发展。

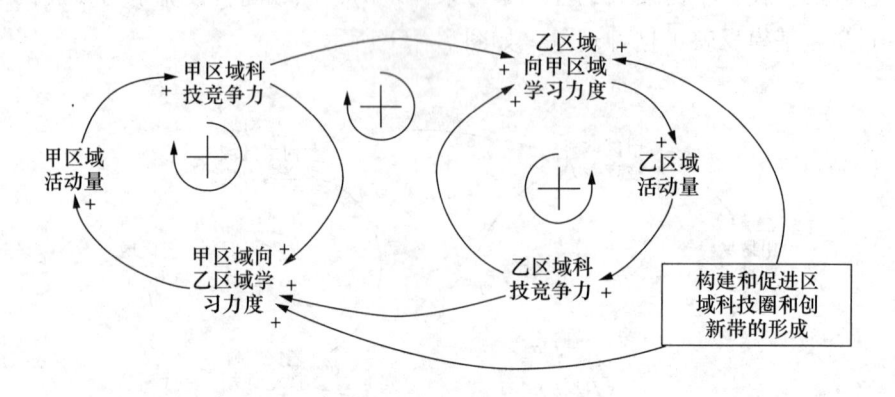

图 7-12 构建和促进区域科技圈和创新带的形成对策实施效用（二）

（7）加大力度全面实施上述区域科技竞争力的提升对策，消除区域科技竞争力发展"目标侵蚀"基模问题。

在区域科技竞争力发展实际水平未能达到目标水平而产生计划偏差时，很容易产生区域科技竞争力发展"目标侵蚀"现象，如图7-13所示。

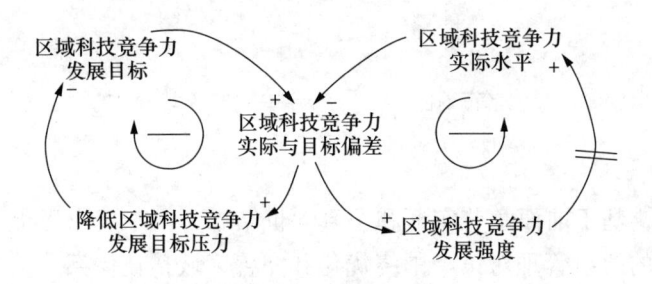

图 7-13　区域科技竞争力发展"目标侵蚀"基模

区域科技竞争力发展"目标侵蚀"基模表明：区域科技竞争力发展实际水平未能达到目标水平，出现偏差，一方面促使区域科技竞争力发展强度提高，另一方面将增大降低区域科技竞争力发展目标压力。由于提高区域科技竞争力发展强度从而提高区域科技竞争力实际水平来降低和消除这种偏差有一个延迟效应，需要较长时间才能产生目标效果；而降低区域科技竞争力发展目标压力增大将使区域科技竞争力发展目标降低，长此以往，原先制定的区域科技竞争力目标将逐渐被侵蚀。

通过加大力度全面实施上述区域科技竞争力的提升对策，提升区域科技竞争力实际水平，可以增加一条正因果链"加大力度全面实施区域科技竞争力的提升对策 $\xrightarrow{+}$ 区域科技竞争力实际水平"，有利于消除区域科技竞争力发展政策和措施的延迟问题（见图 7-14），从而促进区域科技竞争力的健康发展。

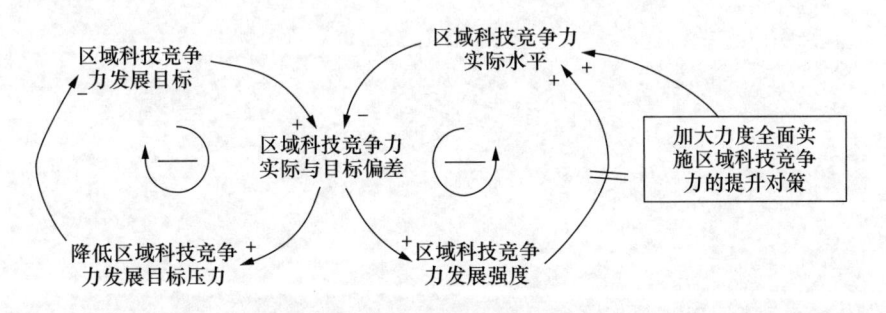

图 7-14　加大力度全面实施区域科技竞争力的提升对策效用

第四节　本章小结

首先，基于前面章节实证和仿真评价结果，本章提出了促进科技竞争力提升的两组管理对策。围绕优化和完善区域科技体系，从发展壮大区域科技主体、构建和完善科技投入资金投融资体系并提高资金使用效率、优化区域科技体制与机制以及改善区域科技发展基础四方面提出第一组管理对策；围绕科技与社会的关联，从促进科技与经济的共同繁荣以及科技与社会的协调发展、培育和发展区域科技增长极并促进区域科技圈和创新带的形成两方面提出第二组管理对策。其次，对上述两组对策的实施进行反馈基模效用分析。通过提出区域科技竞争力发展过程中的七个基模反映相应问题，并说明相应对策的实施效用。这七个系统动力学基模分别是：①科技支撑不足导致的经济发展成长上限基模；②科技成长与基础设施投资不足基模；③区域创新能力发展"饮鸩止渴"基模；④企业创新能力发展"舍本逐末"基模；⑤区域间科技竞争力发展"富者愈富"基模；⑥区域间科技竞争力发展共同学习基模；⑦区域科技竞争力发展"目标侵蚀"基模。

第八章 南昌市科技竞争力提升关键策略研究

在管理和决策的过程中，决策者所面对的往往是一个纷纭复杂、问题成堆的大系统，有的决策者善于抓住主要矛盾，条理清楚，制定出类似"四两拨千斤"的关键策略，起到"牵一发而动全身"的作用，从而打开局面，使问题取得决定性的进展。相反，有的决策者不得要领，"棋差一着"，走了很多弯路，甚至采取错误的策略，从而"满盘皆输"。本章聚焦南昌市，通过对其科技竞争力未来发展系统动力学仿真，寻找其关键因素，研究促进其科技竞争力提升的关键策略。

第一节 基于关键因素分析提出关键策略的总体思路

在对关键因素和关键策略进行界定的基础上，借鉴关键成功因素分析法，设计基于关键因素分析提出关键策略的思路。

一 关键因素的内涵与特征

从字面理解，"关键因素"由"关键"和"因素"两词组成："关键"的本义是指门闩或关闭门户的横木，其比喻是指事物最紧要的部分或转折点。"因素"则有两种基本含义，一是构成事物本质的成分；二是决定事物成败的原因或条件①。综合上述两词的解释，"关键因素"是指对事物发展起决定性作用的原因或条件，以及在某一事物发展方向、速度或程度等方面起决定性作用的因素。

关键因素具备以下三项特征：

（1）重要性。

---

① 百度百科，http://baike.baidu.com/view/444885.htm。

关键因素是影响某一事物发展的所有因素中最重要的因素,对该事物具有决定性的意义。

(2) 主导性。

某一事物的关键因素发展变化,将主导该事物的发展方向、速度或程度。

(3) 动态可转化性。

指某一事物的关键因素和非关键因素,可随时间变化而发生转换,即关键因素可转化成非关键因素,非关键因素亦可转化成关键因素。

二 策略与关键策略

(一) 策略

策略有三种基本含义:一是指可以实现目标的方案集合;二是指根据形势发展而制定的行动方针和斗争方法;三是指有斗争艺术,能注意方式方法。综合上述三种含义,策略一般指为了实现某一目标,预先根据可能出现的问题制定的若干对应方案,并且在实现目标的过程中,根据形势的发展和变化来制定出新的方案,或者根据形势的发展和变化来选择相应的方案,最终实现目标。简而言之,策略就是一种决策原则,它规定了在一种可能预见或可能发生的情况下应该怎么做才可能实现目的[131]。

策略应满足以下三个条件:

(1) 必须按一定的顺序(如时间)采取(变换)行动,那种制定以后就不能修改,以不变应万变的决策不能称为策略。

(2) 未来发生的情况具有不确定性,因此应体现出动态性。

(3) 不确定性应随时间的推移而减少。

(二) 关键策略

本书中,关键策略是指针对关键因素,为实现特定目标,根据形势的发展和变化而制定出新的方案。具体而言,促进南昌市科技竞争力提升的关键策略,应是针对影响南昌市科技竞争力提升关键因素,根据形势的发展和变化而制定出新的方案。

关键策略应具有以下基本特征:

(1) 主导与决定性。

在系统的决策中,关键策略的制定决定着整个系统的运转。如"以阶级斗争为纲"和"以经济建设为中心"这两个不同的关键策略,使整个社会的政治、经济形势发生了截然不同的变化;"科技是第一生产力"的论断对发展我国高新技术产业,提高企业产品的技术含量,增强竞争力起到了主导作用。

南昌市科技竞争力提升关键策略的制定和实施,应能主导和决定南昌市科技竞争力的未来发展变化。

(2) 及时性与准确性。

企业实施"名牌战略"能及时提高产品的知名度,增加效益。决策者在处理系统中复杂的矛盾问题时,如果不作全面了解,不抓问题的关键,而只采用"盲人摸象"的方法,就无法解决根本的矛盾。在处理系统的故障时,若不能制定正确的关键策略,故障就可能无法排除,或者即使能排除也要花过多的时间和过大的代价。

南昌市科技竞争力提升关键策略的制定和实施,应及时和准确,才能真正主导和决定南昌市科技竞争力的未来发展变化。

三 基于关键因素提出南昌市科技竞争力提升关键策略的思路

本书借鉴成功因素分析法,基于关键因素分析提升南昌市科技竞争力的关键策略。

(一) 关键成功因素法

关键成功因素法(Critical Success Factors,CSF)于 1970 年由哈佛大学教授 William Zani 提出,它是以关键因素为依据来确定系统信息需求的一种管理信息系统总体规划的方法。该方法认为,在现行系统中,总存在着多个因素影响系统目标的实现,其中若干个因素是关键的和主要的(即成功变量),通过对关键因素的识别,找出实现目标所需的关键信息集合,可确定系统开发的优先次序。

关键成功因素法的基本步骤可以通过图 8-1 清晰地表现出来,即分为目标识别、关键成功因素识别、具体指标确定、信息需求确定、信息需求指标监测五个阶段。实际运用过程中,通常需要根据基本步骤进行适当调整。

目标识别 → CSF识别 → 具体指标确定 → 信息需求确定 → 信息需求指标监测

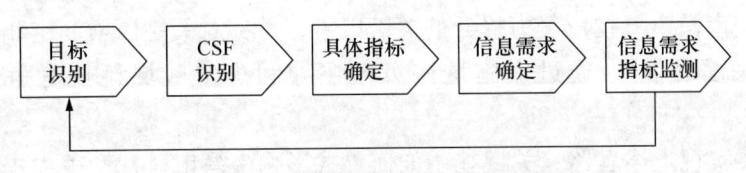

图 8-1 关键成功因素法步骤示意图

（1）目标识别。

目标识别是关键成功因素法运用的基础和核心，决定着整体工作的方向。关键成功因素法的本质就是围绕系统目标的关键成功因素展开分析，在这个过程中，"目标"有多个层次，可以是系统的整体发展战略目标，也可以是系统某个层次或职能领域的具体目标。

（2）关键成功因素识别。

关键成功因素识别，主要是分析影响具体目标的各种核心因素以及影响这些因素的子因素，从中选择决定系统成败的重要因素。关键成功因素的选择力求精练，通常控制在六个因素以内。

（3）具体指标确定。

具体指标是对关键成功因素的明确和细化，是关键成功因素的具体评价体系。一个关键成功因素的具体评价指标很多，实际应用过程中，要根据重要程度选择最重要的几个指标，通常控制在三个以内。例如，公司士气的具体指标包括人员流动、旷工情况、非正式的反馈。公司士气虽然可以表现在很多方面，但是这三个指标是其中最重要的，可以最直接地反映出公司士气。

（4）信息需求确定。

信息管理者在所确定的具体指标基础上，明确针对每一具体指标的信息来源、信息内容、信息提供方式和提供周期，界定信息收集的范围，并收集相应的信息。

（5）信息需求指标监测。

决策信息需求动态性强的特点决定了要决策信息需求就必须不断进行调整。需通过建立预警系统，实现对信息需求指标的监测，以时时监测信息需求的变化。

（二）南昌市科技竞争力提升的思路

与关键成功因素法运用的主要步骤相类似，南昌市科技竞争力提升策略的基本思路也是围绕促进南昌市科技竞争力提升这一整体目标，寻找影响南昌市科技竞争力提升的关键因素，并针对关键因素制定相应策略（关键策略），通过实施这些策略主导和决定区域科技竞争力的提升。

要实现上述思路，关键在于如何寻找影响南昌市科技竞争力提升的关键因素。在前面章节中，本书已建立了南昌市科技竞争力未来发展系统动力学仿真模型，通过该模型仿真各指标变化（三级指标，下同）对南昌市科技竞争力未来发展的影响，即进行敏感性分析，可以确定各指标对南昌市科技竞争力未来发展的重要性程度，将其中重要性居于前列的一些因素确定为影响南昌市科技竞争力提升的关键因素。

基于关键成功因素法提出南昌市科技竞争力提升的关键策略思路如图8－2所示。

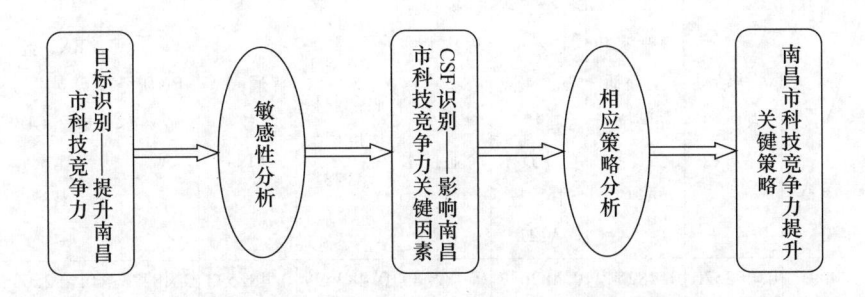

图8－2　基于关键成功因素法提出南昌市科技竞争力提升关键策略示意图

第二节　南昌市科技竞争力提升的关键因素分析

运用前面章节建立的南昌市科技竞争力未来发展的系统动力学仿真模型，分析评价指标变动引起科技竞争力变动情况，确定影响南昌市科技竞争力未来发展的关键因素。

一　南昌市科技竞争力评价指标影响效应的分析

为分析各区域科技竞争力评价指标对南昌市科技竞争力未来发展的影响大小，现利用前面章节建立的南昌市科技竞争力未来发展的系统动力学仿真模型，令2008年起[①]各区域科技竞争力评价指标值变动1%（正向指标增长1%，负向指标降低1%。模型中除"单位GDP能耗A421"是负向指标外，其余均为正向指标），观察2009年起"科技竞

---

① 在该系统动力学仿真模型中，各评价指标的2000—2008年值是其历史实际值。假设从2008年起指标值开始变动是根据模型特点和分析目的确定的。

争力 KJJZL"指标的仿真结果,从而可分析出南昌市科技竞争力评价指标的影响效应大小。表 8-1 显示了 2008 年起各评价指标变动 1%后引起"科技竞争力 KJJZL"指标变化后 2009—2020 年相应的仿真值、平均值及按平均值计算的排位情况。

表 8-1 各指标变动 1%以后的南昌市科技竞争力未来发展仿真结果

指标 年份	科技活动人员数 A111	科学家和工程师占科技人员比重 A112	省级工程技术中心、重点实验室、企业技术中心数 A121	国家级工程技术中心、重点实验室、企业技术中心数 A122	大中型工业企业科技机构数 A123	普通高等院校数 A124	R&D 经费支出 A131	R&D 经费支出占地区 GDP 比重 A132
2009	0.482570	0.482542	0.482637	0.482583	0.482595	0.482593	0.482737	0.482609
2010	0.499228	0.499174	0.499337	0.499251	0.499287	0.499279	0.499568	0.499340
2011	0.525008	0.524873	0.525081	0.524975	0.525016	0.525006	0.525389	0.525079
2012	0.555014	0.554786	0.555083	0.554940	0.554994	0.554993	0.555554	0.555103
2013	0.594097	0.593691	0.594117	0.593910	0.593987	0.593989	0.594780	0.594125
2014	0.635937	0.635123	0.635819	0.635450	0.635583	0.635572	0.636814	0.635797
2015	0.685048	0.684190	0.684940	0.684536	0.684657	0.684674	0.686090	0.684776
2016	0.731798	0.731058	0.732100	0.731514	0.731665	0.731663	0.733534	0.731709
2017	0.783511	0.782756	0.783801	0.783105	0.783293	0.783159	0.785816	0.783269
2018	0.839804	0.839539	0.839810	0.839371	0.839607	0.839450	0.842706	0.839479
2019	0.897554	0.896897	0.897630	0.897074	0.897372	0.897147	0.900311	0.897122
2020	0.952688	0.952034	0.952736	0.952155	0.952525	0.952227	0.956330	0.952156
平均值	0.681855	0.681389	0.681924	0.681572	0.681715	0.681646	0.683302	0.681714
排位	11	32	8	19	13	17	1	14

指标 年份	SCI 收录论文数 A211	专利授权量 A212	授权专利中发明所占比率 A213	省级以上科技成果奖 A214	技术市场成交额 A221	高新技术产业总产值 A222	高等院校毕业生数 A223	万名科技活动人员平均 SCI 收录论文数 A311
2009	0.482583	0.482605	0.482575	0.482614	0.482591	0.482706	0.482708	0.482576
2010	0.499228	0.499255	0.499217	0.499281	0.499229	0.499378	0.499351	0.499220
2011	0.524953	0.524985	0.524941	0.525028	0.524963	0.525159	0.525103	0.524944

续表

指标\年份	SCI收录论文数 A211	专利授权量 A212	授权专利中发明所占比率 A213	省级以上科技成果奖 A214	技术市场成交额 A221	高新技术产业总产值 A222	高等院校毕业生数 A223	万名科技活动人员平均SCI收录论文数 A311
2012	0.554913	0.554948	0.554899	0.555062	0.554920	0.555188	0.555101	0.554902
2013	0.593872	0.593911	0.593857	0.594171	0.593883	0.594235	0.594102	0.593860
2014	0.635382	0.635424	0.635366	0.636130	0.635392	0.635855	0.635658	0.635367
2015	0.684486	0.684532	0.684470	0.685087	0.684497	0.685103	0.684820	0.684469
2016	0.731459	0.731508	0.731441	0.732211	0.731470	0.732263	0.731847	0.731439
2017	0.783043	0.783098	0.783027	0.783978	0.783056	0.784099	0.783492	0.783021
2018	0.839300	0.839359	0.839286	0.840455	0.839314	0.840701	0.839814	0.839275
2019	0.896993	0.897057	0.896982	0.898392	0.897007	0.898879	0.897574	0.896964
2020	0.952065	0.952136	0.952057	0.953640	0.952080	0.954662	0.952700	0.952032
平均值	0.681523	0.681568	0.681510	0.682171	0.681534	0.682352	0.681856	0.681506
排位	27	20	29	4	25	3	10	30

指标\年份	万名科技活动人员平均专利授权量 A312	万名科技活动人员平均省级以上科技成果奖 A313	高等院校专任教师平均负担学生数 A314	技术市场成交额与R&D经费支出比 A321	高新技术产业增加值与R&D经费支出比 A322	GDP增长率 A411	第三产业所占比重 A412	全社会劳动生产率 A413
2009	0.482597	0.482591	0.482597	0.482576	0.482612	0.482585	0.482623	0.482993
2010	0.499243	0.499242	0.499241	0.499219	0.499256	0.499238	0.499298	0.500011
2011	0.524970	0.524971	0.524965	0.524943	0.524980	0.524950	0.524976	0.525632
2012	0.554929	0.554944	0.554922	0.554900	0.554937	0.554912	0.554944	0.556186
2013	0.593888	0.593919	0.593880	0.593857	0.593895	0.593865	0.593886	0.595069
2014	0.635397	0.635450	0.635387	0.635364	0.635402	0.635375	0.635398	0.636445
2015	0.684500	0.684590	0.684489	0.684466	0.684504	0.684476	0.684496	0.685671
2016	0.731471	0.731600	0.731458	0.731435	0.731473	0.731446	0.731464	0.732745
2017	0.783054	0.783237	0.783040	0.783016	0.783055	0.783028	0.783043	0.784420
2018	0.839308	0.839569	0.839294	0.839270	0.839309	0.839281	0.839294	0.840769
2019	0.896998	0.897357	0.896983	0.896959	0.896998	0.896970	0.896981	0.898554

续表

指标\年份	万名科技活动人员平均专利授权量 A312	万名科技活动人员平均省级以上科技成果奖 A313	高等院校专任教师平均负担学生数 A314	技术市场成交额与R&D经费支出比 A321	高新技术产业增加值与R&D经费支出比 A322	GDP增长率 A411	第三产业所占比重 A412	全社会劳动生产率 A413
2020	0.952067	0.952491	0.952051	0.952027	0.952066	0.952039	0.952048	0.953718
平均值	0.681535	0.681663	0.681526	0.681503	0.681541	0.681514	0.681538	0.682684
排位	24	16	26	31	22	28	23	2

指标\年份	农林牧渔业增加值率 A414	规模以上工业增加值率 A415	单位GDP能耗 A421	工业废水排放达标率 A431	工业固体废物综合利用率 A432	万名人口平均科技活动人员数 A511	财政支出中科学技术支出所占比重 A521	大中型工业企业科技机构设置率 A531
2009	0.483192	0.483161	0.483074	0.483209	0.482761	0.482619	0.482610	0.482849
2010	0.500235	0.500184	0.500047	0.500263	0.499517	0.499303	0.499251	0.499560
2011	0.525451	0.525425	0.525148	0.525465	0.525114	0.525109	0.524984	0.525328
2012	0.555587	0.555552	0.555189	0.555606	0.555174	0.555030	0.554944	0.555235
2013	0.594390	0.594363	0.594026	0.594404	0.593586	0.594018	0.593906	0.594214
2014	0.635996	0.635964	0.635598	0.636013	0.635175	0.635536	0.635420	0.635746
2015	0.685090	0.685058	0.684666	0.685107	0.684604	0.684662	0.684521	0.684852
2016	0.732069	0.732037	0.731629	0.732086	0.731589	0.731649	0.731492	0.731828
2017	0.783648	0.783616	0.783194	0.783665	0.783174	0.783222	0.783066	0.783360
2018	0.839902	0.839870	0.839434	0.839919	0.839433	0.839500	0.839323	0.839633
2019	0.897591	0.897559	0.897109	0.897608	0.897126	0.897205	0.897012	0.897323
2020	0.952660	0.952628	0.952164	0.952677	0.952199	0.952292	0.952081	0.952396
平均值	0.682151	0.682118	0.681773	0.682169	0.681621	0.681679	0.681551	0.681860
排位	6	7	12	5	18	15	21	9

表8-1中的数据反映了"科技竞争力KJJZL"指标对各评价指标变动的敏感性程度，根据这种敏感性程度，可确定各评价指标对2009—2020年南昌市科技竞争力发展变化的重要程度和关键程度。

二　南昌市科技竞争力提升的关键因素

按上述"科技竞争力KJJZL"指标对各评价指标变动的敏感性程度

大小，根据"二八原则"，取排位前20%，即前六位指标定为关键指标，这六个指标按排位顺序分别是R&D经费支出A131、全社会劳动生产率A413、高新技术产业总产值A222、省级以上科技成果奖A214、工业废水排放达标率A431、农林牧渔业增加值率A414，它们是南昌市科技竞争力提升的关键因素。

第三节 南昌市科技竞争力提升的关键策略建议

关键因素对2009—2020年南昌市科技竞争力的提高起着最显著的作用，根据前文所述基本思路，针对这些关键因素，提出针对性的策略，即为促进南昌市科技竞争力提升的关键策略。

1. 针对"R&D经费支出"的关键策略

科学研究与试验发展（R&D）活动是创新的核心内容，其经费投入是全社会科技投入的重要组成部分，也是促进科技进步的重要因素，更成为影响南昌市科技竞争力提高的最关键因素。南昌市针对R&D经费支出的关键策略可从以下方面着手：

（1）增加政府科技投入，加大R&D经费支出力度。

现阶段南昌市R&D经费支出力度较低，无论是R&D经费支出绝对额，还是R&D经费投入强度（R&D经费支出占地区GDP比重）在中部六省会城市中都居于落后地位（如表8-2所示），这极大制约了南昌市科技竞争力的提升。根据前文分析，如果南昌市能增加R&D经费支出，将能迅速增强其科技竞争力，因此，在今后一段时间内，增加政府科技投入，加大R&D经费支出力度，应是南昌市提高科技竞争力的首要途径和重要条件。通过政府科技投入的"杠杆效应"逐步提高企业的研发投入水平，应加大对重点产业、重点领域前沿技术、关键技术、共性技术的研发投入，组织实施重大科技专项，支撑和带动地区、行业科技跨越式发展，为经济的可持续发展提供后续动力。在增加政府科技投入的同时，要创新政府科技资金的投入方式和运作方式，实现投入方式多样化和运作方式市场化，促进政府科技投入的运作效率提高。

表 8-2　　南昌市 R&D 经费投入及中部六省会城市的排位情况

年份	R&D 经费支出				R&D 经费支出占地区 GDP 比重			
	指标值	排位	同比增长（%）	排位	指标值	排位	同比增长（%）	排位
2000	3.6	6	—		0.78	6	—	
2001	4.0	5	11.06	4	0.77	6	-1.52	4
2002	4.5	5	11.06	5	0.74	6	-3.22	6
2003	6.6	5	48.95	1	0.94	5	27.10	2
2004	5.7	5	-14.89	5	0.66	6	-29.46	6
2005	11.1	5	96.19	1	1.10	4	65.70	1
2006	14.9	6	34.14	2	1.26	5	14.17	2
2007	21.3	6	43.52	2	1.54	5	22.25	2
2008	25.2	6	17.95	6	1.52	5	-1.25	6
2009	37.8	6	50.09	2	2.06	4	35.60	3

（2）提高政府 R&D 活动经费的使用效率。

在财力有限的情况下，政府资金的主要作用是引导投入和补助性投入。意在引导企业配套投入，提升产品或项目开发层次、开发积极性，带动和提高南昌市 R&D 活动经费投入。提高政府 R&D 活动经费的使用效率可考虑以下五个途径：第一，加大应用研究项目和实验发展项目的企业自选的比例，减少应用研究项目和实验发展项目的市场转换障碍。第二，加强企业自选项目与科技计划重大项目的整合，减少重大研究项目的市场转化障碍。第三，加强大学、科研院所的应用研究项目与企业自选项目的结合，减少大学、科研院所研究项目的市场转换障碍。第四，加强科技开发项目对企业技术创新的基础和引导作用。第五，加强政府科技项目与地区经济发展规划、重点产业、高新技术产业的整合，加快地区产业结构的转化和升级。

2. 针对"全社会劳动生产率"的关键策略

全社会劳动生产率是区域科技进步水平在社会经济领域中的核心体现，提高全社会劳动生产率是经济增长的可持续引擎和产业结构调整的基础和动力，也是促进南昌市科技竞争力提升的关键策略。要提高南昌市全社会劳动生产率，可从转变经济增长方式和提高劳动者素质两方面入手。

(1) 转变经济增长方式。

首先,大力发展循环经济是南昌市转变经济增长方式的重要模式。粗放型经济增长方式的缺陷不仅在于片面追求外延扩张,而且也包括资源的一次性使用。发展循环经济,促进资源的循环式使用、产业的循环式组合,是转变经济增长方式的重要途径。因此,转变经济增长方式,要以"减量化、再使用、可循环"为原则,把大力发展循环经济作为突破口。传统的线性经济增长方式是"资源—产品—废弃物",即"大量生产、大量消费、大量废弃"。相对于这种方式,循环经济的运行路线是"资源—产品—废弃物—资源"循环往复。循环经济是一种以资源的高效和循环利用为价值取向,以可持续发展为根本目的的新型增长方式,其基本特征是"低消耗、低排放、高效率"。要以冶金、煤炭、化工、建材、造纸等行业为重点,进行循环经济再造,推行清洁生产,实行全面节约战略。南昌市应当制定税收、贴息、补贴等政策,加大政府对再生资源产业的扶持力度,按照"减量化、再使用、可循环"原则改进企业的产品设计和制造工艺,增强社会发展循环经济的意识,加大公众的参与力度,并建立发展循环经济的法律法规体系,制定和实施强制性能效标准。发展循环经济须从三个层面展开:一是企业层面,打造循环型企业;二是区域层面,打造循环型城市;三是社会层面,打造循环型社会。与发展循环经济相关联,南昌市要提倡创建节约型社会,在节约的基础上强调资源的有效利用。

其次,体制和机制的创新是转变经济增长方式的制度保障。新制度经济学家认为,制约发展中国家经济发展的首要因素不是资源约束,而是制度约束。分析经济生活中的问题,不能就经济论经济,而必须结合制度环境。改变粗放的增长方式,最根本的是要继续深化改革,以形成推动乃至于迫使经济增长方式转变的体制机制。从我国经济运行的实际看,高投入、高消耗、高污染、低效率的粗放型增长方式之所以难以转变,是因为我国的生产要素价格和资源产品价格长期受国家管制,严重偏低。地价低,水价低,能源包括电价低,许多矿产品价低,大多都与其价值严重背离,造成人们在使用这些宝贵资源时,大手大脚,毫不吝惜。南昌市要转变经济增长方式,建立节地、节能、节水、节材的生产方式和消费方式,积极推进生产要素和资源产品价格改革,建立反映市场供求状况和资源稀缺程度的价格形成机制,节约利用资源,提高效率。

(2) 提高劳动者素质。

一般来说，提高劳动者的劳动素质及劳动技能的措施，主要包括四个方面的内容：一是劳动者内在积极性的激发，包括加强政治思想工作及增强主人翁地位等；二是经济利益的刺激，包括企业工资制度的完善及经济利益导向的增强等；三是规章制度的强制，包括强化劳动纪律及技术操作规定的约束等；四是生产组织和生产程序的优化，主要是通过组织优化及程序化而使劳动者增加贡献。上述四个方面的措施，具有内在的统一性与互补性，不能重视某一个而忽视其他几个。南昌市要形成有利于劳动者学习成才的引导机制、培训机制、评价机制、激励机制，引导广大劳动者提高思想道德素质和科学文化素质，努力掌握新知识、新技能、新本领，成为适应新形势下经济社会发展要求的高素质劳动者。在当前，南昌市还可考虑采取以下具体途径提高劳动者素质：

首先，多渠道引进高层次人才，大力发展战略性新兴产业，形成新的经济增长点。南昌市应保障人才引进绿色通道的顺畅，并采取"人才公寓""博士津贴"等之类政策或措施，刚性引进人才；依据"不求所有，但求所在，不求有位，但求有为"等原则，通过咨询、讲学、兼职、短期聘用、项目合作与攻关、技术顾问等形式，柔性引进人才。

其次，加强技能型、服务型人才队伍建设和农村实用人才培训，调整劳动力就业结构，推动传统产业结构的优化升级。围绕发展现代服务业的要求，依托大力发展职业教育、加强高技能人才队伍建设、全面实施农村实用人才培训工程等载体，提高劳动者的职业技能和职业道德水平，以及服务能力和水平。

最后，要建立激励优秀企业家、经营管理人才等高层次人才发挥更大作用的机制。树立人力资源是可再生资源且是社会经济发展的能动力量的观念，建立依靠人力资源创造价值的经济社会发展模式，不断提高劳动者，特别是高层次人才的收入水平，确保优秀企业家、经营管理人才等高层次人才进得来、留得住、用得好。构建以绩效考核为核心，与人才智力贡献密切挂钩的多元化分配体系，制定知识、技术、管理等生产要素按贡献参与收入分配的实现形式和办法。以生物制药、电子信息、新能源、新材料等行业为重点，储备和培养一批高层次人才，允许和鼓励企事业单位高薪聘用高层次人才以及实行协议工资制和年薪制。

3. 针对"高新技术产业总产值"的关键策略

高新技术产业总产值体现一个地区高新技术产业发展规模，发展壮大南昌市高新技术产业，可以迅速提高南昌市科技竞争力。

（1）促进重点优势高新技术产业集群发展，利用高新技术改造传统产业，带动产业结构升级。

围绕省科技创新"六个一"工程、鄱阳湖生态经济区科技创新规划、南昌国家创新型城市建设目标，依托现有产业基地和产业优势，增强重点领域高新技术研发能力，加快光伏光电、汽车制造及零部件、生物与新医药、航空制造、服务外包及文化创业产业五大重点优势高新产业发展，推进南昌市五大重点优势高新产业集群形成和良性发展。一是围绕硅料、硅片、太阳能电池组及配套产品开展重点研发及产业化，以高新区为核心区，辐射南昌经济技术开发区、桑海开发区、小蓝工业园，促进南昌市光伏光电产业集群形成。二是立足实施国家《汽车产业调整和振兴规划》和"十城千辆"工程，以小蓝工业园为核心区，辐射南昌经济技术开发区和长堎工业园，以江铃等企业为主体，形成以混合动力、纯电动动力的轿车、工程车、商务车、客车和锂离子电池为主打产品的产业集群。三是以南昌航空工业城为核心区，以中航工业公司、洪都集团为主体，形成以猎鹰歼教机、雅克系列教练机、大飞机部件等为主打产品的产业集群。四是以桑海开发区为主要载体，辐射高新区、小蓝工业园和进贤县，以江中制药等企业为主体，形成以植物药、生物医疗诊断检测仪器、医疗器械等为主打产品的产业集群。五是以南昌高新区为核心，辐射南昌经济技术开发区、小蓝工业园和罗亭软件服务外包基地，形成以慧谷动漫创意产业园等为载体的产业集群。

在传统产业，特别是机械、冶金、纺织、化工、建材等传统支柱产业，应大力推广和应用电子信息技术、先进制造技术、节能降耗技术等高新技术，促进其关键技术、工艺、设备的优化升级，大幅提高生产工艺及装备水平，实现传统产业的高新化，带动产业结构升级。

（2）建设完善高新技术创新研发的公共平台体系。

利用南昌市高新技术产业的规模优势和先发优势，组织分散的技术资源机构与国内外知名高校、研究所、实验室、企业，建立联合开发机制，有效整合官—产—学—研—资—介等创新创业资源，着力构筑公共技术资源共享企业研发创新平台、科技成果转化孵化平台和中介服务平台三大平台。

（3）加大激励与保护知识产权的力度，鼓励高新技术企业自主研发核心技术，改变高新技术产业缺乏核心技术的被动局面。

政府应积极完善知识产权保护法规政策体系、司法保护和行政执法体系，加大对侵犯知识产权行为的打击力度，有效维护企业和个人合法利益，保护企业自主研发的积极性。

4. 针对"省级以上科技成果奖"的关键策略

可从提高科技成果质量和完善科技成果鉴定与评奖工作两方面采取措施。

（1）提高科技成果质量。

科技成果质量是科技成果能够转变为现实或潜在生产力的特性总和。为提高科技成果的质量，南昌市可从以下途径着手：

首先，要强化科技研究的过程管理工作。提高科技成果质量的关键是把好"两头"和跟踪"中间"，其中把好"两头"即把好立项与鉴定关，跟踪"中间"即跟踪研究过程。当前科技成果的立项、鉴定、评奖一般由政府职能部门运作，但实践效果并不理想。为了提高科技成果质量，促进科技成果迅速转变为生产力，建议南昌市建立一种新型的科技过程管理机制，其关键思想是将科技管理工作从政府主导型向专家主导型转变，包括两大核心内容：一是建立一个具有独立法人资格的科技实体，可设为科技评估中心，作为政府科技管理决策的参谋机构，同时也是政府、企业、高等院校和科研院所之间科技成果转化与产业化的桥梁；二是在政府宏观调控下，对项目的立项、跟踪、鉴定、评奖由科技评估中心按经济规律运作，减少政府行政干预和人情因素困扰。

其次，要重视产学研结合。南昌市应进一步促进企业、高等院校和科研院所生产和科研项目的相互融合，完善产学研合作发展模式，并可采用以下具体途径[132]：

依——强化企业依托高等院校和科研院所的人才优势和科研前沿优势，与之合作并采用其先进的科研成果用于生产。

转——可考虑将一些科研院所直接转化科技型企业。

参——部分科研院所或高等院校直接参与企业或企业集团的组建，持股或直接成为企业或企业集团的一部分。

联——高等院校或科研院所根据自身特点和优势，选择相关企业建立长期稳定的合作关系,由企业提供一定的科研经费,根据合作企业的需求开发科技成果。

融——高等院校和科研院所的人员定期到企业工作,帮助企业从事科技开发和人员培训,更深刻地了解企业需求,并在实践中提高自身的实践技能;企业中有一定能力的研究人员也可定期到高等院校或科研院所从事一定时间的教学或科研活动,从而有利于高等院校或科研院所了解企业,亦有利于企业研究人员更新自身的知识。

保——保证每年的科研课题有一半以上是产学研结合课题。

(2) 完善科技成果鉴定与评奖工作。

对科技成果进行公正鉴定、评奖,让高质量的科研成果脱颖而出,这也有利于防止科研成果的泛滥。科技成果鉴定、评奖的公正性取决于是否能准确地对科技成果进行评估,这就要求南昌市要进一步完善科技成果评估工作。具体可考虑以下途径:

一是转变政府在科技评估中的职能。有必要改变现行的科技成果鉴定办法中政府既是政策的制订者,同时又是政策的执行者和监督者的做法。建议南昌市政府今后只负责涉及国家机密或特别重大的科技成果的鉴定,将绝大部分本应属于社会的行为交还社会,由社会中介机构或专门的专业机构来对科技成果进行评估,政府从亲自鉴定转为对从事评估工作的专业评估机构进行宏观的监督、指导和管理。

二是加强评估队伍建设和组织建设。南昌市应根据市场需求,运用信息网络技术搭建网络系统,在实践中吸引并培养一批合格称职的高素质评估专家;并应用现代的市场运作手段,建立多层次从事科技评估的组织,依据市场规则,承担相应的法律责任和经济风险,对科技成果做出客观、公正的评估。

三是加强评估过程的独立性。国外科技评估研究和评估实践已证明,评估的独立程度越高,评估的可信度也越大。南昌市在进行科技成果评估时应让评估者有充分的权力,独立于被评估的研究单位和实施评估的机构之外,避免干扰,达到最佳评估效果。

5. 针对"工业废水排放达标率"的关键策略

基于经济学的角度,建议南昌市可通过以下途径提高工业废水排放达标率:

(1) 加强工业废水排放与污染的环境管制。

通过制定和完善严格的水环境保护和水污染防治的法律法规，约束企业的排污与治理行为；通过政府部门对企业的废水排放与废水治理工作的监督，加强政府的行政职能，给企业造成一种外在的威慑力；通过教育手段，增强企业自身的环境保护意识，使得企业自觉地减少废水污染物的排放。增强居民的环境保护意识，表现为对企业的污染行为进行监督，从而更有效地揭露企业的环境污染行为。环境管制手段是一种刚性非常强的手段，在环境保护中这种管制手段只能增加对企业的威慑力，而不能给予企业治理污染的激励。在市场经济发展程度越来越高的现实中，不能将这种手段作为主要的治理手段，还应该结合其他的治理手段来发挥管制手段应有的基础作用。

（2）完善相应环境经济手段的制度建设。

对现行税收制度中不利于环保、不利于废水污染减少和资源合理利用的条款予以剔除，形成有利于保护生态环境的税收制度。在具备条件的情况下，可以根据生产的投入物或产出物对不同的企业实行差别征税，对破坏生态环境严重的企业进行抑制。对有利于防治污染、保护生态环境的基础研究和应用开发、高新技术、新产品、新工艺和先进设备的引进给予税收减免，以便鼓励企业运用无污染的资源。在运用税收手段限制企业，使其减少废水排放的同时，也要将主要目的从控制污染转向预防污染，尽量少地利用可能产生污染的资源，将税收政策与差别税收相结合，预防污染行为的发生。进一步提高工业废水污染税的税率，加大污染税的征收力度。通过污染税税率的提高和污染税的严格征收间接增大排污企业污染环境的边际成本，降低其污染环境的边际收益，使其排污的边际成本超过边际收益，也即使污染者的成本既包括私人成本，又包括污染成本，使其二者之和最终等于社会成本[133]。

6. 针对"农林牧渔业增加值率"的关键策略

南昌市应积极推动农业科技创新，促进农业科技进步。具体可考虑从以下几方面着手：

（1）加强农业科技创新主体培育。

农业科技进步的关键是农业科技的创新和突破，所以，要积极扶持农业科研院所和高等院校，使它们成为农业科学研究与知识创新的主体。要大力支持其在突破性动植物新品种选育及配套技术、生物技术、农产品精深加工及综合利用和农村生态保护和环境建设等全局性、关键性技术攻关上取得突破，奠定农业技术跨越的基础。同时，要通过整合国内外科技资源，扶持农业产业化龙头企业和农业高科技企业，使他们成为农业技术创新的主体。大力组织科技攻关，实现农业技术的跨越。

（2）加大政府对农业科技的投入。

就产业发展而言，一般说来，投入与产出成正比。通过对发达国家的农业科技发展政策考察发现，政府是农业科技的主要投资者，投资越大，科技队伍越稳定，科技成果产出越多，而科技成果对农业的贡献反过来又大大增加了政府的财政收入，形成了良性循环。就我国而言，农业的基础地位决定了国家不能削减对农业发展的财政支持，在当前条件下，保证并不断加大对农业科技的稳定投入，是推动农业科技进步、促进农业科技开发与推广的重要保证。我国的农业科技投入目前虽然有所增加，但总体上仍不足，政策措施也不力，加上农业科技商品的特殊性以及农民购买力的限制，使得农业科技部门转让技术成果获取收入相当艰难，这大大限制了农业科技进步的步伐，延缓了农业经济的发展。

（3）发展高产、优质、高效的农业产业。

首先要发展优良品种，坚持自己培育与国外引进并重的方针，加快引进、培育、试验、示范和推广的步伐，淘汰养殖业和种植业等方面的劣质、低产品种。其次要把科技成果开发推广的经济效益与科技开发推广部门、人员的经济利益直接挂钩，调动他们投身农业科技事业的积极性。再次要重视农产品的保鲜、储藏和深加工技术，将农业与加工业、商业有机地结合起来，增强农业产业发展的活力和后劲。最后要鼓励科研单位和大专院校的科研工作与农业产业对接，实现以科研促农业、以农业促科研的"双赢"局面的形成。

（4）建立健全农业科技推广服务体系。

首先，要逐步建立健全以政府主导的推广组织为主体、推广队伍多元化、技术服务社会化、推广形式多样化、运行机制市场化的新型农业科技推广服务体系；其次，政府要在农业科技进步的软环境上下功夫，例如法律的制定、适用和政策的实施，要为农业科技的发展提供法律支持，保护知识产权，保护商标、专利和专有技术，打击假冒伪劣和其他相关违法行为，同时要制定税收、财政投入、分配、技术职称评聘等方面的具体优惠政策，还要在信息的传递、货物的流转上保证畅通无阻[134]。

第四节 本章小结

　　基于关键因素分析提出南昌市科技竞争力提升的关键策略思路，通过分析科技竞争力评价指标对南昌市科技竞争力未来发展的影响程度，确定了R&D经费支出、全社会劳动生产率、高新技术产业总产值、省级以上科技成果奖、工业废水排放达标率、农林牧渔业增加值率为提升南昌市科技竞争力的关键因素，进而提出促进南昌市科技竞争力的关键策略。

参考文献

[1] 石少雄:《福建省县域科技竞争力评价》,硕士学位论文,福建师范大学,2009年。

[2] Eliezer Geisler:《科学技术测度体系》,周萍等译,科学技术文献出版社2004年版。

[3] Klaus Schwab, Xavier Sala – i – Martin, Robert Greenhill. *The Global competitiveness Report* 2009 – 2010, http://www.weforum.org/pdf/GCR09/GCR20092010fullreport.pdf, pp. 3 – 47.

[4] 减春荣:《福建省农业科技竞争力比较研究》,硕士学位论文,福建农业大学,2007年。

[5] 尹凡:《我国各省科技竞争力测度及提升策略研究》,硕士学位论文,燕山大学,2009年。

[6] UNDP. *Human Development Report*: *Make New Technologies Work for Human Development*. No. 6, 2001, pp. 4 – 47.

[7] 迈克尔·波特:《国家竞争优势》,李明轩、邱如美译,中信出版社2007年版。

[8]《全国科技进步综合评价》课题组:《全国科技进步统计监测及综合评价研究》,《统计研究》1998年第2期。

[9]《中国科技发展研究报告》研究组:《中国科技发展研究报告》,社会科学文献出版社2006年版。

[10]《中国科学院可持续发展》研究组:《中国可持续发展战略报告》,科学出版社2006年版。

[11] 经济体制改革研究院、中国人民大学、深圳研究开发研究院:《中国国际竞争力发展报告(1999)——科技竞争力主题研究》,中国人民大学出版社1999年版。

[12] 倪鹏飞:《中国城市竞争力报告No.7》,社会科学文献出版社

2009 年版。

[13] 樊纲：《论竞争力——关于科技进步与经济效益关系的思考》，《管理世界》1998 年第 3 期。

[14] 赵彦云：《中国科技竞争力及其发展战略》，《管理世界》1999 年第 3 期。

[15] 尹相勇、彭宏勤：《区域科技进步统计监测综合评价研究》，《中国软科学》1999 年第 8 期。

[16] 姜万军：《知识生产者是科技竞争力的基础》，《科学学与科学技术管理》2000 年第 6 期。

[17] 艾国强、杜祥瑛：《我国科技竞争力研究》，《中国软科学》2000 年第 7 期。

[18] 游光荣、狄承锋：《我国地区科技竞争力研究》，《中国软科学》2001 年第 1 期。

[19] 施建军、张台秋：《科技统计发展：方向与思考》，《统计研究》2002 年第 1 期。

[20] 姚建文：《省际科技竞争力评价体系》，《系统工程》2003 年第 3 期。

[21] 胡宝民等：《"九五"期间区域科技竞争力评价与分析——以河北省为例》，《科学学与科学技术管理》2003 年第 8 期。

[22] 郭新艳、郭耀煌：《基于 TOPSIS 法的地区科技竞争力的综合评价》，《软科学》2004 年第 4 期。

[23] 赵国杰、邢小强：《ANP 法评价区域科技实力的理论与实证分析》，《系统工程理论与实践》2004 年第 5 期。

[24] 谈毅、仝允桓：《中国科技评价体系的特点、模式及发展》，《科学学与科学技术管理》2004 年第 5 期。

[25] 姜春林、江诗松：《基于主成分分析的省区科技竞争力评价》，《科技管理研究》2005 年第 3 期。

[26] 黎雪林、孙东川：《我国区域科技竞争力评价体系研究》，《科技管理研究》2006 年第 2 期。

[27] 赵顺娣、孔玉生：《区域科技竞争力评价》，《统计与决策》2007 年第 21 期。

[28] 徐晓林、黄艳中：《中国省域软科学研究机构竞争力评价与发展趋势研究》，《中国软科学》2009 年第 6 期。

[29] 陈红兵、陈光曙：《关于"技术是什么"的对话》，《自然辩证法研究》2001年第4期。

[30] 袁望冬：《科技创新与社会发展》，湖南大学出版社2007年版。

[31] Stoneman P. *The Economic analysis of technological change*, London: Oxford University Press, 1983, p. 8.

[32] Rothwelland R. *Technology*, London: Longman Group Limited, 1985, p. 47.

[33] 罗伟：《技术创新与政府政策》，人民出版社1996年版。

[34] 尚勇：《当今世界技术创新与科技成果产业化》，科学技术文献出版社1999年版。

[35] 夏征农：《大辞海·哲学卷》，上海辞书出版社2003年版。

[36] 陈伟、罗来明：《技术进步与经济增长的关系研究》，《社会科学研究》2002年第4期。

[37] 何诣寒：《区域技术创新扩散效果研究——以四川省大中型工业企业为例》，硕士学位论文，西南交通大学，2008年。

[38] 吴贵生、魏守华、徐建国：《区域科技论》，清华大学出版社2007年版。

[39] 纪玉山、张忠宇：《科技创新体系的动力机制设计》，《技术经济与管理研究》2009年第2期。

[40] 保罗·萨缪尔森、威廉·诺德豪斯：《经济学》，萧琛译，华夏出版社1999年版。

[41] 宋承先：《现代西方经济学》，复旦大学出版社1994年版。

[42] 曾刚等：《科技中介与技术扩散研究》，华东师范大学出版社2008年版。

[43] 徐建国、吴贵生：《区域科技概念及其构成因素》，《中国科技论坛》2004年第6期。

[44] 吴贵生等：《区域科技浅论》，《科学学研究》2004年第6期。

[45] 《我国区域科技发展研究》课题组：《我国区域科技发展研究》，内部资料，2000年。

[46] 杨建仁、吴华凤：《论创新型城市建设》，《科技经济市场》2017年第1期。

[47] 赵彦云：《中国科技竞争力及其发展战略》，《管理世界》1999年

第 3 期。

[48] 张欣、宋化民:《我国东西部科技竞争力的比较研究》,《软科学》2001 年第 2 期。

[49] 李正风、曾国屏:《我国科技国际竞争力的一个结构性缺陷》,《中国科技论坛》2002 年第 3 期。

[50] 刘燕华:《打造"两大平台"全面提升科技竞争力》,《中国科技产业》2003 年第 9 期。

[51] 徐峰:《浅论城市科技竞争力》,《科技管理研究》2004 年第 5 期。

[52] 彭晓玲、梅姝娥:《江苏省主要城市科技竞争力聚类分析研究》,《科技与经济》2007 年第 2 期。

[53] 楼文高、杨雪梅、张卫:《我国区域科技竞争力综合评价的投影寻踪方法研究》,《科技管理研究》2010 年第 8 期。

[54] 陈光潮、张辉、韩建安:《基于灰色系统理论的区域科技竞争力比较》,《暨南大学学报》2004 年第 1 期。

[55] 王焕祥、孙斐:《区域创新系统的动力机制分析》,《中国科技论坛》2009 年第 1 期。

[56] Almeida, P. and Kogut, B., "Localization of Knowledge and the Mobility of Engineers in Regional Networks", *Management Science*, No. 45, 1999, pp. 905 – 916.

[57] Zucker, L. G., Darby, M. R. and Brewer, M. B., "Intellectual Human Capital and the Birth of U. S. Biotechnology Enterprises", *American Economic Review*, No. 88, 1998, pp. 290 – 306.

[58] 赵勇、白永秀:《知识溢出:一个文献综述》,《经济研究》2009 年第 1 期。

[59] 马克思:《资本论》,郭大力、王亚南译,人民出版社 1974 年版。

[60] 约瑟夫·阿洛伊斯·熊彼特:《经济发展理论》,何畏等译校,商务印书馆 2000 年版。

[61] Charles W. Cobb and Paul H. Douglas, A Theory of Production. *American Economic Review*, No. 18, 1928, pp. 61 – 94.

[62] 道格拉斯·C. 诺斯:《经济史上的结构与变革》,励以平译,商务印书馆 1999 年版。

[63] J Tinbergen, Zur Theorie der Langfristigen Wirtschaftsentwicklung,

Weltwirtschaftliches Archiv, No. 55, 1942, pp. 511 – 549.

[64] 罗伯特·M. 索洛等：《经济增长的因素分析》，史清琪等选译，商务印书馆1999年版。

[65] Solow, Robert M., "Technical Change And Production Function", *Review of Economics and Statistics*, No. 5, 1957, pp. 71 – 102.

[66] Edward. F. Denison, *Accounting for United States Economic Growth*: 1929 – 1969, Washington: The Brooking Institution, 1974.

[67] Edward. F. Denison, William K. Chung, *How Japany's Economy Grew so Fast?*, Washington: The Brooking Institution, 1976.

[68] Edward. F. Denison, *Accounting for Slower Economic Growth*, Washington: The Brooking Institution, 1979.

[69] 谭德庆：《对测算科技进步贡献率的 C – D 生产函数的改进》，《松辽学刊》（自然科学版）2000年第2期。

[70] 王柏轩：《生产函数法》，http://course.cug.edu.cn/cug/tech_economics/12 – 1. htm.

[71] P. M. Romer, "Endogenous Technological Change", *Journal of Political Economy*, No. 2, 1990, pp. 3 – 42.

[72] P. M. Romer, "Increase Returns and Long – Run Growth", *Journal of Political Economy*, No. 94, 1986, p. 5.

[73] P. M. Romer, "Increase Returns and Long – Run Growth", *Journal of Political Economy*, No. 94, 1986, pp. 1002 – 1037.

[74] P. M. Romer, "Growth Based on Increasing Due to Specialization", *American Economic Review*, Vol. 72, No. 2, 1987, pp. 56 – 62.

[75] P. M. Romer, "Endogenous Technological Change", *Journal of Political Economy*, Vol. 98, No. 5, 1990, pp. 71 – 102.

[76] P. M. Romer, "The Origins of Endogenous Growth", *Journal of Economic Perspectives*, No. 8, 1994, pp. 3 – 22.

[77] Lucas, Robert E., Jr, "On the Mechanics of Ecnmic Development", *Journal of Monetary Economic*, No. 22, 1988, pp. 3 – 42.

[78] Lucas, Robert E., Jr, "Why Doesn't Capital Flow from Rich to Poor Countries?", *American Economic Review*, Vol. 80, No. 2, 1990, pp. 92 – 96.

[79] 孟祥云：《科技进步与经济增长互动影响研究》，博士学位论文，天津大学，2004年。

[80] С. М. 维什涅夫：《经济参数》，科学出版社1968年版。

[81] И. Г. 库拉克夫：《科学和社会生产的效果》，《哲学问题》1966年第6期。

[82] В. А. 特拉佩兹尼科夫：《科学技术进步和科学效果》，《经济问题》1973年第2期。

[83] С. И. 戈洛索夫斯基、В. М. 格里切里：《科技进步对社会生产效益影响的测定》，段凤岐译，科学技术文献出版社1987年版。

[84] 李金平、戴丽娜：《关于生产函数和科技进步》，《河南科学》2002年第4期。

[85] 王良健、彭江平：《湖南省科技进步对经济增长贡献的测算与分析》，《财经理论与实践》2000年第6期。

[86] 王小鲁、樊纲：《中国经济增长的可持续性》，经济科学出版社2000年版。

[87] 吴强：《简评科技进步贡献率的两种主要算法在我国的应用》，《科学学与科学技术管理》2000年第3期。

[88] 唐鑫：《科技进步对世界经济的决定作用》，《瞭望》2002年第3期。

[89] 吴小玲、王锦功：《科技进步作用的测算方法与实证分析》，《吉林大学社会科学学报》2002年第2期。

[90] 张志惠：《论技术进步对经济增长的效用》，《云南财贸学院学报》2001年第6期。

[91] 杨建仁、吴华风、贾相如：《南昌市经济——科技系统协调发展研究》，《现代商贸工业》2017年第5期。

[92] 冯英浚、李成红：《科技进步贡献率概念及测算方法的剖析与重建》，《中国软科学》1996年第9期。

[93] 周方：《"科技进步"及其对经济增长贡献测算的方法》，《数量经济技术经济研究》1997年第1期。

[94] 姜照华：《科技进步与中国区域不均衡增长》，http：//old.ccer.edu.cn/workingpaper/paper/c1999020.doc。

[95] 姜照华：《科技进步与经济增长的CSH理论》，《科学学与科学技术管理》2001年第3期。

[96] 赵勇民：《科技进步与经济增长之因果关系》，《山西交通科技》，2000年第4期。

[97] 温孝卿：《论推动科技进步与促进经济增长的互动关系》，《现代财经——天津财经学院学报》2000年第4期。

[98] 袁康、丁又双、胡承统：《中国的经济增长与技术进步》，《广东商学院学报》2001年第6期。

[99] 孟祥云：《科技进步与经济增长互动影响研究》，博士学位论文，天津大学，2004年。

[100] 孙凯：《科技进步与经济增长相关性研究》，博士学位论文，西北大学，2006年。

[101] 彭定安：《发展与前瞻：科技与社会之关系》，《世纪评论》1998年第2期。

[102] 邢顺福：《科技社会化与社会科技化》，《科学技术与辩证法》1999年第1期。

[103] 马来平：《"科技与社会"的几个基本理论问题》，《山东大学学报》（哲学社会科学版）2002年第6期。

[104] 叶帆：《试析科技与社会互动的现实表现及启示》，《科学·经济·社会》2004年第2期。

[105] 周家荣、廉勇杰：《从工具理性到价值理性：科技与社会关系的重大调整》，《科学管理研究》2007年第5期。

[106] 贺增平等：《广西经济—教育—科技系统协调发展机制研究——基于系统动力学的视角》，《广西民族大学学报》（哲学社会科学版）2009年第3期。

[107] 花玉文：《区域科技竞争力评价研究——以四川省为例》，硕士学位论文，西南交通大学，2008年。

[108] 施丹：《基于因子分析的境内上市银行综合财务分析与评价》，硕士学位论文，对外经济贸易大学，2007年。

[109] 王苏斌等：《SPSS统计分析》，机械工业出版社2003年版。

[110] 贾相如：《中部省会城市科技竞争力与经济综合实力相关性分析》，硕士学位论文，南昌大学，2010年。

[111] 李子奈、潘文卿：《计量经济学》，高等教育出版社2010年版。

[112] 张晓峒：《计量经济学软件Eviews使用指南》，南开大学出版社

2004年版。

[113] 李长凤:《经济计量学》，上海财经大学出版社1996年版。

[114] 袁卫等:《统计学》，高等教育出版社2010年版。

[115] 贾俊平、金勇进:《统计学》，中国人民大学出版社2004年版。

[116] 杨建仁、刘卫东、贾相如:《基于系统视角的区域科技竞争力评价指标体系研究》，《科技进步与对策》2010年第16期。

[117] 邓聚龙:《灰色系统理论教程》，武汉理工大学出版社1990年版。

[118] 孙东川、杨立洪、钟拥军:《管理的数量方法》，清华大学出版社2005年版。

[119] 杨建仁、刘卫东:《中部六省工业化水平的实证研究——基于灰色关联的综合评价》，《华东经济管理》2010年第1期。

[120] YANG Jian–ren, LIU Wei–dong, Jia Xiang–ru, "A Study on General Evaluation Model of Regional Science and Technology Competitiveness", in "The 4th Conference on Systems Science", *Management Science & System Dynamics*, No.12, 2010, pp.299–304.

[121] 左和平:《基于全球价值链的陶瓷产业集群升级研究》，博士学位论文，南昌大学，2010年。

[122] 贾仁安、丁荣华:《系统动力学——反馈动态性复杂分析》，高等教育出版社2002年版。

[123] 林登平等:《福建省高层次人才集聚与管理机制的创新——以建设海峡西岸经济区为视角》，硕士学位论文，福州大学，2010年。

[124] 轩琳娜:《河南省科技竞争力综合评价》，硕士学位论文，郑州大学，2006年。

[125] 民建上海市委:《关于提高科技研发资金使用效率的建议》，http://www.cndca.org.cn/performDuties/participation/suggestion/200807/t20080713_7157.html。

[126] 杨冬梅:《创新型城市的理论与实证研究》，博士学位论文，天津大学，2006年。

[127] 彭洁、涂勇:《基于系统论的科技基础设施概念模型研究》，《科学学与科学技术管理》2008年第9期。

[128] J. D. 贝尔纳：《科学的社会功能》，商务印书馆 1995 年版。

[129] 王飞：《关于科技与社会协调发展的思考》，《牡丹江大学学报》2007 年第 5 期。

[130] 杨建仁、贾相如：《基于过程模式的科技发展质量评价指标体系研究》，《质量探索》2016 年第 9 期。

[131] 叶雅阁、刘涌康：《决策科学手册》，科技翻译出版社 1989 年版。

[132] 陈爱祖、刘满洲：《提高科技成果质量才能加速转化过程》，《经济论坛》2000 年第 10 期。

[133] 李凤玲：《工业废水污染治理的经济学分析》，硕士学位论文，浙江大学，2008 年。

[134] 张贵星：《推动农业科技进步的对策研究》，《安徽农业科学》2007 年第 11 期。

[135] 杨建仁、刘卫东：《基于 VBM 的企业业绩评价体系构建》，《财会月刊》2009 年 11 月中旬刊。

[136] 杨建仁、刘卫东：《基于灰色关联分析和层次分析法的新型工业化水平综合评价——以中部六省为例》，《数学的实践与认识》2011 年第 1 期。

[137] 罗序斌、周绍森、杨建仁：《中部地区实现新跨越的困境与出路——基于经济发展评价指标体系的分析》，《晋阳学刊》2009 年第 5 期。

[138] 贾相如、刘卫东、杨建仁：《基于环境为核心的城市竞争力分析》，《管理观察》2010 年 10 月下旬刊。

[139] 杨建仁、左和平、罗序斌：《中国上市公司治理结构评价研究》，《经济问题探索》2011 年第 10 期。

[140] 左和平、杨建仁：《基于面板数据的中国陶瓷产业集群绩效研究》，《中国工业经济》2011 年第 9 期。

[141] 左和平、杨建仁：《论产业集群绩效评价指标体系构建——以陶瓷产业集群为例》，《江西财经大学学报》2010 年第 4 期。

[142] 左聪颖、杨建仁：《西方人力资本理论的演变与思考》，《江西社会科学》2010 年第 6 期。

附录 A 指标解释

本书分别建立了科技发展程度评价指标体系、社会发展程度评价指标体系、区域科技竞争力评价指标体系,现对三个指标体系所选取的具体评价指标解释如下:

1. 科技发展程度评价指标:x

(1) 科技活动人员数:$x111$

单位:人。

科技活动人员是科学技术的开拓者,是科技创新、改革创新的主体,一个地区的科技人员数量和素质是衡量科技综合实力的主要指标。科技活动人员数是从业人员中的科技管理人员、课题活动人员、科技服务人员数量的总和,反映区域科技人才的投入总量。

(2) 科学家和工程师占科技活动人员比重:$x112$

单位:人/人。

科学家和工程师指科技活动人员中具有高、中级技术职称(职务)的人员和不具有高、中级技术职称(职务)的大学本科及以上学历人员。科学家和工程师占科技活动人员比重计算公式为:

$$W_{se} = \frac{P_{se}}{P_s} \times 100\% \tag{A.1}$$

式中:W_{se} 为科学家和工程师占科技活动人员比重,P_{se} 为科学家和工程师人数,P_s 为科技活动人员数。

该项指标用来评价区域科技人才投入的质量和水平,反映地区的"高级科技人才"密度。

(3) 省级工程技术中心、重点实验室及企业技术中心:$x121$

单位:个。

该项指标为区域的省级工程技术中心、重点实验室、企业技术中心数量之和,从省级工程技术中心、重点实验室、企业技术中心的角度,反映区域的科技平台总量。

（4）国家级工程技术中心、重点实验室、企业技术中心：$x122$

单位：个。

该项指标为区域的国家级工程技术中心、重点实验室、企业技术中心数量之和，从国家级工程技术中心、重点实验室、企业技术中心的角度，反映区域的科技平台总量。

（5）大中型工业企业科技机构数：$x123$

单位：个。

指由区域的大中型工业企业设置的科技机构数量，从大中型工业企业的角度，反映区域的科技机构投入总量。

（6）普通高等院校数：$x124$

单位：所。

普通高等院校指按照国家规定的设置标准和审批程序批准举办、通过全国普通高等学校统一招生考试、招收高中毕业生为主要培养对象、实施高等教育的全日制大学、独立设置的学院和高等专科学校、高等职业学校及其他机构。该项指标反映一个地区的教育资源总量。

（7）R&D 经费支出：$x131$

单位：亿元。

R&D 经费支出指区域研究与试验发展（Research and Development, R&D）活动中的经费支出，而研究与试验发展活动是指在科学技术领域，为增加知识总量，以及运用这些知识去创造新的应用进行的系统的创造性活动，包括基础研究、应用研究、试验发展三种类型。R&D 经费支出反映区域科技研发财务投入的总量，它是区域科技发展和技术创新的财力保证。

（8）R&D 经费支出占地区生产总值比重：$x132$

单位：元/元。

该项指标也称 R&D 经费投入强度，是指用于研究与试验发展活动的经费占地区生产总值（GDP）的比重，其计算公式为：

$$R_{fg} = \frac{F_{rd}}{GDP} \times 100\% \tag{A.2}$$

式中：R_{fg} 为 R&D 经费支出占地区 GDP 比重，F_{rd} 为 R&D 经费支出，

GDP 为地区生产总值。

R&D 经费支出占地区 GDP 比重是目前国际通用的衡量科技活动规模、科技投入水平和科技创新能力高低的重要指标，在很大程度上反映了一个区域的科技发展潜力。

（9）SCI 收录论文数：$x211$

单位：篇。

作为科技成果和学术研究的主要载体，学术论文的数量和质量是衡量一个国家和区域科技水平的重要尺度，它能够很大程度上反映一个国家或区域的科研水平和潜力。SCI 收录的论文主要属于基础科学和应用科学领域，对区域科技水平的评价具有很高的参考价值。

（10）专利授权量：$x212$

单位：项。

专利是专利权的简称，包括发明、实用新型和外观设计。专利授权量是由专利局对发明人的发明创造经审查合格后，依据专利法授予发明人和设计人对该项发明创造享有的专有权的数量。专利授权量反映区域技术研发的成果量，用来衡量区域技术创新成果的数量。

（11）授权专利中发明所占比重：$x213$

单位：%。

我国《专利法》第二条第一款对发明的定义是："发明是指对产品、方法或者其改进所提出的新的技术方案。"与实用新型、外观设计相比，发明更能体现专利的创造性和技术含量。授权专利中发明所占比重计算公式为：

$$W_{pi} = \frac{P_i}{P_a} \times 100\% \quad \text{(A.3)}$$

式中：W_{pi} 为授权专利中发明所占比重，P_i 为发明专利授权量，P_a 为专利授权量。

该项指标用来衡量区域技术创新成果的水平。

（12）省级以上科技成果奖：$x214$

单位：项。

省级以上科技成果奖包括国家级和省部级的各类科技成果奖项，如自然科学奖、技术发明奖、科技进步奖、科技成果推广奖等。省级以上科技成果奖用来反映一个区域较高水平科技成果的数量。

(13) 技术市场成交额：$x221$

单位：亿元。

技术市场成交额是技术市场交易活动中签订成立的技术合同约定标的总金额，它反映了技术市场交易活动的活跃程度，体现一个区域通过实质性对外科技合作与交流的拓展，使技术成果的来源渠道和扩散领域更趋于广泛，有效地激活技术转移，促进科研成果向现实生产力转化的能力。

(14) 高新技术产业总产值：$x222$

单位：亿元。

高新技术产业是以高新技术为基础，从事一种或多种高新技术及其产品的研究、开发、生产和技术服务的企业集合，其所拥有的关键技术往往开发难度很大，但一旦开发成功，却具有高于一般的经济效益和社会效益，是知识密集、技术密集的产业。总产值是指物质生产部门的常住单位在一定时期内生产的货物和服务的价值总和，反映物质生产部门生产经营活动的价值成果。因此，高新技术产业总产值就是高新技术产业劳动成果的价值量表现，反映区域科学技术向产品和实际经济效益转化的数量。

(15) 高等院校毕业生数：$x223$

单位：人。

高等院校指按照国家规定的设置标准和审批程序批准举办、通过全国普通高等学校统一招生考试、招收普通高中毕业生及职业高中毕业生为主要培养对象、实施高等教育的全日制大学、独立学院和高等专科学校、高等职业学校和其他教育机构。高等院校毕业生数用来反映区域教育领域所取得的成果。

(16) 万名科技活动人员平均 SCI 收录论文数：$x311$

单位：篇/万人。

其计算公式为：

$$R_{sp} = \frac{P_{sci}}{P_s} \times 10000 \tag{A.4}$$

式中：R_{sp} 为万名科技活动人员平均 SCI 收录论文数，P_{sci} 为 SCI 收录论文数，P_s 为科技活动人员数。

该项指标将区域 SCI 收录论文数与科技活动人员数相联系，以相对数的形式,从区域科技活动人员投入的角度考察区域科技论文的产出效率。

(17) 万名科技活动人员平均专利授权量:$x312$

单位:项/万人。

其计算公式为:

$$R_{pp} = \frac{P_a}{P_s} \times 10000 \qquad (A.5)$$

式中:R_{pp} 为万名科技活动人员平均专利授权量,P_a 为专利授权量,P_s 为科技活动人员数。

该项指标将区域专利授权量与科技活动人员数相联系,以相对数的形式,从区域科技活动人员投入的角度考察区域专利授权的产出效率。

(18) 万名科技活动人员平均获省级以上科技成果奖:$x313$

单位:项/万人。

其计算公式为:

$$R_{ap} = \frac{A_p}{P_s} \times 10000 \qquad (A.6)$$

式中:R_{ap} 为万名科技活动人员平均获省级以上科技成果奖,A_p 为省级以上科技成果奖,P_s 为科技活动人员数。

该项指标将区域省级以上科技成果奖与科技活动人员数相联系,以相对数的形式,从区域科技活动人员投入的角度考察区域科技成果的产出效率。

(19) 高等院校专任教师平均负担学生数:$x314$

单位:人/人。

其计算公式为:

$$R_{st} = \frac{S_c}{T_c} \qquad (A.7)$$

式中:R_{st} 为高等院校专任教师平均负担学生数,S_c 为高等院校在校学生数,T_c 为高等院校专任教师数。

该项指标将高等院校专任教师与高等院校在校学生数相联系,以相对数的形式,从高等院校专任教师投入的角度考察区域高等院校培养学生的效率。

(20) 技术市场成交额与 R&D 经费支出比:$x321$

单位：元/元。

其计算公式为：

$$R_{tf} = \frac{T_t}{F_{rd}} \times 10000 \tag{A.8}$$

式中：R_{tf} 为技术市场成交额与 R&D 经费支出比，T_t 为技术市场成交额，F_{rd} 为 R&D 经费支出。

该项指标将技术市场成交额与 R&D 经费支出相联系，以相对数的形式，从区域 R&D 经费投入的角度考察区域技术市场成交额的产出效率。

（21）高新技术产业增加值与 R&D 经费支出比：$x322$

单位：元/元。

其计算公式为：

$$R_{vf} = \frac{V_h}{F_{rd}} \tag{A.9}$$

式中：R_{vf} 为高新技术产业增加值与 R&D 经费支出比，V_h 为高新技术产业增加值，F_{rd} 为 R&D 经费支出。

该项指标将高新技术产业增加值与 R&D 经费支出相联系，以相对数的形式，从区域 R&D 经费投入的角度考察区域高新技术产业增加值的产出效率。

（22）万人平均科技活动人员数：$x411$

单位：人/万人。

该项指标从科技人员投入的相对水平角度反映社会对科技活动的支持程度。其计算公式为：

$$W_{sp} = \frac{P_s}{P} \times 10000 \tag{A.10}$$

式中：W_{sp} 为万人平均科技活动人员数，P_s 为科技活动人员数，P 为总人口。

（23）财政支出中科学技术支出所占比重：$x421$

单位：元/元。

该项指标从财政的科技相对支出水平角度反映社会对科技活动的支持程度。其计算公式为：

$$W_{fe} = \frac{E_s}{E_f} \times 100\% \tag{A.11}$$

式中：W_{fe} 为财政支出中科学技术支出所占比重，E_s 为财政支出中科学技术支出，E_f 为总财政支出。

（24）大中型工业企业科技机构设置率：$x431$

单位：%。

一定程度上能够体现大中型工业企业对研发的重视程度。其计算公式为：

$$W_{eo} = \frac{O_s}{E} \times 100\% \qquad (\text{A.12})$$

式中：W_{eo} 为大中型工业企业科技机构设置率，O_s 为大中型工业企业科技机构数，E 为大中型工业企业数。

2. 社会发展程度评价指标：y

（1）地区生产总值：$y11$

单位：亿元。

根据国家统计局规定，从 2003 年起，将各地区原来所称的国内生产总值改称为地区生产总值。它是一个地区所有常住单位在一定时期内生产活动的最终成果。

（2）社会消费品零售总额：$y12$

单位：亿元。

指批发和零售业、住宿和餐饮业以及其他行业直接对城乡居民和社会集团的消费品零售额。该项指标反映通过各种商品渠道向居民和社会集团供应生活消费品来满足他们的需要的能力，是研究人民生活水平、社会消费品购买力、货币流通等问题的重要指标。

（3）全社会固定资产投资：$y13$

单位：亿元。

固定资产投资额是以货币表现的建造和购置固定资产活动的工作量，它是反映固定资产投资规模的综合性指标。固定资产投资是社会固定资产再生产的主要手段，通过建造和购置固定资产的活动，国民经济不断采用先进技术装备，建立新兴部门，进一步调整经济结构和生产力的地区分布，增强经济实力，为改善人民物质文化生活创造物质条件。全社会固定资产投资包括城镇建设项目投资、房地产开发投资、农村非住户建设项目投资、农村私人（农户）固定资产投资。

（4）地方财政收入：$y14$

单位：亿元。

指地方财政年度收入，包括地方本级收入、中央税收返还和转移支付，是地方政府实现国家职能的财力保证。

（5）居民人民币储蓄存款余额：$y15$

指某一时点城乡居民存入银行及农村信用社的人民币储蓄金额，包括城镇居民储蓄存款和农民个人储蓄存款，不包括居民的手存现金和工矿企业、部队、机关、团体等单位的存款。

（6）出口：$y16$

单位：万美元。

是从国内运出国境的商品总金额，包括一般贸易（含进料加工）、技术成套设备进口和补偿贸易、加工装配、易货贸易以及中外合资、合作和外商独资企业的出口，按离岸价格计算。

（7）医疗卫生机构床位数：$y17$

单位：张。

指年底各类医疗卫生机构的固定实有床位，包括正规床、简易床、监护床、正在消毒和修理的床位、因扩建或大修而停用的床位，用于评价区域医疗设施水平。

（8）卫生技术人员：$y18$

单位：人。

指卫生事业机构支付工资的全部固定职工和合同制职工中现任职务为卫生技术工作的专业人员，包括中医师、西医师、中西医结合高级医师、护师、中药师、西药师、检验师、其他技师、中医士、西医士、护士、助产士、中药剂士、西药剂士、检验士、其他技士、其他中医、护理员、中药剂员、西药剂员、检验员、其他初级卫生技术人员。

（9）地区生产总值增长率：$y21$

单位：%。

增长率的计算公式为：

$$GDP' = \frac{GDP_1 - GDP_0}{GDP_0} \times 100\% \tag{A.13}$$

式中：GDP'为地区生产总值增长率，GDP_1为本年地区生产总值，GDP_0为上年地区生产总值。

地区生产总值增长率用来反映区域经济总量的增长速度。

（10）第三产业所占比重：y22

单位：%。

其计算公式为：

$$W_g = \frac{V_t}{GDP} \times 100\% \tag{A.14}$$

式中：W_g 为第三产业所占比重，V_t 为第三产业增加值，GDP 为地区生产总值。

该项指标是描述产业结构时的一个非常重要的统计指标，它反映了一个国家或地区所处的经济发展阶段，也反映了人民生活水平的质量状况。一般认为，该指标越高，该国或该地区所处的经济发展阶段越高。因为第三产业总是要等到第一、第二产业发展到一定水平之后才会开始兴旺发达起来；而第三产业的迅速发展又能以其特有的作用为第一、第二产业的发展创造更加有利的条件，从而推动第一、第二产业的进一步发展。也就是说，第三产业的发展是社会生产力提高和社会进步的一种必然结果。

（11）人均地区生产总值：y23

单位：元/人。

指一个国家或地区在一定时期（一般指一年）内按全部人口平均计算的国内生产总值。该指标是反映一个国家或地区经济发展水平和人民生活水平的重要指标。

（12）全社会劳动生产率：y24

单位：元/人·年。

指全社会从业人员平均每人创造的地区生产总值，反映全社会从业人员的产出能力，体现劳动的产出效率。其计算公式为：

$$R_{gl} = \frac{GDP}{L} \tag{A.15}$$

式中：R_{gl} 为全社会劳动生产率，GDP 为地区生产总值，L 为全社会从业人员。

（13）农林牧渔业增加值率：y25

单位：%。

该项指标反映了第一产业的集约生产程度。其计算公式为：

$$R_{agf} = \frac{AV_f}{GV_f} \times 100\% \tag{A.16}$$

式中：R_{agf} 为农林牧渔业增加值率，AV_f 为农林牧渔业增加值，GV_f 为农林牧渔业总产值。

（14）规模以上工业增加值率：y26

单位：%。

该项指标反映了规模以上工业的集约生产程度，一定程度上体现了第二产业的集约化生产水平。其计算公式为：

$$R_{agi} = \frac{AV_i}{GV_i} \times 100\% \qquad (A.17)$$

式中：R_{agi} 为规模以上工业增加值率，AV_i 为规模以上工业增加值，GV_i 为规模以上工业总产值。

（15）城镇居民人均可支配收入：y31

单位：元/人。

城镇居民人均可支配收入指调查户按人数平均计算的可用于最终消费支出和其他义务性支出以及储蓄的总和，即居民家庭可以用来自由支配的收入。它是家庭总收入扣除缴纳的所得税、个人社会保障费以及调查户的记账补贴后的收入。

（16）农村居民人均纯收入：y32

单位：元/人。

指农村居民按人数平均计算的总收入扣除从事生产和非生产经营费用支出、缴纳税款和上交承包集体任务金额以后，归农民所有的收入。

（17）社会从业人口所占比重：y33

单位：%。

全社会从业人口与总人口比。社会从业人口是指在劳动年龄内，有劳动能力、参加社会劳动取得劳动报酬或经营收入的人口，包括单位从业人口、私营企业和个体企业从业人口、乡镇企业从业人口、农村从业人口和其他从业人口。社会从业人口所占比重反映了一定时期内区域劳动力资源的实际利用情况。

（18）单位 GDP 能耗：y41

单位：吨标准煤/万元。

单位 GDP 能耗，是指一个国家或地区生产（创造）一个计量单位（通常为万元）的 GDP 所使用的能源，通常以万元 GDP 消耗的能源（折算为标准煤）来计算。能源消费的核算范围既包括全部三次产业的生产、经营及其他活动用能，也包括居民生活用能。该项指标反映区域能源节约程度和水平，计算方法为：

$$R_{eg} = \frac{E_c}{GDP} \times 10000 \quad\quad (A.18)$$

式中：R_{eg} 为单位 GDP 能耗，E_c 为能源消费量，GDP 为地区生产总值。

（19）工业废水排放达标率：$y42$

单位：%。

该项指标从工业污水排放的治理水平角度反映环境保护程度和水平。其计算公式为：

$$W_w = \frac{W_{ls}}{W_l} \times 100\% \quad\quad (A.19)$$

式中：W_w 为工业废水排放达标率，W_{ls} 为工业废水排放达标量，W_l 为工业废水排放量。

（20）工业固体废物综合利用率：$y43$

单位：%。

该项指标从工业固体废物综合利用的角度反映环境保护程度和水平。其计算公式为：

$$W_s = \frac{S_{uw}}{S_{gw}} \times 100\% \quad\quad (A.20)$$

式中：W_s 为工业固体废物综合利用率，S_{uw} 为工业固体废物综合利用量，S_{gw} 为工业固体废物产生量。

3. 区域科技竞争力评价指标：I

区域科技竞争力评价指标共 32 个，包括科技发展程度评价指标 24 个，另有 8 个来自社会发展程度评价指标，具体如下：

（1）科技活动人员数：$I111$

同上文科技发展程度评价指标 $x111$。

（2）科学家和工程师占科技人员比重：$I112$

同上文科技发展程度评价指标 $x112$。

（3）省级工程技术中心、重点实验室、企业技术中心：$I121$

同上文科技发展程度评价指标 $x121$。

（4）国家级工程技术中心、重点实验室、企业技术中心：$I122$

同上文科技发展程度评价指标 $x122$。

（5）大中型工业企业科技机构数：$I123$

同上文科技发展程度评价指标 $x123$。

（6）普通高等院校数：$I124$

同上文科技发展程度评价指标 $x124$。

（7）R&D 经费支出：$I131$

同上文科技发展程度评价指标 $x131$。

（8）R&D 经费支出占 GDP 比重：$I132$

同上文科技发展程度评价指标 $x132$。

（9）SCI 收录论文数：$I211$

同上文科技发展程度评价指标 $x211$。

（10）专利授权量：$I212$

同上文科技发展程度评价指标 $x212$。

（11）授权专利中发明所占比重：$I213$

同上文科技发展程度评价指标 $x213$。

（12）省级以上科技成果奖：$I214$

同上文科技发展程度评价指标 $x214$。

（13）技术市场成交额：$I221$

同上文科技发展程度评价指标 $x221$。

（14）高新技术产业总产值：$I222$

同上文科技发展程度评价指标 $x222$。

（15）高等院校毕业生数：$I223$

同上文科技发展程度评价指标 $x223$。

（16）万名科技活动人员平均 SCI 收录论文数：$I311$

同上文科技发展程度评价指标 $x311$。

（17）万名科技活动人员平均专利授权量：$I312$

同上文科技发展程度评价指标 $x312$。

（18）万名科技活动人员平均省级以上科技成果奖：$I313$

同上文科技发展程度评价指标 $x313$。

（19）高等院校专任教师平均负担学生数：$I314$

同上文科技发展程度评价指标 $x314$。

（20）技术市场成交额与 R&D 经费支出比：$I321$

同上文科技发展程度评价指标 $x321$。

（21）高新技术产业增加值与 R&D 经费支出比：$I322$

同上文科技发展程度评价指标 $x322$。

（22）地区生产总值增长率：$I411$

同上文社会发展程度评价指标 $y21$。

（23）第三产业所占比重：$I412$

同上文社会发展程度评价指标 $y22$。

（24）全社会劳动生产率：$I413$

同上文社会发展程度评价指标 $y24$。

（25）农林牧渔业增加值率：$I414$

同上文社会发展程度评价指标 $y25$。

（26）规模以上工业增加值率：$I415$

同上文社会发展程度评价指标 $y26$。

（27）单位 GDP 能耗：$I421$

同上文社会发展程度评价指标 $y41$。

（28）工业废水排放达标率：$I431$

同上文社会发展程度评价指标 $y42$。

（29）工业固体废物综合利用率：$I432$

同上文社会发展程度评价指标 $y43$。

（30）万人平均科技活动人员数：$I511$

同上文科技发展程度评价指标 $x411$。

（31）财政支出中科学技术支出所占比重：$I521$

同上文科技发展程度评价指标 $x421$。

（32）大中型工业企业科技机构设置率：$I531$

同上文科技发展程度评价指标 $x431$。

附录 B 2000～2008年中部六省会城市科技发展程度评价原始数据

表 B1 2000年中部六省会城市科技竞争力评价增广矩阵转置后数据

指标	南昌	长沙	武汉	合肥	郑州	太原
I111	37184	45934	79504	36141	40751	33451
I112	49.13	62.61	43.26	46.84	52.00	58.62
I121	NA	NA	NA	NA	NA	NA
I122	NA	NA	NA	NA	NA	NA
I123	46	56	90	57	52	58
I124	12	23	30	16	20	12
I131	4	9	20	8	8	4
I132	0.78	1.22	1.70	2.13	1.14	0.94
I211	82	643	1383	1256	154	216
I212	562	888	1038	436	880	179
I213	6.23	7.88	8.38	15.83	5.80	77.09
I214	2	111	168	79	23	130
I221	4.14	7.76	17.52	3.91	4.52	1.25
I222	92.411808	175	332.29	147	127.1	38.928148
I223	12580	19777	42895	9368	19271	12572
I311	22	140	174	348	38	65
I312	151	193	131	121	216	54
I313	0.54	24.17	21.10	21.86	5.64	38.86
I314	14.33	12.05	11.71	10.62	14.76	10.90
I321	1.15	0.89	0.86	0.50	0.54	0.34
I322	3.61	7.74	6.38	4.70	3.39	2.40
I411	8.74	13.90	11.16	12.85	15.17	8.70
I412	43.34	50.75	49.07	45.91	45.05	54.28

续表

指标	南昌	长沙	武汉	合肥	郑州	太原
I413	21638	20255	28886	15565	20708	24691
I414	66.20	63.45	64.09	57.45	57.00	62.94
I415	31.03	35.70	31.75	29.27	33.00	33.76
I416	1.295	1.230	1.510	1.417	1.500	3.020
I417	56.46	76.14	90.76	65.73	79.73	40.77
I418	77.10	74.01	88.73	95.83	58.10	31.47
I421	86.0	78.8	106.1	82.5	61.2	108.3
I422	0.70	2.43	1.38	1.64	1.80	1.53
I423	43.36	60.06	34.35	76.00	49.52	60.42

注：NA 表示该数据缺失。

表 B2　2001 年中部六省会城市科技竞争力评价增广矩阵转置后数据

指标	南昌	长沙	武汉	合肥	郑州	太原
I111	39546	33925	81194	21680	41471	32182
I112	48.89	67.88	47.13	53.51	53.40	63.95
I121	NA	NA	NA	NA	NA	NA
I122	NA	NA	NA	NA	NA	NA
I123	47	62	46	51	49	52
I124	14	29	35	16	24	13
I131	4	11	14	9	10	3
I132	0.77	1.40	1.05	2.20	1.17	0.77
I211	85	765	1606	1410	192	333
I212	620	937	1057	406	901	183
I213	7.90	25.51	8.89	15.76	6.99	83.61
I214	27	115	180	37	21	132
I221	2.36	8.00	23.31	5.50	4.69	1.49
I222	125.218	210	428.61	176	138.8	50.379711
I223	13205	21289	45191	10484	20295	13500
I311	21	225	198	650	46	103
I312	157	276	130	187	217	57
I313	0.00	34.02	22.16	17.07	5.06	41.02

附录 B 2000~2008 年中部六省会城市科技发展程度评价原始数据 | 315

续表

指标	南昌	长沙	武汉	合肥	郑州	太原
I314	16.14	13.04	13.16	10.00	17.79	13.32
I321	0.59	0.70	1.67	0.59	0.48	0.43
I322	4.68	6.88	11.32	4.73	3.88	3.46
I411	12.78	13.41	10.65	14.84	12.22	13.87
I412	43.92	51.65	50.02	47.33	45.65	54.27
I413	24189	24058	32882	17637	23192	28743
I414	66.31	63.20	63.54	56.82	57.55	61.46
I415	30.62	35.82	32.31	30.84	32.82	35.37
I416	1.246	1.190	1.480	1.368	1.470	2.950
I417	60.04	79.26	90.21	98.26	94.80	90.09
I418	83.14	90.21	91.04	100.46	76.43	40.28
I421	89.8	57.8	107.1	49.0	61.3	95.7
I422	1.19	2.22	1.31	1.31	1.76	1.61
I423	46.08	53.45	16.55	69.86	46.67	55.32

注：NA 表示该数据缺失。

表 B3 2002 年中部六省会城市科技竞争力评价增广矩阵转置后数据

指标	南昌	长沙	武汉	合肥	郑州	太原
I111	25732	31544	71357	24544	42291	29080
I112	53.21	73.60	53.63	50.98	56.00	58.10
I121	NA	NA	NA	NA	NA	NA
I122	NA	NA	NA	NA	NA	NA
I123	51	67	47	63	41	41
I124	13	30	47	24	32	12
I131	4	16	18	11	11	4
I132	0.74	1.73	1.21	2.26	1.14	0.82
I211	136	855	2053	1439	231	392
I212	531	1235	1194	520	889	288
I213	5.84	20.32	10.89	23.85	19.35	77.78
I214	23	120	193	20	26	135
I221	3.20	9.20	26.23	5.59	4.84	1.37

续表

指标	南昌	长沙	武汉	合肥	郑州	太原
$I222$	93.13	310.91	497.35	223	161.7	65.2
$I223$	19263	29094	55168	13563	32208	16900
$I311$	53	271	288	586	55	135
$I312$	206	392	167	212	210	99
$I313$	0.00	38.04	27.05	8.15	6.15	46.42
$I314$	22.38	14.49	14.30	13.29	17.61	15.44
$I321$	0.72	0.58	1.47	0.50	0.46	0.33
$I322$	6.06	5.67	10.03	4.99	4.55	3.88
$I411$	14.76	13.75	9.91	17.31	12.09	11.51
$I412$	43.47	52.43	50.55	48.75	46.03	55.16
$I413$	28060	27010	36037	19864	24588	33066
$I414$	66.23	60.80	64.00	56.52	57.41	65.24
$I415$	32.50	36.10	32.05	35.53	33.08	32.46
$I416$	1.197	1.150	1.450	1.319	1.440	2.880
$I417$	60.37	82.51	92.01	98.40	95.03	91.09
$I418$	83.64	94.46	92.64	99.19	62.55	37.16
$I421$	57.3	53.0	92.8	54.8	61.5	90.2
$I422$	1.13	2.53	1.28	1.25	1.68	1.25
$I423$	48.11	60.36	19.26	53.39	38.32	44.09

注：NA 表示该数据缺失。

表 B4　2003 年中部六省会城市科技竞争力评价增广矩阵转置后数据

指标	南昌	长沙	武汉	合肥	郑州	太原
$I111$	27555	33668	60808	15862	43314	29651
$I112$	50.55	79.80	62.68	54.46	57.00	61.38
$I121$	NA	NA	NA	NA	NA	NA
$I122$	NA	NA	NA	NA	NA	NA
$I123$	46	71	43	50	72	39
$I124$	33	37	48	29	32	27
$I131$	7	17	26	13	12	4
$I132$	0.94	1.60	1.60	2.27	1.04	0.69

附录 B 2000~2008 年中部六省会城市科技发展程度评价原始数据

续表

指标	南昌	长沙	武汉	合肥	郑州	太原
I211	155	1153	2736	1654	325	441
I212	816	1261	1559	563	974	339
I213	6.62	16.97	19.63	36.06	19.40	50.74
I214	19	135	207	68	25	114
I221	2.92	12.80	30.31	5.78	4.91	1.64
I222	130.6	391.2195	572.23	282	261.5	84.38
I223	25844	48597	76154	21214	49733	22775
I311	56	342	450	1043	75	149
I312	296	375	256	355	225	114
I313	6.90	40.10	34.04	42.87	5.77	38.45
I314	16.76	14.03	15.11	15.62	16.14	13.90
I321	0.44	0.74	1.17	0.43	0.43	0.39
I322	5.86	6.86	7.75	5.37	5.75	5.12
I411	17.18	16.74	10.52	18.66	18.74	21.97
I412	43.02	50.96	50.87	49.91	43.68	53.44
I413	30059	30229	39373	23561	28343	37902
I414	66.86	60.72	62.67	56.03	57.15	62.70
I415	32.69	35.99	32.06	30.87	32.19	32.25
I416	1.148	1.110	1.420	1.270	1.410	2.810
I417	95.53	87.60	90.42	98.43	95.46	90.16
I418	85.05	88.42	97.40	97.30	64.39	43.12
I421	61.1	55.9	77.8	34.7	62.1	90.6
I422	1.48	2.64	1.78	0.84	1.88	1.53
I423	61.76	66.36	24.57	58.14	69.23	42.39

注：NA 表示该数据缺失。

表 B5 2004 年中部六省会城市科技竞争力评价增广矩阵转置后数据

指标	南昌	长沙	武汉	合肥	郑州	太原
I111	26688	44375	56337	15982	44538	29725
I112	52.48	74.10	67.93	53.12	58.55	57.90
I121	NA	NA	NA	NA	NA	NA

续表

指标	南昌	长沙	武汉	合肥	郑州	太原
$I122$	NA	NA	NA	NA	NA	NA
$I123$	44	75	70	56	89	47
$I124$	41	39	52	36	48	33
$I131$	6	26	22	16	13	6
$I132$	0.66	1.97	1.19	2.21	0.94	0.73
$I211$	254	1528	3253	1957	448	555
$I212$	810	1771	1945	524	1135	646
$I213$	6.42	13.27	31.21	16.60	18.06	37.62
$I214$	16	139	249	76	30	123
$I221$	3.72	14.70	31.80	6.12	10.00	1.85
$I222$	178.77	500.92	641	380	370.8	99.11
$I223$	36089	60985	93810	33506	62872	30900
$I311$	95	344	577	1225	101	187
$I312$	304	399	345	328	255	217
$I313$	6.00	31.32	44.20	47.55	6.74	41.38
$I314$	16.69	16.97	15.96	16.64	14.65	15.57
$I321$	0.66	0.58	1.42	0.38	0.77	0.33
$I322$	7.68	5.89	10.13	2.94	7.58	4.88
$I411$	20.65	20.37	16.03	22.31	25.00	24.46
$I412$	41.47	50.16	50.70	49.94	41.86	50.98
$I413$	35522	36420	45084	27511	34542	46418
$I414$	63.91	60.79	61.71	57.00	57.24	63.86
$I415$	31.04	35.31	32.11	31.03	32.56	32.00
$I416$	1.099	1.070	1.390	1.221	1.380	2.740
$I417$	95.35	87.77	93.43	95.27	97.45	90.00
$I418$	88.66	87.28	80.74	101.59	48.20	43.00
$I421$	57.9	72.7	71.7	35.9	62.9	89.6
$I422$	1.75	2.64	1.28	0.82	1.73	2.07
$I423$	56.82	71.43	36.27	63.64	52.35	48.96

注：NA 表示该数据缺失。

附录 B 2000~2008 年中部六省会城市科技发展程度评价原始数据

表 B6 2005 年中部六省会城市科技竞争力评价增广矩阵转置后数据

指标	南昌	长沙	武汉	合肥	郑州	太原
$I111$	25724	49550	70148	16594	45503	24727
$I112$	52.24	72.32	63.14	62.51	59.00	55.08
$I121$	60	56	46	92	49	58
$I122$	4	17	37	7	11	5
$I123$	40	82	77	57	64	52
$I124$	45	45	52	36	48	32
$I131$	11	26	39	20	15	8
$I132$	1.10	1.69	1.72	2.23	0.90	0.89
$I211$	385	1932	4139	2407	589	675
$I212$	377	1549	2382	581	1430	618
$I213$	24.40	18.53	25.27	23.75	32.38	39.32
$I214$	13	133	246	174	28	129
$I221$	5.57	16.94	35.82	7.46	15.03	1.83
$I222$	194.15	592.57	837.02	488	548.1	183
$I223$	53281	79277	123959	47908	106950	53735
$I311$	150	390	590	1451	129	273
$I312$	147	313	340	350	314	250
$I313$	5.05	26.84	35.07	104.86	6.15	52.17
$I314$	16.74	17.23	17.12	16.66	19.89	16.37
$I321$	0.50	0.66	0.92	0.38	1.00	0.23
$I322$	4.96	6.87	7.53	6.52	10.54	4.73
$I411$	18.40	17.22	20.13	21.68	20.52	17.78
$I412$	39.99	50.25	49.77	47.61	43.08	50.62
$I413$	41252	42346	53608	34272	40711	55660
$I414$	62.71	60.91	60.67	54.92	57.34	58.68
$I415$	31.83	36.20	32.14	32.70	31.84	30.64
$I416$	1.050	1.030	1.360	1.172	1.350	2.670
$I417$	95.43	87.63	95.64	97.51	97.55	90.17
$I418$	88.10	89.70	90.86	98.78	67.62	44.90
$I421$	54.1	79.8	87.5	36.4	63.6	72.6
$I422$	1.43	2.73	1.39	0.93	1.73	1.52
$I423$	50.63	65.60	37.56	58.16	32.99	65.59

表 B7　2006 年中部六省会城市科技竞争力评价增广矩阵转置后数据

指标	南昌	长沙	武汉	合肥	郑州	太原
$I111$	30386	52373	67512	20192	46140	24527
$I112$	58.10	73.60	76.66	65.04	62.00	58.86
$I121$	80	107	112	92	83	73
$I122$	3	13	37	9	9	6
$I123$	46	101	88	58	67	61
$I124$	45	45	52	37	49	32
$I131$	15	32	42	22	19	16
$I132$	1.26	1.78	1.57	2.06	0.94	1.54
$I211$	583	2525	5301	3047	836	758
$I212$	662	3130	2855	759	2026	705
$I213$	14.50	11.44	26.23	21.87	31.00	58.01
$I214$	7	140	229	109	35	148
$I221$	7.50	24.58	41.64	8.35	20.77	2.12
$I222$	259.98	747.013	1100.69	631	745.8	232.9
$I223$	80752	97149	171678	58349	109921	59982
$I311$	192	482	785	1509	181	309
$I312$	218	598	423	376	439	287
$I313$	2.30	26.73	33.92	53.98	7.59	60.34
$I314$	18.70	17.01	16.75	17.54	21.40	15.16
$I321$	0.50	0.77	0.99	0.38	1.09	0.13
$I322$	4.70	7.04	9.14	7.58	12.73	3.34
$I411$	17.48	18.36	18.49	22.24	21.25	15.82
$I412$	39.21	49.18	50.68	46.71	42.98	52.44
$I413$	44212	49262	62368	39697	48807	62673
$I414$	62.05	64.77	60.62	54.34	57.34	56.10
$I415$	31.80	34.69	31.24	32.84	30.88	30.62
$I416$	1.001	0.990	1.330	1.123	1.320	2.600
$I417$	94.38	85.49	98.61	97.89	97.18	94.06
$I418$	90.54	92.17	89.38	99.89	66.53	44.00
$I421$	62.8	83.0	82.4	43.0	63.7	70.3
$I422$	1.38	3.86	1.60	0.81	1.51	1.52
$I423$	55.42	74.26	40.74	54.21	32.21	63.92

表 B8　2007 年中部六省会城市科技竞争力评价增广矩阵转置后数据

指标	南昌	长沙	武汉	合肥	郑州	太原
I111	37892	56024	70523	28713	48890	28264
I112	62.28	75.40	66.98	64.74	63.20	58.81
I121	88	84	113	60	70	43
I122	6	13	51	11	10	6
I123	46	92	111	62	75	62
I124	46	48	55	41	48	34
I131	21	41	52	24	23	25
I132	1.54	1.88	1.62	1.83	0.92	1.94
I211	790	3007	6060	3192	999	767
I212	777	2410	4044	1083	3549	1068
I213	13.51	19.59	18.94	22.99	16.17	44.76
I214	11	155	354	112	34	145
I221	7.87	28.19	49.85	19.25	28.27	2.30
I222	377.6231	1161	1380.12	820	1064.3	308.3
I223	142869	108698	182401	76426	160654	82861
I311	208	537	859	1112	204	271
I312	205	430	573	377	726	378
I313	2.90	27.67	50.20	39.01	6.95	51.30
I314	17.41	16.65	16.77	16.87	21.85	15.07
I321	0.37	0.68	0.96	0.79	1.23	0.09
I322	6.28	6.62	9.14	9.68	14.06	3.32
I411	17.40	21.75	19.79	24.29	23.50	23.98
I412	39.49	48.70	51.11	45.24	43.95	49.24
I413	51101	56454	72580	46583	59299	76919
I414	60.72	63.92	59.81	57.84	57.83	56.97
I415	31.70	33.74	29.93	33.00	29.46	30.63
I416	0.955	0.943	1.268	1.065	1.275	2.440
I417	94.38	84.62	98.75	94.38	100.00	96.94
I418	90.73	95.02	92.97	99.54	60.76	42.21
I421	77.1	87.9	85.2	60.0	66.5	79.5
I422	1.73	3.43	1.86	1.72	1.71	2.99
I423	53.49	61.74	48.05	56.36	29.64	58.16

表 B9　2008 年中部六省会城市科技竞争力评价增广矩阵转置后数据

指标	南昌	长沙	武汉	合肥	郑州	太原
$I111$	41400	60800	72705	41300	52231	43600
$I112$	64.12	72.40	65.88	63.91	66.00	65.85
$I121$	96	116	208	112	45	70
$I122$	6	15	52	11	17	6
$I123$	52	84	136	99	86	57
$I124$	44	49	55	42	48	35
$I131$	25	58	72	34	28	31
$I132$	1.52	1.93	1.76	2.04	0.93	2.04
$I211$	856	3451	6393	3392	1167	1013
$I212$	869	2807	5329	1307	3979	1421
$I213$	15.54	31.46	18.50	23.11	6.71	24.07
$I214$	72	126	328	150	28	156
$I221$	8.03	32.02	59.51	19.13	33.62	2.56
$I222$	417.0171	1161	1734.1	1057	1380.3	354.3
$I223$	150463	129419	234896	81131	185454	87962
$I311$	207	568	879	821	223	232
$I312$	210	462	733	316	762	326
$I313$	17.39	20.72	45.11	36.32	5.36	35.78
$I314$	16.49	16.74	16.64	17.32	24.45	14.41
$I321$	0.32	0.55	0.82	0.56	1.20	0.08
$I322$	5.09	5.76	8.32	9.32	15.41	3.32
$I411$	19.44	37.02	28.23	24.74	20.80	18.14
$I412$	38.49	42.03	51.11	43.53	41.60	50.22
$I413$	59803	75681	90252	55236	69392	89490
$I414$	66.16	61.05	59.15	58.38	57.31	57.51
$I415$	30.48	34.70	24.04	28.97	30.13	30.26
$I416$	0.906	0.888	1.190	0.862	1.187	2.230
$I417$	93.61	88.06	98.99	96.07	99.97	97.15
$I418$	90.49	89.65	92.02	99.18	78.08	47.48
$I421$	83.7	94.7	87.3	84.9	70.2	121.0
$I422$	1.52	3.66	1.79	2.32	1.56	2.69
$I423$	52.53	40.98	48.23	59.64	28.86	55.34

附录C 2000~2009年中部六省会城市社会发展程度评价原始数据

表 C1 2000年中部六省会城市社会发展程度评价原始数据

指标	南昌	长沙	武汉	合肥	郑州	太原
y_1	465.1	715.3	1206.8	369.2	738.0	396.3
y_2	161.7	349.3	628.6	148.3	345.6	189.4
y_3	79.9	202.3	461.9	130.9	258.4	104.8
y_4	44.6	50.4	69.8	41.9	46.0	21.5
y_5	276.9	373.2	659.4	184.0	565.8	417.6
y_6	88700	105091	117407	132402	12313	87970
y_7	15130	20590	33073	12844	24472	24817
y_8	22477	27460	56444	17225	31137	37880
y_9	8.74	13.90	11.16	12.85	15.17	8.70
y_{10}	43.34	50.75	49.07	45.91	45.05	54.28
y_{11}	10774	11262	15082	8505	11481	13021
y_{12}	21638	20255	28886	15565	20708	24691
y_{13}	66.20	63.45	64.09	57.45	57.00	62.94
y_{14}	31.03	35.70	31.75	29.27	33.00	33.76
y_{15}	5734	7530	6761	6447	6458	6019
y_{16}	2390	3005	2953	1975	2912	2643
y_{17}	49.70	60.56	55.77	54.13	53.52	51.98
y_{18}	1.295	1.230	1.510	1.417	1.500	3.020
y_{19}	56.46	76.14	90.76	65.73	79.73	40.77
y_{20}	77.10	74.01	88.73	95.83	58.10	31.47

表 C2　　2001 年中部六省会城市社会发展程度评价原始数据

指标	南昌	长沙	武汉	合肥	郑州	太原
y1	524.6	811.3	1335.4	424.0	828.2	451.2
y2	180.1	406.4	711.2	164.6	386.5	161.1
y3	96.9	279.8	508.4	142.5	295.7	122.7
y4	52.4	61.8	86.2	49.3	55.9	24.2
y5	323.9	444.1	881.9	225.6	692.8	470.2
y6	79600	104800	94679	141054	16855	105300
y7	14622	22538	32605	13333	25791	24602
y8	22235	28187	54816	17329	30451	30069
y9	12.78	13.41	10.65	14.84	12.22	13.87
y10	43.92	51.65	50.02	47.33	45.65	54.27
y11	12033	12443	16515	9632	12335	13453
y12	24189	24058	32882	17637	23192	28743
y13	66.31	63.20	63.54	56.82	57.55	61.46
y14	30.62	35.82	32.31	30.84	32.82	35.37
y15	6207	8207	7305	6817	7266	6500
y16	2517	3218	3100	2032	3155	2738
y17	49.27	57.44	53.56	54.36	52.75	46.67
y18	1.246	1.190	1.480	1.368	1.470	2.950
y19	60.04	79.26	90.21	98.26	94.80	90.09
y20	83.14	90.21	91.04	100.46	76.43	40.28

表 C3　　2002 年中部六省会城市社会发展程度评价原始数据

指标	南昌	长沙	武汉	合肥	郑州	太原
y1	602.0	922.8	1467.8	497.4	928.3	503.1
y2	201.3	471.8	798.6	184.8	430.9	181.0
y3	137.0	362.6	570.4	168.7	340.7	147.6
y4	62.2	75.5	85.8	60.9	58.3	26.8
y5	401.0	545.0	1080.0	288.1	849.6	531.4
y6	72800	102198	109054	152048	25320	118000
y7	15233	22487	32996	12785	26670	22484
y8	21197	27102	54800	15527	30463	21063

附录C 2000~2009年中部六省会城市社会发展程度评价原始数据

续表

指标	南昌	长沙	武汉	合肥	郑州	太原
y9	14.76	13.75	9.91	17.31	12.09	11.51
y10	43.47	52.43	50.55	48.75	46.03	55.16
y11	13680	13747	17971	11173	13604	14915
y12	28060	27010	36037	19864	24588	33066
y13	66.23	60.80	64.00	56.52	57.41	65.24
y14	32.50	36.10	32.05	35.53	33.08	32.46
y15	7021	9021	7820	7145	7772	7376
y16	2664	3462	3295	2229	3377	3077
y17	47.80	57.37	52.99	55.88	54.90	47.22
y18	1.197	1.150	1.450	1.319	1.440	2.880
y19	60.37	82.51	92.01	98.40	95.03	91.09
y20	83.64	94.46	92.64	99.19	62.55	37.16

表C4 2003年中部六省会城市社会发展程度评价原始数据

指标	南昌	长沙	武汉	合肥	郑州	太原
y1	705.4	1077.2	1622.2	590.2	1102.3	613.7
y2	227.7	541.3	885.7	207.4	479.9	273.4
y3	235.0	495.0	645.1	255.1	500.4	204.5
y4	76.5	102.8	99.7	73.1	72.5	33.4
y5	482.8	704.9	1285.5	395.3	1048.5	660.1
y6	100400	109811	148128	181845	24251	151741
y7	15685	23405	36144	13248	28094	22562
y8	21980	29909	62682	16889	34475	28251
y9	17.18	16.74	10.52	18.66	18.74	21.97
y10	43.02	50.96	50.87	49.91	43.68	53.44
y11	15898	17995	19569	13047	15913	18099
y12	30059	30229	39373	23561	28343	37902
y13	66.86	60.72	62.67	56.03	57.15	62.70
y14	32.69	35.99	32.06	30.87	32.19	32.25
y15	7793	9933	8525	7785	8647	8264
y16	2808	3745	3497	2384	3631	3502

续表

指标	南昌	长沙	武汉	合肥	郑州	太原
$y17$	52.06	59.22	52.74	54.86	55.74	49.45
$y18$	1.148	1.110	1.420	1.270	1.410	2.810
$y19$	95.53	87.60	90.42	98.43	95.46	90.16
$y20$	85.05	88.42	97.40	97.30	64.39	43.12

表 C5   2004 年中部六省会城市社会发展程度评价原始数据

指标	南昌	长沙	武汉	合肥	郑州	太原
$y1$	851.1	1296.7	1882.2	721.9	1377.9	763.8
$y2$	265.8	640.3	996.2	281.7	558.7	333.8
$y3$	361.8	668.1	822.2	363.0	650.3	347.7
$y4$	102.1	133.1	129.2	105.4	114.8	42.6
$y5$	558.4	800.9	1453.5	429.1	1211.1	815.3
$y6$	107500	136653	193141	218930	46084	263000
$y7$	15216	24360	35776	13127	29422	22407
$y8$	21344	28142	61363	17302	35666	30798
$y9$	20.65	20.37	16.03	22.31	25.00	24.46
$y10$	41.47	50.16	50.70	49.94	41.86	50.98
$y11$	19042	21395	23148	16377	19602	22423
$y12$	35522	36420	45084	27511	34542	46418
$y13$	63.91	60.79	61.71	57.00	57.24	63.86
$y14$	31.04	35.31	32.11	31.03	32.56	32.00
$y15$	8744	11021	9564	8610	9667	9353
$y16$	3414	4290	3955	2889	4183	3873
$y17$	52.00	58.33	53.12	59.01	56.33	49.57
$y18$	1.099	1.070	1.390	1.221	1.380	2.740
$y19$	95.35	87.77	93.43	95.27	97.45	90.00
$y20$	88.66	87.28	80.74	101.59	48.20	43.00

表 C6 2005 年中部六省会城市社会发展程度评价原始数据

指标	南昌	长沙	武汉	合肥	郑州	太原
y1	1007.7	1519.9	2261.2	878.4	1660.6	899.6
y2	307.5	743.4	1128.6	324.4	706.7	384.0
y3	525.6	881.4	1055.2	495.3	820.0	425.3
y4	126.1	173.0	170.4	130.9	151.0	57.0
y5	643.8	954.4	1673.2	516.2	1436.1	950.4
y6	12400	159521	254009	279422	75659	211700
y7	15644	27395	37400	15364	29295	23652
y8	21921	28943	64233	18664	33568	30028
y9	18.40	17.22	20.13	21.68	20.52	17.78
y10	39.99	50.25	49.77	47.61	43.08	50.62
y11	22390	24688	26548	19512	23320	26294
y12	41252	42346	53608	34272	40711	55660
y13	62.71	60.91	60.67	54.92	57.34	58.68
y14	31.83	36.20	32.14	32.70	31.84	30.64
y15	10301	12434	10849	9684	10977	10476
y16	3879	4735	4341	3207	4774	4402
y17	51.41	57.80	52.64	56.24	56.97	47.48
y18	1.050	1.030	1.360	1.172	1.350	2.670
y19	95.43	87.63	95.64	97.51	97.55	90.17
y20	88.10	89.70	90.86	98.78	67.62	44.90

表 C7 2006 年中部六省会城市社会发展程度评价原始数据

指标	南昌	长沙	武汉	合肥	郑州	太原
y1	1183.9	1799.0	2679.3	1073.8	2013.5	1041.9
y2	358.4	865.6	1293.3	384.3	822.2	436.5
y3	643.0	1089.8	1325.3	824.8	1032.0	501.1
y4	150.6	217.2	231.9	167.8	202.4	75.3
y5	733.8	1093.0	1887.7	606.2	1620.7	1184.0
y6	172400	193025	377750	340672	121020	242643
y7	15659	28845	38065	17058	31827	23116

续表

指标	南昌	长沙	武汉	合肥	郑州	太原
$y8$	22523	31180	66097	20535	37795	30726
$y9$	17.48	18.36	18.49	22.24	21.25	15.82
$y10$	39.21	49.18	50.68	46.71	42.98	52.44
$y11$	26131	27982	30921	23203	27965	30326
$y12$	44212	49262	62368	39697	48807	62673
$y13$	62.05	64.77	60.62	54.34	57.34	56.10
$y14$	31.80	34.69	31.24	32.84	30.88	30.62
$y15$	11243	13924	12360	11013	12187	11741
$y16$	4392	5438	4748	3690	5559	4917
$y17$	55.33	57.87	52.46	57.57	56.96	47.66
$y18$	1.001	0.990	1.330	1.123	1.320	2.600
$y19$	94.38	85.49	98.61	97.89	97.18	94.06
$y20$	90.54	92.17	89.38	99.89	66.53	44.00

表 C8　2007 年中部六省会城市社会发展程度评价原始数据

指标	南昌	长沙	武汉	合肥	郑州	太原
$y1$	1389.9	2190.3	3209.5	1334.6	2486.7	1291.8
$y2$	426.7	1037.0	1518.3	469.0	978.7	515.9
$y3$	819.9	1445.2	1732.8	1310.3	1367.3	576.7
$y4$	190.6	311.1	296.4	215.2	277.6	88.4
$y5$	744.6	1177.2	1949.1	673.1	1658.7	1307.2
$y6$	233600	260641	475318	430072	165483	439286
$y7$	16016	31891	40690	19294	33834	23687
$y8$	23511	37402	69693	22500	39994	33902
$y9$	17.40	21.75	19.79	24.29	23.50	23.98
$y10$	39.49	48.70	51.11	45.24	43.95	49.24
$y11$	30460	33711	36347	28134	34063	37444
$y12$	51101	56454	72580	46583	59299	76919
$y13$	60.72	63.92	59.81	57.84	57.83	56.97
$y14$	31.70	33.74	29.93	33.00	29.46	30.63
$y15$	13076	16153	14358	13427	14084	13746

续表

指标	南昌	长沙	武汉	合肥	郑州	太原
y16	5034	6339	5371	4486	6594	5561
y17	55.36	60.87	53.39	59.82	57.01	47.26
y18	0.955	0.943	1.268	1.065	1.275	2.440
y19	94.38	84.62	98.75	94.38	100.00	96.94
y20	90.73	95.02	92.97	99.54	60.76	42.21

表 C9　2008 年中部六省会城市社会发展程度评价原始数据

指标	南昌	长沙	武汉	合肥	郑州	太原
y1	1660.1	3001.0	4115.5	1664.8	3004.0	1526.2
y2	528.9	1273.9	1850.0	588.4	1206.3	619.9
y3	1098.9	1873.3	2252.1	1840.3	1772.7	702.8
y4	230.0	397.4	376.9	301.2	368.8	116.9
y5	955.4	1494.9	2428.0	852.8	2067.2	1728.9
y6	250400	347939	690442	542993	252519	594226
y7	17601	35547	43435	22820	38557	27505
y8	24949	40232	71880	26696	42231	34278
y9	19.44	37.02	28.23	24.74	20.80	18.14
y10	38.49	42.03	51.11	43.53	41.60	50.22
y11	36105	45765	46035	34482	40617	44054
y12	59803	75681	90252	55236	69392	89490
y13	66.16	61.05	59.15	58.38	57.31	57.51
y14	30.48	34.70	24.04	28.97	30.13	30.26
y15	15112	18282	16712	15591	15732	15230
y16	5774	7632	6349	5368	7246	6355
y17	56.11	61.79	54.73	61.93	58.22	47.34
y18	0.906	0.888	1.190	0.862	1.187	2.230
y19	93.61	88.06	98.99	96.07	99.97	97.15
y20	90.49	89.65	92.02	99.18	78.08	47.48

表 C10   2009年中部六省会城市社会发展程度评价原始数据

指标	南昌	长沙	武汉	合肥	郑州	太原
y1	1837.5	3744.8	4620.9	2102.1	3308.5	1545.2
y2	634.4	1524.9	2164.1	703.4	1434.8	721.7
y3	1464.9	2441.8	3001.1	2468.4	2289.1	782.0
y4	249.8	406.1	535.5	341.9	301.9	117.5
y5	1181.8	1881.3	3010.1	1031.8	2511.2	2085.0
y6	213000	244600	582523	44479	218900	194425
y7	18000	41600	48061	25943	42941	26815
y8	26200	44900	74020	30019	47004	37155
y9	10.69	24.79	12.28	26.27	10.14	1.25
y10	38.59	44.64	50.42	39.98	42.32	54.43
y11	37044	57757	51144	42981	45483	44319
y12	64975	91692	98736	68472	74315	92347
y13	58.57	60.90	59.20	58.50	55.99	56.77
y14	29.34	34.98	28.56	27.74	29.54	30.01
y15	16472	20004	18385	17158	17417	15607
y16	6296	9432	7161	6065	8121	6828
y17	56.87	62.68	56.01	62.47	59.19	45.83
y18	0.855	0.846	1.118	0.811	1.115	1.830
y19	94.08	90.02	99.12	96.36	99.24	97.32
y20	96.30	90.62	90.93	98.71	82.61	48.61

附录D 长沙、武汉、合肥、郑州、太原科技与社会发展关联回归结果

表 D1　长沙社会发展程度对科技发展程度的一元线性回归分析（1）

变量	Cofeeicient	Std. Error	t-Statistic	Prob
c	0.076213	0.046258	1.647564	0.1381 *
x	1.662050	0.123369	13.47221	0.0000
R^2（可决系数）	0.957784	因变量均值		0.341160
调整的 R^2（可决系数）	0.952507	S. D. dependent var		0.607544
回归标准误	0.132402	赤池信息量准则		-1.029095
残害平方和	0.140242	施瓦兹准则		-0.968578
对数似然函数值	7.145475	F 统计量		181.5005
杜宾·瓦森统计量	1.716116	概率值（F 统计量）		0.000001

注：①使用 Least Squares（最小二乘法）估计回归系数；②*表明截距项 c 检验不显著。

表 D2　长沙社会发展程度对科技发展程度的一元线性回归分析（2）

变量	Cofeeicient	Std. Error	t-Statistic	Prob
x	1.748463	0.121837	14.35088	0.0000
R^2（可决系数）	0.943459	因变量均值		0.341160
调整的 R^2（可决系数）	0.943459	因变量标准差		0.607544
回归标准误	0.144463	赤池信息量准则		-0.936942
残害平方和	0.187827	施瓦兹准则		-0.906683
对数似然函数值	5.684709	杜宾·瓦森统计量		1.338559

注：①由于表 C1 截距项 c 检验不显著，因此对不含截距项 c 进行回归；②使用 Least Squares（最小二乘法）估计回归系数。

表 D3　长沙科技发展程度对社会发展程度的一元线性回归分析（1）

变量	Cofeeicient	Std. Error	t – Statistic	Prob
c	-0.037189	0.028649	-1.298097	0.2304 *
x	0.576267	0.042774	13.47221	0.0000
R^2（可决系数）	0.957784	因变量均值		0.159410
调整的 R^2（可决系数）	0.952507	因变量标准差		0.357740
回归标准误	0.077962	赤池信息量准则		-2.088332
残害平方和	0.048625	施瓦兹准则		-2.027814
对数似然函数值	12.44166	F 统计量		181.5005
杜宾·瓦森统计量	1.704765	概率值（F 统计量）		0.000001

注：①使用 Least Squares（最小二乘法）估计回归系数；②*表明截距项 c 检验不显著。

表 D4　长沙科技发展程度对社会发展程度的一元线性回归分析（2）

变量	Cofeeicient	Std. Error	t – Statistic	Prob
x	0.547984	0.038185	14.35088	0.0000
R^2（可决系数）	0.948892	因变量均值		0.159410
调整的 R^2（可决系数）	0.948892	因变量标准差		0.357740
回归标准误	0.080875	赤池信息量准则		-2.097189
残害平方和	0.058867	施瓦兹准则		-2.066930
对数似然函数值	11.48594	杜宾·瓦森统计量		1.341800

注：①由于表 C1 截距项 c 检验不显著，因此对不含截距项 c 进行回归；②使用 Least Squares（最小二乘法）估计回归系数。

表 D5　武汉社会发展程度对科技发展程度的一元线性回归分析

变量	Cofeeicient	Std. Error	t – Statistic	Prob
c	-0.440633	0.042172	-10.44835	0.0000
x	1.117051	0.051611	21.64364	0.0000
R^2（可决系数）	0.983209	因变量均值		0.306540
调整的 R^2（可决系数）	0.981110	因变量标准差		0.557344
回归标准误	0.076601	赤池信息量准则		-2.123546
残害平方和	0.046942	施瓦兹准则		-2.063029
对数似然函数值	12.61773	F 统计量		468.4474
杜宾·瓦森统计量	1.751072	概率值（F 统计量）		0.000000

注：使用 Least Squares（最小二乘法）估计回归系数。

表 D6　武汉科技发展程度对社会发展程度的一元线性回归分析

变量	Cofeeicient	Std. Error	t – Statistic	Prob
c	0.399069	0.024855	16.05606	0.0000
x	0.880183	0.040667	21.64364	0.0000
R^2（可决系数）	0.983209	因变量均值		0.668880
调整的 R^2（可决系数）	0.981110	因变量标准差		0.494736
回归标准误	0.067997	赤池信息量准则		-2.361863
残害平方和	0.036988	施瓦兹准则		-2.301346
对数似然函数值	13.80931	F 统计量		468.4474
杜宾·瓦森统计量	1.753470	概率值（F 统计量）		0.000000

注：使用 Least Squares（最小二乘法）估计回归系数。

表 D7　合肥社会发展程度对科技发展程度的一元线性回归分析

变量	Cofeeicient	Std. Error	t – Statistic	Prob
c	0.112836	0.044370	2.543054	0.0345
x	1.324907	0.119385	11.09774	0.0000
R^2（可决系数）	0.939006	因变量均值		-0.114200
调整的 R^2（可决系数）	0.931381	因变量标准差		0.475305
回归标准误	0.124507	赤池信息量准则		-1.152055
残害平方和	0.124016	施瓦兹准则		-1.091538
对数似然函数值	7.760273	F 统计量		123.1597
杜宾·瓦森统计量	2.505873	概率值（F 统计量）		0.000004

注：使用 Least Squares（最小二乘法）估计回归系数。

表 D8　合肥科技发展程度对社会发展程度的一元线性回归分析

变量	Cofeeicient	Std. Error	t – Statistic	Prob
c	-0.090423	0.029706	-3.043933	0.0160
x	0.708733	0.063863	11.09774	0.0000
R^2（可决系数）	0.939006	因变量均值		-0.171360
调整的 R^2（可决系数）	0.931381	因变量标准差		0.347633
回归标准误	0.091063	赤池信息量准则		-1.777673
残害平方和	0.066340	施瓦兹准则		-1.717156
对数似然函数值	10.88836	F 统计量		123.1597
杜宾·瓦森统计量	2.548574	概率值（F 统计量）		0.000004

注：使用 Least Squares（最小二乘法）估计回归系数。

表 D9　郑州社会发展程度对科技发展程度的一元线性回归分析

变量	Cofeeicient	Std. Error	t - Statistic	Prob
c	0.175192	0.022854	7.665665	0.0001
x	1.184869	0.058269	20.33435	0.0000
R^2（可决系数）	0.981020	因变量均值		0.109550
调整的 R^2（可决系数）	0.978647	因变量标准差		0.489619
回归标准误	0.071546	赤池信息量准则		-2.260085
残害平方和	0.040951	施瓦兹准则		-2.199568
对数似然函数值	13.30043	F 统计量		413.4858
杜宾·瓦森统计量	1.359789	概率值（F 统计量）		0.000000

注：使用 Least Squares（最小二乘法）估计回归系数。

表 D10　郑州科技发展程度对社会发展程度的一元线性回归分析

变量	Cofeeicient	Std. Error	t - Statistic	Prob
c	-0.146103	0.019432	-7.518775	0.0001
x	0.827956	0.040717	20.33435	0.0000
R^2（可决系数）	0.981020	因变量均值		-0.055400
调整的 R^2（可决系数）	0.978647	因变量标准差		0.409285
回归标准误	0.059808	赤池信息量准则		-2.618513
残害平方和	0.028616	施瓦兹准则		-2.557996
对数似然函数值	15.09256	F 统计量		413.4858
杜宾·瓦森统计量	1.352918	概率值（F 统计量）		0.000000

注：使用 Least Squares（最小二乘法）估计回归系数。

表 D11　太原社会发展程度对科技发展程度的一元线性回归分析（1）

变量	Cofeeicient	Std. Error	t - Statistic	Prob
c	0.145667	0.104522	1.393645	0.2009*
x	2.344209	0.451044	5.197291	0.0008
R^2（可决系数）	0.771506	因变量均值		-0.334380
调整的 R^2（可决系数）	0.742944	因变量标准差		0.305153
回归标准误	0.154715	赤池信息量准则		-0.717612
残害平方和	0.191493	施瓦兹准则		-0.657095
对数似然函数值	5.588058	F 统计量		27.01183
杜宾·瓦森统计量	0.910808	概率值（F 统计量）		0.000825

注：①使用 Least Squares（最小二乘法）估计回归系数；②*表明截距项 c 检验不显著。

附录 D 长沙、武汉、合肥、郑州、太原科技与社会发展关联回归结果

表 D12　太原社会发展程度对科技发展程度的一元线性回归分析（2）

变量	Cofeeicient	Std. Error	t－Statistic	Prob
x	1.788728	0.221903	8.060871	0.0000
R^2（可决系数）	0.716032	因变量均值		－0.334380
调整的 R^2（可决系数）	0.716032	因变量标准差		0.305153
回归标准误	0.162612	赤池信息量准则		－0.700260
残害平方和	0.237984	施瓦兹准则		－0.670002
对数似然函数值	4.501302	杜宾·瓦森统计量		0.652123

注：①由于表 C1 截距项 c 检验不显著，因此对不含截距项 c 进行回归；②使用 Least Squares（最小二乘法）估计回归系数。

表 D13　太原科技发展程度对社会发展程度的一元线性回归分析

变量	Cofeeicient	Std. Error	t－Statistic	Prob
c	－0.094732	0.028007	－3.382415	0.0096
x	0.329111	0.063324	5.197291	0.0008
R^2（可决系数）	0.771506	因变量均值		－0.204780
调整的 R^2（可决系数）	0.742944	因变量标准差		0.114338
回归标准误	0.057970	赤池信息量准则		－2.680919
残害平方和	0.026884	施瓦兹准则		－2.620402
对数似然函数值	15.40459	F 统计量		27.01183
杜宾·瓦森统计量	0.915594	概率值（F 统计量）		0.000825

注：使用 Least Squares（最小二乘法）估计回归系数。

附录 E 中部六省会城市科技竞争力系统动力学模型部分指标仿真结果

本附录是中部六省会城市科技竞争力未来发展评价模型中部分指标（对应于区域科技竞争力评价指标体系中二级指标）的仿真结果。

表 E1　　仿真结果（1）

年份	人力 A11						机构力 A12					
	南昌	长沙	武汉	合肥	郑州	太原	南昌	长沙	武汉	合肥	郑州	太原
2000	0.4212	0.4578	0.8395	0.3659	0.4406	0.4336	0.3486	0.3930	0.8114	0.3678	0.3675	0.3514
2001	0.3732	0.4842	0.6791	0.3713	0.4508	0.4032	0.3549	0.3997	0.5692	0.3785	0.3691	0.3465
2002	0.3837	0.5555	0.5909	0.3548	0.4584	0.4154	0.3543	0.4046	0.6011	0.3737	0.3859	0.3497
2003	0.3820	0.5431	0.5772	0.3518	0.4691	0.4048	0.3555	0.4139	0.6246	0.3841	0.3986	0.3560
2004	0.3849	0.5581	0.6910	0.3802	0.4752	0.3811	0.3467	0.4043	0.5146	0.3677	0.3752	0.3530
2005	0.4104	0.5851	0.7423	0.3996	0.4883	0.3908	0.3545	0.4224	0.5443	0.3751	0.3862	0.3656
2006	0.4465	0.6250	0.7123	0.4245	0.5080	0.4025	0.3645	0.4182	0.7263	0.3786	0.4117	0.3589
2007	0.4688	0.6396	0.7020	0.4712	0.5399	0.4902	0.3718	0.4308	0.7271	0.4191	0.3954	0.3627
2008	0.4910	0.8814	0.7677	0.4773	0.5614	0.4862	0.3778	0.4705	0.9985	0.4262	0.4124	0.3629
2009	0.5332	1.0185	0.7678	0.5432	0.5597	0.5318	0.3886	0.5228	1.1231	0.4531	0.4130	0.3712
2010	0.5912	1.1270	0.7751	0.6389	0.5985	0.5899	0.4033	0.6087	1.2609	0.4812	0.4320	0.3813
2011	0.6646	1.2354	0.7876	0.7910	0.6459	0.6669	0.4198	0.7081	1.4010	0.5129	0.4521	0.3922
2012	0.7604	1.3438	0.8104	0.9636	0.7031	0.7738	0.4358	0.7957	1.5403	0.5525	0.4747	0.4039
2013	0.8918	1.4523	0.8412	1.0946	0.7735	0.9063	0.4568	0.8909	1.6787	0.5962	0.5000	0.4166
2014	1.0030	1.5607	0.8557	1.2257	0.8614	0.9939	0.4821	0.9959	1.8159	0.6391	0.5288	0.4304
2015	1.0994	1.6691	0.8703	1.3569	0.9118	1.0815	0.5130	1.1139	1.9516	0.6878	0.5618	0.4456
2016	1.1993	1.7776	0.8848	1.4881	0.9622	1.1691	0.5442	1.2458	2.0892	0.7439	0.6001	0.4624
2017	1.2966	1.8860	0.8994	1.6193	1.0127	1.2568	0.5701	1.3569	2.2286	0.8105	0.6454	0.4812
2018	1.3752	1.9944	0.9139	1.7506	1.0632	1.3445	0.6010	1.4576	2.3680	0.8913	0.6834	0.5025
2019	1.4539	2.1029	0.9285	1.8819	1.1137	1.4322	0.6327	1.5583	2.5075	0.9610	0.7232	0.5270
2020	1.5326	2.2113	0.9431	2.0133	1.1642	1.5199	0.6653	1.6591	2.6469	1.0184	0.7665	0.5557

附录 E　中部六省会城市科技竞争力系统动力学模型部分指标仿真结果

表 E2　　　　　　　　　　　　仿真结果（2）

年份	财力 A13						直接产出力 A21					
	南昌	长沙	武汉	合肥	郑州	太原	南昌	长沙	武汉	合肥	郑州	太原
2000	0.3289	0.3718	0.3666	0.4145	0.3579	0.3293	0.3474	0.3886	0.4318	0.3656	0.3467	0.4240
2001	0.3338	0.3907	0.3756	0.4113	0.3598	0.3343	0.3457	0.3980	0.5298	0.3529	0.3525	0.4235
2002	0.3411	0.3905	0.3854	0.4159	0.3569	0.3393	0.3417	0.4128	0.4827	0.3795	0.3545	0.4139
2003	0.3491	0.4180	0.3974	0.4249	0.3582	0.3504	0.3437	0.4198	0.5234	0.3796	0.3560	0.4224
2004	0.3619	0.4160	0.4196	0.4225	0.3612	0.3502	0.3452	0.4164	0.5383	0.4363	0.3615	0.4097
2005	0.3784	0.4348	0.4572	0.4274	0.3686	0.3837	0.3420	0.4456	0.5619	0.4037	0.3817	0.4197
2006	0.3925	0.4603	0.5079	0.4135	0.3784	0.4034	0.3524	0.4568	0.5967	0.4094	0.3871	0.4177
2007	0.4205	0.4961	0.5929	0.4597	0.3886	0.4452	0.3659	0.4509	0.7056	0.4376	0.3903	0.4198
2008	0.4413	0.5873	0.8436	0.5038	0.4449	0.6050	0.3764	0.4778	0.7959	0.4233	0.4211	0.4189
2009	0.4591	0.7332	0.9958	0.5498	0.4388	0.6777	0.3936	0.5433	0.7641	0.4434	0.4060	0.4221
2010	0.5007	0.9387	1.1879	0.6112	0.4734	0.8301	0.4131	0.6341	0.8001	0.4666	0.4579	0.4293
2011	0.5388	1.0889	1.3910	0.6954	0.5139	1.0085	0.4593	0.7228	0.8790	0.4918	0.4695	0.4396
2012	0.5808	1.2393	1.5927	0.8179	0.5625	1.2332	0.5325	0.8009	0.9629	0.5251	0.4729	0.4525
2013	0.6254	1.3897	1.7849	0.9485	0.6217	1.4683	0.6819	0.8816	1.0497	0.5689	0.4653	0.4704
2014	0.6696	1.5404	1.9771	1.0431	0.6958	1.6660	0.8573	0.9652	1.1400	0.6278	0.4475	0.4944
2015	0.7284	1.6912	2.1693	1.1377	0.7914	1.8637	1.0140	1.0524	1.2344	0.6788	0.4256	0.5225
2016	0.8020	1.8421	2.3615	1.2323	0.9080	2.0614	1.1917	1.1439	1.3323	0.7190	0.4122	0.5607
2017	0.8913	1.9933	2.5537	1.3269	0.9851	2.2591	1.3908	1.2409	1.4287	0.7592	0.3901	0.6003
2018	0.9421	2.1446	2.7458	1.4216	1.0640	2.4568	1.5967	1.3392	1.5233	0.7994	0.3838	0.6288
2019	1.0006	2.2962	2.9380	1.5162	1.1451	2.6545	1.7557	1.4401	1.6181	0.8396	0.3815	0.6575
2020	1.0579	2.4480	3.1080	1.6108	1.2290	2.8523	1.9272	1.5377	1.7149	0.8798	0.3806	0.6865

表 E3　　　　　　　　　　　　仿真结果（3）

年份	间接产出力 A22						人力使用竞争效率 A31					
	南昌	南昌	南昌	南昌	南昌	南昌	南昌	长沙	武汉	合肥	郑州	太原
2000	0.3359	0.3359	0.3359	0.3359	0.3359	0.3359	0.3532	0.4045	0.3703	0.4150	0.3573	0.3966
2001	0.3394	0.3394	0.3394	0.3394	0.3394	0.3394	0.3662	0.4287	0.3910	0.3800	0.3626	0.4131
2002	0.3430	0.3430	0.3430	0.3430	0.3430	0.3430	0.3614	0.4473	0.4262	0.4779	0.3669	0.3999
2003	0.3480	0.3480	0.3480	0.3480	0.3480	0.3480	0.3696	0.4275	0.4501	0.4965	0.3678	0.4226
2004	0.3556	0.3556	0.3556	0.3556	0.3556	0.3556	0.3553	0.4027	0.4317	0.7048	0.3766	0.4539
2005	0.3641	0.3641	0.3641	0.3641	0.3641	0.3641	0.3591	0.4566	0.4632	0.5411	0.4269	0.4712
2006	0.3764	0.3764	0.3764	0.3764	0.3764	0.3764	0.3652	0.4427	0.4780	0.4874	0.4416	0.4605
2007	0.3916	0.3916	0.3916	0.3916	0.3916	0.3916	0.3753	0.4432	0.5074	0.4618	0.4480	0.4149

续表

年份	间接产出力 A22						人力使用竞争效率 A31					
	南昌	南昌	南昌	南昌	南昌	南昌	南昌	长沙	武汉	合肥	郑州	太原
2008	0.4110	0.4110	0.4110	0.4110	0.4110	0.4110	0.3810	0.4188	0.6018	0.4552	0.5026	0.4209
2009	0.4330	0.4330	0.4330	0.4330	0.4330	0.4330	0.3885	0.4441	0.7174	0.4481	0.4694	0.4112
2010	0.4614	0.4614	0.4614	0.4614	0.4614	0.4614	0.3943	0.4748	0.7489	0.4485	0.5613	0.4098
2011	0.4974	0.4974	0.4974	0.4974	0.4974	0.4974	0.4068	0.5004	0.8315	0.4577	0.5529	0.4122
2012	0.5369	0.5369	0.5369	0.5369	0.5369	0.5369	0.4194	0.5278	0.9159	0.4863	0.5348	0.4158
2013	0.5814	0.5814	0.5814	0.5814	0.5814	0.5814	0.4340	0.5572	0.9994	0.5103	0.5105	0.4215
2014	0.6338	0.6338	0.6338	0.6338	0.6338	0.6338	0.4546	0.5887	1.0831	0.5293	0.4842	0.4278
2015	0.6901	0.6901	0.6901	0.6901	0.6901	0.6901	0.4741	0.6093	1.1677	0.5498	0.4589	0.4319
2016	0.7544	0.7544	0.7544	0.7544	0.7544	0.7544	0.4977	0.6256	1.2529	0.5719	0.4427	0.4358
2017	0.8284	0.8284	0.8284	0.8284	0.8284	0.8284	0.5268	0.6413	1.3337	0.5955	0.4290	0.4395
2018	0.9129	0.9129	0.9129	0.9129	0.9129	0.9129	0.5588	0.6539	1.4099	0.6202	0.4241	0.4432
2019	1.0053	1.0053	1.0053	1.0053	1.0053	1.0053	0.5783	0.6653	1.4837	0.6459	0.4227	0.4467
2020	1.0822	1.0822	1.0822	1.0822	1.0822	1.0822	0.6009	0.6759	1.5564	0.6722	0.4221	0.4503

表 E4　　仿真结果（4）

年份	人力使用竞争效率 A32						经济改善力 A41					
	南昌	长沙	武汉	合肥	郑州	太原	南昌	长沙	武汉	合肥	郑州	太原
2000	0.4703	0.4197	0.7313	0.3820	0.3826	0.5358	0.5077	0.5879	0.5108	0.4181	0.4569	0.5747
2001	0.4110	0.4098	0.6491	0.3818	0.3824	0.3772	0.5123	0.5829	0.5037	0.5240	0.4553	0.5552
2002	0.4459	0.4353	0.5946	0.3830	0.4062	0.3594	0.5604	0.5833	0.5054	0.4285	0.4588	0.5251
2003	0.4036	0.4270	0.5614	0.3775	0.4328	0.3546	0.5153	0.5646	0.5143	0.4422	0.4614	0.5463
2004	0.3866	0.4392	0.5301	0.4209	0.5017	0.3687	0.4940	0.6128	0.5307	0.4674	0.4635	0.4914
2005	0.3859	0.4414	0.5037	0.4429	0.6045	0.3495	0.4931	0.6154	0.5322	0.4730	0.4693	0.5059
2006	0.4018	0.4338	0.4841	0.4681	0.6926	0.3471	0.5006	0.5995	0.5466	0.5057	0.4839	0.5398
2007	0.3800	0.4176	0.4652	0.4881	0.9077	0.3435	0.5654	0.6395	0.6121	0.4750	0.5023	0.6020
2008	0.3791	0.4136	0.4403	0.4902	0.6607	0.3350	0.4887	0.7596	0.6794	0.5024	0.5222	0.7022
2009	0.3787	0.4104	0.4287	0.5303	0.8596	0.3331	0.5059	0.8851	0.7526	0.5836	0.5772	0.7111
2010	0.3778	0.4079	0.4135	0.5799	1.0621	0.3322	0.5443	0.9933	0.8368	0.7072	0.6542	0.7865
2011	0.3771	0.4063	0.4002	0.6426	1.1348	0.3317	0.5966	1.1017	0.9201	0.7985	0.7685	0.8619
2012	0.3767	0.4050	0.3882	0.7247	1.1936	0.3313	0.6721	1.2103	1.0039	0.8912	0.8654	0.9372
2013	0.3763	0.4041	0.3774	0.8254	1.2339	0.3310	0.7201	1.3189	1.0884	0.9842	0.9800	1.0126
2014	0.3760	0.4034	0.3675	0.8891	1.2499	0.3308	0.7666	1.4277	1.1737	1.0774	1.0648	1.0880
2015	0.3758	0.4028	0.3585	0.9528	1.2338	0.3306	0.8132	1.5366	1.2600	1.1706	1.1423	1.1634

续表

年份	人力使用竞争效率 A32						经济改善力 A41					
	南昌	长沙	武汉	合肥	郑州	太原	南昌	长沙	武汉	合肥	郑州	太原
2016	0.3756	0.4024	0.3501	1.0167	1.2086	0.3305	0.8597	1.6455	1.3454	1.2640	1.2146	1.2388
2017	0.3754	0.4020	0.3424	1.0807	1.1512	0.3303	0.9063	1.7545	1.4299	1.3575	1.2870	1.3141
2018	0.3753	0.4016	0.3353	1.1447	1.1219	0.3302	0.9529	1.8636	1.5145	1.4510	1.3533	1.3895
2019	0.3752	0.4013	0.3286	1.2088	1.1047	0.3302	0.9995	1.9728	1.5992	1.5446	1.4265	1.4649
2020	0.3751	0.4011	0.3348	1.2731	1.0816	0.3301	1.0461	2.0819	1.6841	1.6381	1.5022	1.5403

表 E5　　仿真结果（5）

年份	能源节约力 A42						环境保护力 A43					
	南昌	长沙	武汉	合肥	郑州	太原	南昌	长沙	武汉	合肥	郑州	太原
2000	0.7293	0.7525	0.6267	0.6772	0.6333	0.3406	0.4820	0.6300	0.7712	0.9517	0.7799	0.6480
2001	0.7482	0.7629	0.6341	0.6872	0.6381	0.3449	0.4851	0.6836	0.7452	0.9455	0.7667	0.6962
2002	0.7625	0.7845	0.6417	0.7010	0.6436	0.3494	0.7032	0.7039	0.7708	0.9491	0.7748	0.6641
2003	0.7874	0.8029	0.6507	0.7193	0.6534	0.3591	0.6219	0.7102	0.7819	0.8977	0.7693	0.6627
2004	0.8172	0.8296	0.6656	0.7469	0.6696	0.3767	0.8261	0.7066	0.8376	0.9239	0.8254	0.6765
2005	0.8450	0.8638	0.6872	0.7827	0.6870	0.3918	0.8147	0.7008	0.8673	0.8966	0.8391	0.7262
2006	0.8853	0.9010	0.7106	0.8324	0.7101	0.4129	0.8177	0.7060	0.9186	0.8712	0.8377	0.7474
2007	0.9083	0.9319	0.7392	0.9096	0.7435	0.4492	0.8131	0.7054	0.9743	0.8924	0.9012	0.7685
2008	0.9446	0.9692	0.7834	1.0148	0.7839	0.4917	0.8391	0.7273	0.9580	0.8996	0.9167	0.7993
2009	0.9617	1.0147	0.8034	1.0221	0.8098	0.4968	0.8342	0.7509	0.8266	0.8996	0.8304	0.8346
2010	0.9989	1.0419	0.8254	1.0442	0.8662	0.5500	0.8463	0.7509	0.8754	0.8996	0.8469	0.8466
2011	1.0188	1.0690	0.8486	1.0663	0.9310	0.6045	0.8663	0.7509	0.8636	0.8996	0.7155	0.8488
2012	1.0381	1.0962	0.8732	1.0884	1.0031	0.6391	0.8601	0.7509	0.8464	0.8996	0.6610	0.8511
2013	1.0575	1.1234	0.8993	1.1105	1.0433	0.6779	0.8366	0.7509	0.8289	0.8996	0.6165	0.8536
2014	1.0768	1.1506	0.9270	1.1326	1.0835	0.7216	0.9097	0.7509	0.8117	0.8996	0.5901	0.8562
2015	1.0962	1.1778	0.9564	1.1547	1.1237	0.7714	0.9229	0.7509	0.7945	0.8996	0.5705	0.8589
2016	1.1156	1.2050	0.9878	1.1768	1.1639	0.8286	0.9349	0.7509	0.7750	0.8996	0.5564	0.8617
2017	1.1349	1.2322	1.0104	1.1989	1.2041	0.8950	0.9469	0.7509	0.7569	0.8996	0.5431	0.8647
2018	1.1543	1.2594	1.0270	1.2210	1.2443	0.9729	0.9588	0.7509	1.3415	0.8996	0.5346	0.8679
2019	1.1736	1.2866	1.0436	1.2431	1.2844	1.0308	0.9708	0.7509	0.7272	0.8996	0.5224	0.8712
2020	1.1930	1.3138	1.0602	1.2652	1.3246	1.0755	0.9827	0.7509	0.7136	0.8996	0.5097	0.8748

表 E6　　　　　　　　　仿真结果（6）

年份	公众支持力 A51						财政支持力 A52					
	南昌	长沙	武汉	合肥	郑州	太原	南昌	长沙	武汉	合肥	郑州	太原
2000	0.5613	0.4009	0.7119	0.3719	0.4148	0.6305	0.3715	0.4828	0.3822	0.3777	0.4286	0.4119
2001	0.4026	0.3877	0.5849	0.3896	0.4157	0.5544	0.3687	0.5528	0.3795	0.3523	0.4429	0.3836
2002	0.4118	0.3969	0.4905	0.3350	0.4178	0.5559	0.3776	0.5757	0.3798	0.3374	0.4290	0.3913
2003	0.4036	0.4606	0.4550	0.3332	0.4212	0.5503	0.4063	0.5746	0.3795	0.3519	0.4396	0.4599
2004	0.3901	0.4974	0.5520	0.3399	0.4231	0.4671	0.3962	0.5468	0.3908	0.3365	0.4362	0.4046
2005	0.4182	0.5181	0.5195	0.3567	0.4241	0.4566	0.3908	0.8579	0.4141	0.3709	0.4171	0.4027
2006	0.4857	0.5489	0.5318	0.4090	0.4364	0.5002	0.3923	0.9482	0.4316	0.4442	0.4196	0.5887
2007	0.5219	0.5983	0.5269	0.5306	0.4519	0.9150	0.4053	0.8559	0.4330	0.5354	0.4084	0.4217
2008	0.5739	0.9109	0.5598	0.5408	0.4998	1.0038	0.4323	0.7396	0.3936	0.7482	0.4067	0.5237
2009	0.7050	1.1018	0.5695	0.7470	0.4940	1.2224	0.4183	1.0647	0.3936	0.8413	0.4067	0.5064
2010	0.8976	1.2537	0.5734	1.0838	0.5220	1.4367	0.4287	1.1293	0.3936	1.0081	0.4067	0.5064
2011	1.0951	1.4057	0.5773	1.3370	0.5534	1.6510	0.4332	1.1940	0.3936	1.1106	0.4067	0.5064
2012	1.2472	1.5576	0.5813	1.5901	0.5888	1.8653	0.4332	1.2587	0.3936	1.2130	0.4067	0.5064
2013	1.3993	1.7095	0.5853	1.8433	0.6291	2.0796	0.4332	1.3233	0.3936	1.3155	0.4067	0.5064
2014	1.5514	1.8615	0.5893	2.0965	0.6752	2.2939	0.4332	1.3880	0.3936	1.4179	0.4067	0.5064
2015	1.7035	2.0134	0.5934	2.3496	0.7287	2.5082	0.4332	1.4527	0.3936	1.5203	0.4067	0.5064
2016	1.8556	2.1653	0.5976	2.6028	0.7914	2.7224	0.4332	1.5173	0.3936	1.6228	0.4067	0.5064
2017	2.0077	2.3173	0.6019	2.8559	0.8658	2.9367	0.4332	1.5820	0.3936	1.7252	0.4067	0.5064
2018	2.1599	2.4692	0.6062	3.1091	0.9557	3.1510	0.4332	1.6467	0.3936	1.8277	0.4067	0.5064
2019	2.3120	2.6212	0.6105	3.3623	1.0312	3.3653	0.4332	1.7113	0.3936	1.9301	0.4067	0.5064
2020	2.4641	2.7731	0.6150	3.6154	1.0855	3.5796	0.4332	1.7760	0.3936	2.0326	0.4067	0.5064

表 E7　　　　　　　　　仿真结果（7）

年份	企业支持力 A53					
	南昌	长沙	武汉	合肥	郑州	太原
2000	0.4987	0.5683	0.3346	0.6618	0.5048	0.5897
2001	0.5261	0.6729	0.3594	0.6498	0.4288	0.4826
2002	0.5657	0.7381	0.3735	0.5596	0.6652	0.4696
2003	0.5605	0.8304	0.4187	0.7591	0.5981	0.5242
2004	0.6059	0.7458	0.4224	0.7379	0.4180	0.5897
2005	0.5672	0.9418	0.4718	0.6094	0.4104	0.7109
2006	0.5885	0.6678	0.5290	0.5238	0.3987	0.6257

续表

年份	企业支持力 A53					
	南昌	长沙	武汉	合肥	郑州	太原
2007	0.5641	0.6699	0.5441	0.6426	0.3885	0.5897
2008	0.5583	0.6128	0.5719	0.4610	0.3869	0.4205
2009	0.5896	0.5705	0.6394	0.4223	0.3732	0.4642
2010	0.5935	0.5705	0.6857	0.3979	0.3641	0.4851
2011	0.5494	0.5705	0.7392	0.3793	0.3570	0.5032
2012	0.5494	0.5705	0.8017	0.3682	0.3516	0.5227
2013	0.5494	0.5705	0.8758	0.3599	0.3474	0.5550
2014	0.5494	0.5705	0.9651	0.3536	0.3441	0.7334
2015	0.5494	0.5705	1.0347	0.3486	0.3414	0.6450
2016	0.5494	0.5705	1.0875	0.3446	0.3392	0.6278
2017	0.5494	0.5705	1.1402	0.3412	0.3372	0.6973
2018	0.5494	0.5705	1.1930	0.3384	0.3356	0.6257
2019	0.5494	0.5705	1.2458	0.3360	0.3342	0.6257
2020	0.5494	0.5705	1.2986	0.3340	0.3329	0.6257